普通高等教育"计算机类专业"规划教材

数据库技术及应用
——Access

孙风芝　主编

李瑞旭　范宝德　副主编

清华大学出版社

北京

内 容 简 介

本书共分两大部分：第一部分包括 Access 数据库知识，第二部分给出相应的实验内容。

第一部分 Access 数据库知识共分 9 章，主要内容包括数据库基础知识、Access 数据库概述、Access 数据库的基本操作、表结构的设计、查询设计、窗体设计、报表设计、宏设计、模块与 VBA 程序设计。

第二部分包括 15 个实验，实验内容与第一部分的知识介绍相得益彰。

本书内容体系完整，结构清晰，实例完整统一，理论结合实际，由浅入深，易学易懂，并兼顾全国计算机等级考试（二级 Access）大纲。本书既可作为高等学校计算机专业数据库原理与应用课程的教材，也可作为数据库应用技术培训、全国计算机等级考试二级 Access 的培训或自学教材。

与本书相关的教学资源（电子教案、案例数据库和程序源代码等）可到清华大学出版社网站下载，网址为 http://www.tup.com.cn。

本书封面贴有清华大学出版社防伪标签，无标签者不得销售。

版权所有，侵权必究。侵权举报电话：010-62782989　13701121933

图书在版编目（CIP）数据

数据库技术及应用——Access/孙风芝主编. —北京：清华大学出版社，2014（2020.8重印）
普通高等教育"计算机类专业"规划教材
ISBN 978-7-302-36888-5

Ⅰ．①数…　Ⅱ．①孙…　Ⅲ．①关系数据库系统－高等学校－教材　Ⅳ．①TP311.138

中国版本图书馆 CIP 数据核字（2014）第 131694 号

责任编辑：白立军
封面设计：常雪影
责任校对：白　蕾
责任印制：丛怀宇

出版发行：清华大学出版社
　　网　　　址：http://www.tup.com.cn，http://www.wqbook.com
　　地　　　址：北京清华大学学研大厦 A 座　　　　　　　邮　　编：100084
　　社　总　机：010-62770175　　　　　　　　　　　　　邮　　购：010-62786544
　　投稿与读者服务：010-62776969，c-service@tup.tsinghua.edu.cn
　　质量反馈：010-62772015，zhiliang@tup.tsinghua.edu.cn
　　课件下载：http://www.tup.com.cn，010-62795954

印　装　者：三河市宏图印务有限公司
经　　销：全国新华书店
开　　本：185mm×260mm　　　　印　　张：18　　　　　字　　数：415 千字
版　　次：2014 年 8 月第 1 版　　　　　　　　　　　　印　　次：2020 年 8 月第 9 次印刷
定　　价：49.00 元

产品编号：053297-02

　　数据库技术是计算机科学中非常重要的部分,数据库技术以及数据库的应用也正日新月异地发展。数据库技术是高等学校计算机专业和非计算机专业的必修课,因此作为现代的大学生,学习和掌握数据库知识是非常必要的。现在每年两次的全国计算机等级考试(二级)吸引着大量的在校学生和社会上的计算机爱好者参与,在二级考试的众多科目中,因为Access简单易学,特别适合初学者学习掌握,所以吸引许多大中专院校学生学习,也吸引了大量富有经验的程序员使用Access数据库作为系统开发的后台数据库。

　　本书以Access 2010为操作环境,介绍Access 2010各个模块的功能。书中内容既包括数据库的基础理论知识,又包括数据库的前端和后端的应用技术,并将VBA可视化编程环境与数据库很好地结合起来。书中实例由浅入深,理论结合实际,并兼顾全国计算机等级考试(二级Access)考试大纲,将这些内容融合在一本书中,充分展示了Access数据库应用开发的便捷、灵活、易学易懂的特点,可以使读者系统地、全面地学习数据库系统的整体概念和应用。全书以应用案例贯穿始终,习题内容丰富,特别适合作为应用型本科学生学习数据库原理及应用的教材,也可以作为数据库技术培训、全国计算机等级考试(二级Access)培训用书和自学参考书。

　　全书共分两部分,第一部分介绍数据库基础理论及Access 2010的6个模块,共分9章。第1章介绍数据库的基本概念和基础知识;第2章介绍Access 2010环境;第3章介绍Access 2010数据库的基本操作,主要包括创建数据库、打开/关闭数据库、数据库的转换、数据库的安全机制等;第4章~第8章通过典型的数据库应用实例,讲述可视化操作工具(如数据表、查询、窗体、报表、宏等)和向导(如表向导、查询向导、窗体向导、报表向导等);第9章介绍模块与VBA编程,详细介绍Visual Basic 3种程序结构、函数和过程以及如何通过编写代码操作Access模块对象。

　　第二部分根据书中理论内容,配有15个实验,实验内容与书中第一部分的相应内容紧紧相扣,实验内容图文并茂,并且有难点提示文本,读者可以在没有指导老师的情况下,根据提示文本展开思路,自行解决问题。

　　本书有与教材配套的"教学辅助课件",教材中的sales.accdb数据库以及实验用的"教学管理.accdb"数据库也有电子档案,使用该教材的学校如有需要,可与作者联系,E-Mail地址是ytsfz@aliyun.com,邮件主题请注明"Access 2010数据库"。

　　本书由范宝德、李瑞旭和孙凤芝统筹策划。孙凤芝、李瑞旭、范宝德、潘庆先和李玲参与了教材的编写。

全书由孙风芝统稿。本书是作者对多年从事数据库教学的经验和感受的总结。此外，本书参考了大量文献资料，在此向有关作者深表感谢。由于时间仓促加之本人水平所限，书中难免有不妥之处，望广大同仁给予批评指正。

编　者

2014 年 4 月 25 日

FOREWORD

第一篇 理论部分

第一篇

理 论 部 分

里会治会

第1章 数据库基础知识

数据库是 20 世纪 60 年代后期发展起来的一项重要技术,自 20 世纪 70 年代以来,数据库技术发展迅猛,已经成为计算机科学与技术的一个重要分支。本章首先介绍数据库系统的基本知识,然后对数据模型和 E-R 模型进行讨论,接着着重介绍关系数据库的基本术语、完整性、关系运算和关系规范化等问题,最后简单介绍数据库设计的一般步骤。

1.1 数据库基础知识概述

数据库是 20 世纪 60 年代末发展起来的一项重要技术,它的出现使数据处理进入一个崭新的时代,它能把大量的数据按照一定的结构存储起来,在数据库管理系统的集中管理下,实现数据共享。那么,什么是数据库? 什么是数据库管理系统呢? 下面做一简单介绍。

1.1.1 计算机数据管理的发展

1. 数据与数据处理

数据是指存储在某种介质上能够识别的物理符号。数据的概念包括两个方面:一是描述事物特性的数据内容;二是存储在某一种介质上的数据形式。数据的形式可以是多种多样的,例如,某人的生日是 1992 年 3 月 27 日,可以表示为 1992.03.27,其含义并没有改变。

数据的概念在数据处理领域中已经大大拓宽。数据不仅包括数字、字母、文字和其他特殊字符组成的文本形式,而且还包括图形、图像、动画、影像、声音等多媒体形式,但是使用最多、最基本的仍然是文字数据。

数据处理是指将数据转换成信息的过程。从数据处理的角度而言,信息是一种被加工成特定形式的数据,这种数据形式对于数据接收者来说是有意义的。

"信息处理"的真正含义是为了产生信息而处理数据。通过处理数据可以获得信息,通过分析和筛选信息可以进行辅助决策。

在计算机系统中,使用计算机的外存储器(如磁盘)来存储数据;通过软件系统来管理数据;通过应用系统来对数据进行加工处理。

2. 计算机数据管理

数据处理的中心问题是数据管理。计算机对数据的管理是指如何对数据分类、组织、编码、存储、检索和维护。

计算机在数据管理方面经历了由低级到高级的发展过程。计算机数据管理随着计算机硬件、软件技术和计算机应用范围的发展而发展,先后经历了人工管理、文件系统和数据库系统、分布式数据库系统和面向对象数据库系统等几个阶段。

1) 人工管理

在 20 世纪 50 年代中期以前,计算机主要用于科学计算。当时的硬件状况是外存储器只有纸带、卡片、磁带,没有像磁盘这样的可以随机访问、直接存取的外部存储设备。软件状况是没有操作系统,没有专门管理数据的软件,数据由计算或处理它的程序自行携带。数据管理任务包括存储结构、存取方法、输入输出方式等完全由程序设计人员自行负责。

这一时期计算机数据管理的特点是数据与程序不具有独立性,一组数据对应一组程序。数据不能长期保存,程序运行结束后就退出计算机系统,一个程序中的数据无法被其他程序使用,因此程序与程序之间存在大量的重复数据,称为数据冗余。

2)文件系统

从20世纪50年代后期到60年代中期,计算机的应用范围逐渐扩大,计算机不仅用于科学计算,而且还大量用于管理。这时可以直接存取的磁鼓、磁盘成为联机的主要外部存储设备;在软件方面,出现高级语言和操作系统。操作系统中已经有专门的数据管理软件,称为文件系统。

在文件系统阶段,程序和数据有一定的独立性,程序和数据分开存储,有了程序文件和数据文件的区别。数据文件可以长期保存在外存储器上被多次存取。

在文件系统的支持下,程序只需用文件名就可以访问数据文件,程序员可以将精力集中在数据处理的算法上,而不必关心记录在存储器上的地址和内、外存交换数据的过程。

但是文件系统中的数据文件是为了满足特定业务领域或某部门的专门需要而设计的,服务于某一特定应用程序,数据和程序相互依赖。同一数据项可能重复出现在多个文件中,导致数据冗余度大,这不仅浪费了存储空间,增加了更新开销,更严重的是,由于不能统一修改,容易造成数据的不一致。

文件系统存在的问题阻碍了数据处理技术的发展,不能满足日益增长的信息需求,这正是数据库技术产生的原动力,也是数据库系统产生的背景。

3)数据库系统

自20世纪60年代后期以来,计算机用于管理的规模更为庞大,应用越来越广泛,需要计算机管理的数据量急剧增长,同时多种应用、多种语言互相覆盖地共享数据集合的要求越来越强烈。这时硬件有大容量磁盘,硬件价格下降,软件价格上升,为编制和维护系统软件及应用程序所需的成本相对增加。在处理方式上,联机实时处理要求更多,并开始提出和考虑分布处理。在这种背景下,以文件系统作为数据管理手段已经不能满足应用的需求,于是为解决多用户、多应用共享数据的需求,使数据为尽可能多的应用提供服务,出现了数据库技术和统一管理数据的专门软件系统——数据库管理系统。

1968年美国IBM公司研制成功的数据库管理系统IMS(Information Management System)标志着数据处理技术进入数据库系统阶段。IMS是层次模型数据库。1969年美国数据系统语言协会(Conference on Data System Languages,CODASYL)公布了DBTG(数据库任务组)报告,这对研制开发网状数据库系统起到推动作用。自1970年起,IBM公司的E. F. Codd连续发表论文,奠定了关系数据库的理论基础。目前关系数据库系统已成为当今最流行的商用数据库系统。

数据库技术的主要目的是有效地管理和存取大量的数据资源,包括提高数据的共享性,使多个用户能够同时访问数据库中的数据;减小数据的冗余,以提高数据的一致性和完整性;提供数据与应用程序的独立性,从而减少应用程序的开发和维护代价。

为数据库的建立、使用和维护而配置的软件称为数据库管理系统(Data Base Management System,DBMS)。数据库管理系统以操作系统提供的输入输出控制和文件访问功能为基础,因此它需要在操作系统的支持下才能运行。

在数据库系统中,数据已经成为多个用户或应用程序共享的资源,已经从应用程序中完全独立出来,由数据库管理系统统一管理。数据库系统数据与应用程序的关系如图1.1所示。

图 1.1　数据库系统数据与应用程序的关系

4) 分布式数据库系统

随着计算机科学和技术的发展,数据库技术与通信技术、面向对象技术、多媒体技术、人工智能技术、面向对象程序设计技术、并行计算技术等相互渗透、相互结合,使数据库系统产生了新的发展,成为当代数据库技术发展的主要特征。

数据库技术与网络通信技术的结合产生了分布式数据库系统。在 20 世纪 70 年代之前,数据库系统多数是集中式的。网络技术的发展为数据库提供分布式运行的环境,从主机/终端体系结构发展到客户机/服务器(Client/Server,C/S)系统结构。

目前使用较多的是基于客户机/服务器系统结构。C/S 结构将应用程序根据应用情况分布到客户的计算机和服务器上,将数据库管理系统和数据库放置到服务器上,客户端的程序使用开放数据库连接(Open DataBase Connectivity,ODBC)标准协议通过网络访问远端的数据库。

5) 面向对象数据库系统

数据库技术与面向对象程序设计技术结合产生了面向对象的数据库系统。面向对象的数据库吸收了面向对象程序设计方法学的核心概念和基本思想,采用面向对象的观点来描述现实世界实体(对象)的逻辑组织、对象之间的限制和联系等。它克服了传统数据库的局限性,能够自然地存储复杂的数据对象以及这些对象之间的复杂关系,从而大幅度地提高了数据库管理效率,降低了用户使用的复杂性。

1.1.2　数据库系统基本概念

1. 数据(Data)

数据指描述事物的符号记录。在计算机中文字、图形、图像、声音等都是数据,学生的档案、教师的基本情况、货物的运输情况等也都是数据。

2. 数据库(DataBase)

什么是数据库呢?举例来说明。每个人都有很多亲戚和朋友,为了保持与他们的联系,常常用一个通讯录将他们的姓名、地址、电话等信息都记录下来,这样要查找电话或地址就很方便了。这个"通讯录"就是一个最简单的"数据库",每个人的姓名、地址、电话等信息就是这个数据库中的"数据"。人们可以在通讯录这个"数据库"中添加新朋友的个人信息,也可以由于某个朋友的电话变动而修改他的电话号码这个"数据"。人们使用通讯录这个"数据库"还是为了能随时查到某位亲戚或朋友的地址或电话号码这些"数据"。在人们的生活中这样的"数据库"随处可见。

实际上,数据库就是存储在计算机存储设备、结构化的相关数据的集合。它不仅包括描述事物的数据本身,而且包括相关事物之间的关系。

数据库中的数据往往不只是面向某一项特定的应用,而是面向多种应用,可以被多个用户、多个应用程序共享。

3. 数据库应用系统

数据库应用系统是指系统开发人员利用数据库系统资源开发的面向某一类实际应用的软件系统。例如,以数据库为基础的学生教学管理系统、财务管理系统、人事管理系统、图书管理系统和生产管理系统等。无论是面向内部业务和管理的管理信息系统,还是面向外部提供信息服务的开放式信息系统,都是以数据库为基础和核心的计算机应用系统。

4. 数据库管理系统

数据库管理系统(DataBase Management System,DBMS)指位于用户与操作系统之间的一层数据管理软件。数据库管理系统是为数据库的建立、使用和维护而配置的软件。数据库在建立、运用和维护时由数据库管理系统统一管理、统一控制。数据库管理系统使用户能方便地定义数据和操纵数据,并能够保证数据的安全性、完整性、多用户对数据的并发使用及发生故障后的系统恢复。目前常见的数据库管理系统有 SQL Server、Oracle、MySQL、Sybase 和 DB2 等。

5. 数据库系统

数据库系统(DataBase System,DBS)是指引进数据库技术后的计算机系统,是实现有组织地、动态地存储大量相关数据,提供数据处理和信息资源共享的便利手段。数据库系统由 5 部分组成:硬件系统、数据库、数据库管理系统及相关软件、数据库管理员(DataBase Administrator,DBA)和用户。

数据库管理员是专门人员或者管理机构,负责监督和管理数据库系统。主要负责决定数据库中的数据和结构,决定数据库的存储结构和策略,保证数据库的完整性和安全性,监控数据库的运行和使用,进行数据库的改造、升级和重组等。

1.1.3　数据库系统的特点

数据库系统的主要特点如下。

1. 实现数据共享,减少数据冗余

在数据库系统中,对数据的定义和描述已经从应用程序中分离出来,通过数据库管理系统来统一管理。数据的最小访问单位是字段,既可以按字段的名称存取数据库中某一个或某一组字段,也可以存取一条记录或一组记录。

建立数据库时,应当以全局的观点组织数据库中的数据,而不应像文件系统那样只考虑某一个部门的局部应用,这样才能发挥数据共享的优势。数据库群中存放整个组织(如整个企业)通用化的数据集合,某个部门通常仅使用总体数据的一个子集。

2. 采用特定的数据模型

数据库中的数据是有结构的,这种结构由数据库管理系统所支持的数据模型表现出来。

数据库系统不仅可以表示事物内部数据项之间的联系,而且可以表示事物与事物之间的联系,从而反映出现实世界事物之间的联系。因此,任何数据库管理系统都支持一种抽象的数据模型。详见1.2.3节。

3. 具有较高的数据独立性

在数据库系统中,数据库管理系统(DBMS)提供映像功能,实现应用程序对数据的总体逻辑结构、物理存储结构之间较高的独立性。数据的物理存储结构与用户看到的局部逻辑结构可以有很大的差别。用户只以简单的逻辑结构来操作数据,无须考虑数据在存储器上的物理位置与结构。

4. 有统一的数据控制功能

数据库可以被多个用户或应用程序共享,数据的存取往往是并发的,即多个用户同时使用同一个数据库。数据库管理系统必须提供必要的保护措施,包括并发访问控制功能、数据的安全性控制功能和数据的完整性控制功能。

1.1.4 数据库系统的内部体系结构

数据库系统内部具有三级模式和二级映射。三级模式分别是外部模式、概念模式和内模式,二级映射则分别是外部模式到概念模式的映射以及概念模式到内模式的映射。这种三级模式与二级映射构成数据库系统内部的抽象结构体系,如图1.2所示。

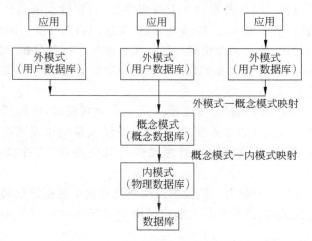

图1.2 三级模式、两种映射关系图

1. 数据库系统三级模式

数据模式是数据库系统中数据结构的一种表示形式,它具有不同的层次与结构方式。

(1) 外模式(External Schema)也称为子模式(Subschema)或用户模式(User's Schema)。它是用户的数据视图,也就是用户所见到的数据模式,它由概念模式推导而出。概念模式给出了系统全局的数据描述,而外模式则给出每个用户的局部数据描述。一个概念模式可以有若干个外模式,每个用户只关心与它有关的模式,这样不仅可以屏蔽大量无关信息而且有利于数据保护。

(2) 概念模式(Conceptual Schema)是数据库系统中全局数据逻辑结构的描述,是全体用户(应用)公共数据视图。此种描述是一种抽象的描述,它不涉及具体的硬件环境与平台,也与具体的软件环境无关。

概念模式主要描述数据的概念记录类型以及它们间的关系,它还包括一些数据间的语义约束。

(3) 内模式(Internal Schema)又称为物理模式(Physical Schema),它给出数据库物理存储结构与物理存取方法,如数据存储的文件结构、索引、集簇及散列等存取方式与存取路径。内模式的物理性主要体现在操作系统及文件级上,它还未深入到设备级上,如磁盘及磁盘操作。内模式对一般用户是透明的,但它的设计直接影响数据库的性能。

数据模式给出数据库的数据框架结构,数据是数据库中真正的实体,但这些数据必须按照框架所描述的结构组织,以外模式为框架所组成的数据库称为用户数据库(User's Database),以概念模式为框架所组成的数据库称为概念数据库(Conceptual Database),以内模式为框架所组成的数据库称为物理数据库(Physical Database)。这3种数据库中只有物理数据库是真实存在于计算机外存中,其他两种数据库并不真正存在于计算机中,而是通过两种映射由物理数据库映射而成。

模式的3个级别层次反映了模式的3个不同环境以及它们的不同要求,其中内模式处于最底层,它反映数据在计算机物理结构中的实际存储形式;概念模式处于中层,它反映设计者的数据全局逻辑要求;而外模式处于最外层,它反映用户对数据的要求。

2. 数据库系统的两级映射

数据库系统的三级模式是对数据的3个级别抽象,它把数据的具体物理实现留给物理模式,使用户与全局设计者不必关心数据库的具体实现与物理背景。同时,它通过两级映射建立模式间的联系与转换,使得概念模式与外模式虽然并不物理存在,但是也能通过映射而获得其实体。此外,两级映射也保证了数据库系统中数据的独立性,即数据的物理组织改变与逻辑概念级改变相互独立。

(1) 外模式到概念模式的映射。概念模式是一个全局模式,而外模式是用户的局部模式。一个概念模式中可以定义多个外模式,而每个外模式是概念模式的一个基本视图。外模式到概念模式的映射给出外模式与概念模式的对应关系,这种映射一般是由 DBMS 实现。

(2) 概念模式到内模式的映射。该映射给出概念模式中数据的全局逻辑结构到数据的物理存储结构间的对应关系,此种映射一般也是由 DBMS 实现。

1.1.5 数据库管理系统

数据库管理系统支持用户对于数据库的基本操作,是数据库系统的核心软件,其主要目标是使数据成为方便用户使用的资源,易于为各种用户所共享,并增进数据的安全性、完整性和可用性。数据库管理系统(DBMS)在系统层次结构中的位置如图 1.3 所示。

虽然不同 DBMS 要求的硬件资源、软件环境是不同的,其功能与性能也存在差异,但一般说来,DBMS 的功能主要包括 6 个方面。

1. 数据定义

数据定义包括定义构成数据库结构的外模式、模式和内模式,定义各个外模式与模式之间的映射,定义模式与内模式之间的映射,定义有关的约束条件(例如,为保证数据库中数据具有正确语义而定义的完整性规则,为保证数据库安全而定义的用户口令和存取权限等)。

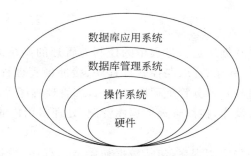

图 1.3 数据库系统层次示意图

2. 数据操纵

数据操纵包括对数据库数据的检索、插入、修改和删除等基本操作。

3. 数据库运行管理

对数据库的运行进行管理是 DBMS 运行时的核心部分，包括对数据库进行并发控制、安全性检查、完整性约束条件的检查和执行、数据库的内部维护（如索引、数据字典的自动维护）等。所有访问数据库的操作都要在这些控制程序的统一管理下进行，以保证数据的安全性、完整性、一致性以及多用户对数据库的并发使用。

4. 数据的组织、存储和管理

数据库中需要存放多种数据，如数据字典、用户数据、存取路径等，DBMS 负责分门别类地组织、存储和管理这些数据，确定以何种文件结构和存取方式物理地组织这些数据，如何实现数据之间的联系，以便提高存储空间利用率以及提高随机查找、顺序查找、增、删、改等操作的时间效率。

5. 数据库的建立和维护

建立数据库包括数据库初始数据的输入与数据转换等。维护数据库包括数据库的转储与恢复、数据库的重组织与重构造、性能的监视与分析等。

6. 数据通信接口

DBMS 需要提供与其他软件系统进行通信的功能。例如，提供与其他 DBMS 或文件系统的接口，从而能够将数据转换为另一个 DBMS 或文件系统能够接受的格式，或者接收其他 DBMS 或文件系统的数据。

为了提供上述功能，DBMS 通常由以下 4 部分组成。

1) 数据定义语言及其翻译处理程序

DBMS 一般都提供数据定义语言（Data Definition Language，DDL）供用户定义数据库的外模式、模式、内模式、各级模式间的映射、有关的约束条件等。用 DDL 定义的外模式、模式和内模式分别称为源外模式、源模式和源内模式，各种模式翻译程序负责将它们翻译成相应的内部表示，即生成目标外模式、目标模式和目标内模式。

2) 数据操纵语言及其编译（或解释）程序

DBMS 提供了数据操纵语言（Data Manipulation Language，DML）实现对数据库的检索、插入、修改、删除等基本操作。DML 分为宿主型 DML 和自主型 DML 两类。宿主型 DML 本身不能独立使用，必须嵌入主语言中，例如，嵌入 C、COBOL、FORTRAN 等高级语言中。自主型 DML 又称为自含型 DML，它们是交互式命令语言，语法简单，可以独立使用。

3）数据库运行控制程序

DBMS 提供一些负责数据库运行过程中的控制与管理的系统运行控制程序,包括系统初启程序、文件读写与维护程序、存取路径管理程序、缓冲区管理程序、安全性控制程序、完整性检查程序、并发控制程序、事务管理程序、运行日志管理程序等,它们在数据库运行过程中监视着对数据库的所有操作,控制管理数据库资源,处理多用户的并发操作等。

4）实用程序

DBMS 通常还提供一些实用程序,包括数据初始装入程序、数据转储程序、数据库恢复程序、性能监测程序、数据库再组织程序、数据转换程序、通信程序等。数据库用户可以利用这些实用程序完成数据库的建立与维护,以及数据格式的转换与通信。

1.2　数　据　模　型

数据库需要根据应用系统中数据的性质、内在联系,按照管理的要求来设计和组织。数据模型就是从现实世界到机器世界的一个中间层次。现实世界的事物反映到人的大脑中来,人们把这些事物抽象为一种既不依赖于具体的计算机系统又不为某一 DBMS 支持的概念模型,然后再把概念模型转换为计算机上某一 DBMS 支持的数据模型。

1.2.1　实体描述

现实世界中存在各种事物,事物与事物之间存在着联系。这种联系是客观存在的,是由事物本身的性质所决定的。例如,在学校的教学管理系统中有教师、学生和课程,教师为学生授课,学生选修课程取得成绩;在图书馆中有图书和读者,读者借阅图书;在体育竞赛中有参赛队、竞赛项目,代表队中的运动员参加特定项目的比赛等。如果管理的对象较多或者比较特殊,事物之间的联系就可能较为复杂。

1. 实体

客观存在并相互区别的事物称为实体。实体可以是实际的事物,也可以是抽象的事物。例如学生、课程、读者等都是属于实际的事物;学生选课、借阅图书等都是比较抽象的事物。

2. 实体的属性

描述实体的特性称为属性。例如,学生实体用学号、姓名、性别、出生年份、系、入学时间等属性来描述;图书实体用图书编号、分类号、书名、作者、单价等多个属性来描述。

3. 实体集和实体型

属性值的集合表示一个实体,而属性的集合表示一种实体的类型,称为实体型。同类型的实体的集合称为实体集。

例如,学生(学号,姓名,性别,出生年份,系,入学时间)就是一个实体型。对于学生来说,全体学生就是一个实体集,(980102,刘力,男,1980,自动控制,1997)就是代表学生名单中的一个具体的学生;在图书实体集中,(098765,TP298,Access 教程,张三,30.50)则代表一本具体的书。

在 Access 中,用"表"来存放同一类实体,即实体集,例如学生表、教师表、成绩表等。Access 的一个"表"包含若干个字段,"表"中的字段就是实体的属性。字段值的集合组成表中的一条记录,代表一个具体的实体,即每一条记录表示一个实体。

1.2.2 实体间的联系及分类

实体之间的对应关系称为联系,它反映现实世界事物之间的相互关联。例如,一个学生可以选修多门课程,同一门课程可以由多名教师讲授。

实体间联系的种类是指一个实体型中可能出现的每一个实体与另一个实体型中多少个实体存在联系。两个实体间的联系可以归结为 3 种类型。

1. 一对一联系

分析学校和校长这两个实体型,如果一个学校只能有一个正校长,一个校长不能同时在其他学校兼任校长,在这种情况下,学校与校长之间存在一对一联系。这种联系记为 1∶1。

在 Access 中,一对一联系表现为主表中的每一条记录只与相关表中的一条记录相关联。例如,人事部门的教师名单表和财务部门的教师工资表之间是一对一的联系,因为一名教师在同一时间只能领一份工资。在学校中,一个班级只能有一个班长。

2. 一对多联系

分析学校中学院和学生这两个实体型,一个学院中可以有多名学生,而一个学生只能在一个学院中注册学习。学院和学生之间存在一对多联系。分析部门和教师之间的联系,一个教师只能在学校的一个部门任职,占用该部门的一个编制,而一个部门可以有多名在编教师。部门与教师之间也是一对多联系。同样,一个班级有许多学生,班级和学生之间也是一对多联系。这种联系记为 1∶M。

在 Access 中,一对多联系表现为主表中的每条记录与相关表中的多条记录相关联,即表 A 中的一条记录在表 B 中可以有多条记录与之对应,但表 B 中的一条记录最多只能与表 A 中的一条记录对应。

一对多联系是最普遍的联系,也可以将一对一联系看成是一对多联系的特殊情况。

3. 多对多联系

分析学生和课程两个实体型,一个学生可以选修多门课程,一门课程可以被多名学生选修。因此,学生和课程间存在多对多的联系。学校中教师与课程之间也是多对多联系,因为一位教师可以讲授多门课程,同一门课程可以有多位老师讲授。这种联系记为 M∶N。

在 Access 中,多对多的联系表现为一个表中的多条记录在相关表中同样可以有多条记录与之对应,即表 A 中的一条记录在表 B 中可以对应多条记录,而表 B 中的一条记录在表 A 中也可对应多条记录。

1.2.3 数据模型简介

数据模型所描述的内容有 3 个部分,它们是数据结构、数据操作与数据约束。

(1) 数据结构。数据模型中的数据结构主要描述数据的类型、内容、性质以及数据间的联系等。数据结构是数据模型的基础,数据操作与约束均建立在数据结构上。不同数据结构有不同的操作与约束,因此,一般数据模型的分类均以数据结构的不同而分。

(2) 数据操作。数据模型中的数据操作主要描述在相应数据结构上的操作类型与操作方式。

(3) 数据约束。数据模型中的数据约束主要描述数据结构内数据间的语法、语义联系,它们之间的制约与依存关系,以及数据动态变化的规则,以保证数据的正确、有效与相容。

数据模型按不同的应用层次分成 3 种类型,它们是概念数据模型(Conceptual Data Model)、逻辑数据模型(Logic Data Model)和物理数据模型(Physical Data Model)。

概念数据模型简称为概念模型,它是一种面向客观世界、面向用户的模型;它与具体的数据库管理系统无关,与具体的计算机平台无关。概念模型着重于对客观世界复杂事物的结构描述及它们之间的内在联系的刻画。概念模型是整个数据模型的基础。目前,较为有名的概念模型有 E-R 模型、扩充的 E-R 模型、面向对象模型及谓词模型等。

逻辑数据模型又称为数据模型,它是一种面向数据库系统的模型,该模型着重于在数据库系统一级的实现。概念模型只有在转换成数据模型后才能在数据库中得以表示。目前,逻辑数据模型也有很多种,较为成熟并先后被人们大量使用过的有层次模型、网状模型、关系模型和面向对象模型等。

物理数据模型又称为物理模型,它是一种面向计算机物理表示的模型,此模型给出数据模型在计算机上物理结构的表示。

从另一角度看,为了反映事物本身及事物之间的各种联系,数据库中的数据必须有一定的结构,这种结构用数据模型来表示。数据库不仅管理数据本身,而且要使用数据模型表示出数据之间的联系。可见,数据模型是数据库管理系统用来表示实体及实体间联系的方法。一个具体的数据模型应当正确地反映出数据之间存在的整体逻辑关系。

任何一个数据库管理系统都是基于某种数据模型的。数据库管理系统所支持的传统数据模型分 3 种:层次数据模型、网状数据模型和关系数据模型。因此,使用支持某种特定数据模型的数据库管理系统开发出来的应用系统相应地称为层次数据库系统、网状数据库系统和关系数据库系统。

1. 层次数据模型

层次数据模型是数据库系统中最早出现的数据模型,它用树型结构表示各类实体以及实体间的联系。层次数据模型数据库系统的典型代表是 IBM 公司的 IMS(Information Management System)数据库管理系统,这是一个曾经广泛使用的数据库管理系统。

若用图来表示,则层次数据模型是一棵倒立的树。节点层次(Level)从根开始定义,根为第一层,根的孩子称为第二层,根称为其孩子的双亲,同一双亲的孩子称为兄弟。图 1.4 给出一个层次数据模型示意图。

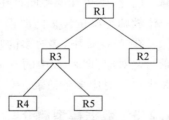

图 1.4 层次数据模型示意图

层次数据模型对具有一对多的层次关系的描述非常自然、直观、容易理解,这是层次数据库的突出优点。

支持层次数据模型的 DBMS 称为层次数据库管理系统,在这种系统中建立的数据库是层次数据库。层次数据模型不能直接表示出多对多的联系。

2. 网状数据模型

网状数据模型的典型代表是 DBTG 系统,也称为 CODASYL 系统,它是 20 世纪 70 年代美国数据系统语言协会(CODASYL)下属的数据库任务组(Data Base Task Group,DBTG)提出的一个系统方案。若用图表示,网状数据模型是一个网络。图 1.5 给出一个抽象的简单的网状数据模型。

自然界中实体型间的联系更多的是非层次关系,用层次数据模型表示非树型结构很不直接,网状数据模型则可以克服这一弊病。

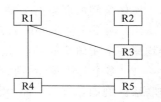

图 1.5　网状数据模型示意图

3. 关系数据模型

关系数据模型是目前最重要的一种模型。美国 IBM 公司的研究员 E. F. Codd 于 1970 年发表了题为"大型共享系统的关系数据库的关系模型"的论文,文中首次提出数据库系统的关系数据模型。20 世纪 80 年代以来,计算机厂商推出的数据库管理系统(DBMS)几乎都支持关系数据模型,非关系系统的产品也大都加上关系接口。

用二维表结构来表示实体以及实体之间联系的模型称为关系数据模型。关系数据模型是以关系数学理论为基础的,在关系数据模型中,操作的对象和结果都是二维表,这种二维表就是关系。

关系数据模型与层次数据模型、网状数据模型的本质区别在于数据描述的一致性,模型概念单一。在关系型数据库中,每一个关系都是一个二维表,无论实体本身还是实体间的联系均用称为"关系"的二维表来表示,使得描述实体的数据本身能够自然地反映它们之间的联系。而传统的层次和网状模型数据库是使用链接指针来存储和体现联系的。

关系数据库以其完备的理论基础、简单的模型、说明性的查询语言和使用方便等优点得到最广泛的应用。

1.3　E-R 模型

概念模型是面向现实世界的,它的出发点是有效和自然地模拟现实世界,给出数据的概念化结构。长期以来被广泛使用的概念模型是 E-R 模型(Entity Relationship Model)(或实体联系模型),它于 1976 年由 Peter Chen 首先提出。该模型将现实世界的要求转化成实体、联系、属性等几个基本概念,以及它们间的两种基本连接关系,并且可以用一种图直观地表示出来。

1.3.1　E-R 模型的基本概念

1. 实体

现实世界中的事物可以抽象成为实体,实体是概念世界中的基本单位,它们是客观存在的且又能相互区别的事物。凡是有共性的实体可组成一个集合称为实体集(Entity Set)。如小赵、小李是实体,他们又均是学生而组成一个实体集。

2. 属性

现实世界中事物均有一些特性,这些特性可以用属性来表示。属性刻画实体的特征。一个实体往往可以有若干个属性。每个属性可以有值,一个属性的取值范围称为该属性的值域(Value Domain)或值集(Value Set)。例如,小赵年龄取值为 17,小李为 19。

3. 联系

现实世界中事物间的关联称为联系。在概念世界中联系反映了实体集间的一定关系,如工人与设备之间的操作关系,上、下级间的领导关系,生产者与消费者之间的供求关系。

实体集间的联系有多种,就实体集的个数而言有3种。

(1) 两个实体集间的联系。两个实体集间的联系是一种最为常见的联系,前面举的例子均属两个实体集间的联系。

(2) 多个实体集间的联系。这种联系包括3个实体集间的联系以及3个以上实体集间的联系。例如,工厂、产品、用户这3个实体集间存在着工厂提供产品为用户服务的联系。

(3) 一个实体集内部的联系。一个实体集内有若干个实体,它们之间的联系称为实体集内部联系。如某公司职工这个实体集内部可以有上、下级联系。

实体集间联系的个数可以是单个也可以是多个。如工人与设备之间有操作联系,另外还可以有维修联系。两个实体集间的联系实际上是实体集间的函数关系,这种函数关系可以有下面几种。

一对一的联系,简记为 $1:1$。这种函数关系是常见的函数关系之一,如学校与校长间的联系,一个学校与一个校长间相互一一对应。

一对多或多对一联系,简记为 $1:M(1:m)$ 或 $M:1(m:1)$。这两种函数关系实际上是一种函数关系,如学生与其宿舍房间的联系是多对一的联系(反之,则为一对多联系),即多个学生对应一个房间。

多对多联系,简记为 $M:M(m:m)$。这是一种较为复杂的函数关系,如教师与学生这两个实体集间的教与学的联系是多对多的,因为一个教师可以教授多个学生,而一个学生又可以受教于多个教师。

1.3.2 E-R模型3个基本概念之间的联系关系

E-R模型由实体、属性、联系3个基本概念组成。由实体、属性、联系三者结合起来才能表现现实世界。

1. 实体集(联系)与属性间的连接关系

实体是概念世界中的基本单位,属性附属于实体,它本身并不构成独立单位。一个实体可以有若干个属性,实体以及它的所有属性构成了实体的一个完整描述。因此实体与属性间有一定的连接关系。如在人事档案中每个人(实体)可以有编号、姓名、性别、年龄、籍贯、政治面貌等若干属性,它们组成一个有关人(实体)的完整描述。

属性有属性域,每个实体可取属性域内的值。一个实体的所有属性取值组成一个值集叫元组(Tuple)。在概念世界中,可以用元组表示实体,也可用它区别不同的实体。如在人事档案简表(表1.1)中,每一行表示一个实体,这个实体可以用一组属性值表示。例如,(101,赵英俊,男,18,浙江,团员)、(102,王平,男,21,江苏,党员),这两个元组分别表示两个不同的实体。

实体有型与值之别,一个实体的所有属性构成这个实体的型,如人事档案中的实体,它的型是由编号、姓名、性别、年龄、籍贯、政治面貌等属性组成,而实体中属性值的集合(即元组)则构成这个实体的值。

相同型的实体构成实体集。如表1.1中的每一行是一个实体,它们均有相同的型,因此表内诸实体构成一个实体集。

表 1.1 人事档案简表

编号	姓名	性别	年龄	籍贯	政治面貌
101	赵英俊	男	18	浙江	团员
102	王平	男	21	江苏	党员
103	吴亦奇	女	20	辽宁	群众
104	刘过	男	21	陕西	群众
105	李美丽	女	18	安徽	团员

联系也可以附有属性,联系和它的所有属性构成联系的一个完整描述,因此,联系与属性间也有连接关系。如有教师与学生两个实体集间的教与学的联系,该联系尚可附有属性"教室号"。

2. 实体(集)与联系

实体集间可通过联系建立连接关系,一般而言,实体集间无法建立直接关系,它只能通过联系才能建立起连接关系。如教师与学生之间无法直接建立关系,只有通过"教与学"的联系才能在相互之间建立关系。

在 E-R 模型中有 3 个基本概念以及它们之间的两种基本连接关系。它们将现实世界中的错综复杂的现象抽象成简单明了的几个概念与关系,具有极强的概括性和表达能力。因此,E-R 模型目前已成为表示概念世界的有力工具。

1.3.3 E-R 模型的图示法

E-R 模型可以用一种非常直观的图的形式表示,这种图称为 E-R 图(Entity Relationship Diagram)。在 E-R 图中分别用下面不同的几何图形表示 E-R 模型中的 3 个概念与两个连接关系。

1. 实体集表示法

在 E-R 图中用矩形表示实体集,在矩形内写上该实体集的名字,如实体集学生(student)、课程(course)可用图 1.6 表示。

2. 属性表示法

在 E-R 图中用椭圆形表示属性,在椭圆形内写上该属性的名称,如学生有属性学号(s#)、姓名(Sn)及年龄(Sa),它们可以用图 1.7 表示。

3. 联系表示法

在 E-R 图中用菱形(内写上联系名)表示联系,如学生与课程间的联系 SC,用图 1.8 表示。

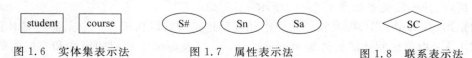

图 1.6 实体集表示法　　　图 1.7 属性表示法　　　图 1.8 联系表示法

3 个基本概念分别用 3 种几何图形表示。它们之间的连接关系也可用图形表示。

4. 实体集(联系)与属性间的连接关系

属性依附于实体集,因此,它们之间有连接关系。在 E-R 图中这种关系可用连接这两个图形间的无向线段表示(一般情况下可用直线)。如实体集 student 有属性 S♯(学号)、Sn(学生姓名)及 Sa(学生年龄);实体集 course 有属性 C♯(课程号)、Cn(课程名)及 P♯(预修课号),它们的连接如图 1.9 所示。

属性也依附于联系,它们之间也有连接关系,因此也可用无向线段表示。如联系 SC 可与学生的课程成绩属性 G 建立连接,如图 1.10 所示。

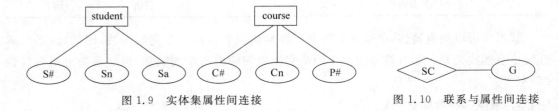

图 1.9　实体集属性间连接　　　　　　　　图 1.10　联系与属性间连接

5. 实体集与联系间的连接关系

在 E-R 图中实体集与联系间的连接关系可用连接这两个图形间的无向线段表示。如实体集 student 与联系 SC 间有连接关系,实体集 course 与联系 SC 间也有连接关系,因此它们之间可用无向线段相联,构成一个如图 1.11 所示的图。

有时为了进一步刻画实体间的函数关系,还可在线段边上注明其对应函数关系,如 $1:1$、$1:n$、$n:m$ 等,如 student 与 course 间有多对多联系,如图 1.12 所示。

图 1.11　实体集与联系间的连接关系　　　图 1.12　实体集间的联系

实体集与联系间的连接可以有多种,上面所举例子均是两个实体集间的联系,称为二元联系,也可以是多个实体集间联系,称为多元联系。如工厂、产品与用户间的联系是一种三元联系,如图 1.13 所示。

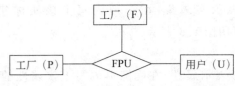

图 1.13　多个实体集间联系的连接方法

一个实体集内部可以有联系,如某公司职工(employee)间上、下级管理(manage)的联系,如图 1.14(a)所示。

实体集间可有多种联系,如教师(T)与学生(S)之间可以有教学(E)联系也可有管理(M)联系,此种连接关系如图 1.14(b)所示。

由矩形、椭圆形、菱形以及按一定要求相互间连接的线段构成了一个完整的 E-R 图。

例 1.1　由前面所述的实体集 student、course 以及附属于它们的属性和它们间的联系 SC,以及附属于 SC 的属性 G 构成了一个学生课程联系的概念模型,可用图 1.15 所示的 E-R 图表示。

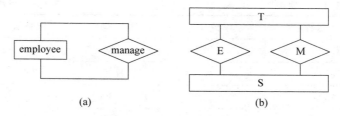

图 1.14 实体集间多种联系

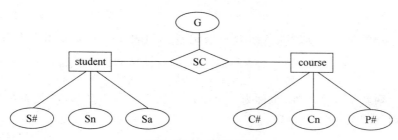

图 1.15 E-R 图实例

在概念上，E-R 模型中的实体、属性与联系是 3 个有明显区别的不同概念。但是在分析客观世界的具体事物时，对某个具体数据对象，究竟它是实体，还是属性或联系，则是相对的，所做的分析设计与实际应用的背景以及设计人员的理解有关。这是工程实践中构造 E-R 模型的难点之一。

1.4 关系数据库

关系数据库是基于关系模型的数据库，现实世界的实体及实体间的各种联系均用单一的结构类型（即关系）来表示。

1.4.1 关系术语

1. 基本的关系术语

1）关系

一个关系就是一张二维表，每个关系有一个关系名，也称为表名。表 1.2～表 1.5 分别对应"院系"、"学生"、"课程"、"成绩"4 个关系。

表 1.2 院系

系 号	系 名	系主任
01	计算机	王某
02	外语	赵某
03	法律	辛某
04	光电	张某

表 1.3 学生

学 号	姓 名	性别	系号
05210786016	王涛	男	01
05210786017	张晓凯	男	02
05210786019	李小娟	女	02

表 1.4 课程			表 1.5 成绩		
课程号	课程名	学分	学 号	课程号	成绩
101	英语	3	05210786016	101	87
102	高数	3	05210786016	203	69
203	体育	4	05210786017	101	92
204	数据库技术	2	05210786017	102	90

2）元组

表中的一行就是一个元组，也称为一条记录。如表 1.3 中，"学生"关系中包含 3 条记录。

3）属性

表中的一列就是一个属性，也称为一个字段。如表 1.3 中，"学生"关系中包含"学号"、"姓名"、"性别"和"系号"4 个字段。

4）域

属性的取值范围。例如，"性别"的域是"男"或"女"，"成绩"（百分制）的域是 0～100 分。

5）关系模式

关系模式对关系的描述称为关系模式，它对应一个关系的结构。其格式为

关系名(属性 1,属性 2,…,属性 n)

例如，表 1.3 中的"学生"关系表的关系模式为

学生(学号,姓名,性别,系号)

6）主关键字

在表中能够唯一标识一条记录的字段或字段组合，称为候选关键字。一个表中可能有多个候选关键字，从中选择一个作为主关键字。主关键字也称为主键。

例如，"学生"关系表中的"学号"字段在每条记录中都是唯一的，因此学号就是主键。在"成绩"关系表中，"学号"和"课程号"两个字段共同构成一个主键。

7）外部关键字

如果表 A 和表 B 中有公共字段，且该字段在表 B 中是主键，则该字段在表 A 中就称为外部关键字。外部关键字也称为外键。

例如，"学生"关系表和"成绩"关系表中都有"学号"字段，且"学号"在"学生"关系表中是主键，"学号"在"成绩"关系表中是外键。

在关系数据库中，主键和外键表示两个表之间的联系。例如，在上述关系模型中，"院系"关系表和"学生"关系表中的记录可以通过公共的"系号"字段相联系，当要查找某位学生所在院系的系主任时，可以先在"学生"关系表中找出相应的系号，然后再到"院系"关系表中找出该系号所对应的系主任。

2. 关系数据库的主要特点

（1）关系中的每个属性是不可分割的数据项，即表中不能再包含表。如果不满足这个条件，就不能称为关系数据库。例如，表 1.6 所示的表格就不符合要求。

（2）关系中每一列元素必须是同一类型的数据，来自同一个域。

（3）关系中不允许出现相同的字段。

（4）关系中不允许出现相同的记录。

（5）关系中的行、列次序可以任意交换，不影响其信息内容。

表 1.6 不符合规范化要求的表格

员工号	姓名	应发工资			应扣工资			实发工资
		基本工资	奖金	补贴	房租	水电	公积金	
1001	张三							

1.4.2 关系的完整性

关系模型由关系数据结构、关系完整性约束和关系操作集合三部分组成。

关系模型的完整性规则是对关系的某种约束条件，以保证数据的正确性、有效性和相容性。关系模型中有三类完整性约束。

1. 实体完整性

实体完整性规则要求关系中的主键不能取空值或重复的值。空值就是"不知道"或"无意义"的值。

例如，在"学生"关系表中，"学号"为主键，则学号就不能取空值，也不能有重复值。在"成绩"关系表中，"学号"和"课程号"构成主键，则这两个字段都不能取空值，也不允许表中任何两条记录的学号和课程号的值完全相同。

2. 参照完整性

参照完整性规则定义外键和主键之间的引用规则，即外键或者取空值，或者等于相应关系中主键的某个值。

例如，"系号"在"学生"关系表中为外键，在"院系"关系表中为主键，则"学生"关系表中的"系号"只能取空值（表示学生尚未选择某个系），或者取"系部"表中已有的一个系号值（表示学生已属于某个院系）。

实体完整性和参照完整性是关系模型必须满足的完整性约束条件。

3. 用户定义的完整性

用户定义的完整性是指根据某一具体应用所涉及的数据必须满足的语义要求，自定义完整性约束。

例如，在"成绩"关系表中，如果要求成绩以百分制表示，并保留两位小数，则用户就可以在表中定义成绩字段为数值型数据，小数位数为 2，取值范围为 0～100。

1.4.3 关系运算

要在关系数据库中访问所需要的数据，就要进行关系运算。关系运算分为两类：传统的集合运算和专门的关系运算。关系运算的对象是一个关系，运算结果仍是一个关系。

1. 传统的集合运算

传统的集合运算包括并（∪）、交（∩）、差（—）、广义笛卡儿积（×）4 种。表 1.7～

表 1.12 所示为关系 R 和关系 S 的 4 种集合运算示例(R 与 S 具有相同的结构)。

表 1.7 关系 R

A	B	C
a1	b1	c1
a1	b2	c2
a2	b2	c1

表 1.8 关系 S

A	B	C
a1	b2	c2
a1	b3	c2
a2	b2	c1

表 1.9 R∪S

A	B	C
a1	b1	c1
a1	b2	c2
a2	b2	c1
a1	b3	c2

表 1.10 R∩S

A	B	C
a1	b2	c2
a2	b2	c1

表 1.11 R－S

A	B	C
a1	b1	c1

表 1.12 R×S

R.A	R.B	R.C	S.A	S.B	S.C
a1	b1	c1	a1	b2	c2
a1	b1	c1	a1	b3	c2
a1	b1	c1	a2	b2	c1
a1	b2	c2	a1	b2	c2
a1	b2	c2	a1	b3	c2
a1	b2	c2	a2	b2	c1
a2	b2	c1	a1	b2	c2
a2	b2	c1	a1	b3	c2
a2	b2	c1	a2	b2	c1

2. 专门的关系运算

专门的关系运算包括选择、投影和连接。

1) 选择(Selection)

从一个关系中找出满足条件的记录的操作称为选择。选择是从行的角度进行的运算,其结果是原关系的一个子集。例如,从前面表 1.3 所示的"学生"关系表中选择所有男生的记录,结果如表 1.13 所示。

2）投影（Projection）

从一个关系中选出若干字段组成新的关系称为投影。投影是从列的角度进行的运算，相当于对关系进行垂直分解。例如，从前面表1.3所示的"学生"关系表中找出所有学生的系号、姓名和性别，结果如表1.14所示。

表1.13　选择运算

学　号	姓名	性别	系号
05210786016	王涛	男	01
05210786017	张晓凯	男	02

表1.14　投影运算

学　号	姓名	性别
05210786016	王涛	男
05210786017	张晓凯	男
05210786019	李小娟	女

3）连接（Join）

连接是指把两个关系中的记录按一定的条件横向结合，生成一个新的关系。

在连接操作中，以两个关系的字段值对应相等为条件进行的连接称为等值连接。去掉重复字段的等值连接称为自然连接，它利用两个关系中的公共字段（或语义相同的字段），把字段值相等的记录连接起来。自然连接是最常用的连接运算。例如，将前面表1.2所示的"院系"关系表和表1.3"学生"关系表进行自然连接，结果如表1.15所示。

表1.15　自然连接

学　号	姓名	性别	系号	系　名	系主任
05210786016	王涛	男	01	计算机	王某
05210786017	张晓凯	男	02	外语	赵某
05210786019	李小娟	女	02	外语	赵某

利用关系运算或几个基本关系运算的组合，可以实现对关系数据库的查询，找出用户感兴趣的数据。

1.4.4　关系规范化

具体应用环境中的数据怎样具体、简明、有效地构成符合关系模式的结构，并形成一个关系数据库，是数据库操作的首要问题之一。通常，首先把收集来的数据存储在一个二维表中，并定义为一个关系。但是有许多相关的数据集合到一个关系后，数据间的关系会变得很复杂，属性的个数和数据数量很大，很多时候为了将一个事物表达清楚，会出现大量数据重复出现的情况。特别是在进行数据库应用系统开发时，如果用户组织的数据关系不理想，轻者会大大增加编程和维护程序的难度，重者会使数据库应用系统无法实现。

一个组织良好的数据结构，不仅可以方便地解决应用问题，还可以为解决一些不可预测的问题带来便利，同时可以大大加快编程的速度。从20世纪70年代提出关系数据库的理论后，许多专家对该理论进行了深入研究，总结了一整套的关系数据库设计的理论和方法，其中很重要的是关系规范化理论。简单地说，若想设计一个性能良好的数据库，就要尽量满足关系规范化原则。

1. 数据库设计中的问题

一个关系没有经过规范化,则可能会出现数据冗余、数据更新不一致、数据插入异常和删除异常。例如,如果在一个超市信息管理系统中,设计如表1.16所示的"员工"关系,则会存在数据冗余和增删改异常等问题。

表 1.16　员工表

员工编号	姓名	性别	…	部门编号	部门名称	负责人	部门电话
A101001	张三	男		A1	经营部	张某	123
A101002	李四	男		A1	经营部	张某	123
A101003	王五	女		B1	采购部	刘某	456
A101004	赵六	女		A1	经营部	张某	123
A101005	胡七	女		B1	采购部	刘某	456
A101006	何八	女		B1	采购部	刘某	456

若定义其关系模式为员工(员工编号,姓名,性别,年龄,民族,电话,住址,照片,工龄,简历,部门编号,部门名称,负责人,部门电话),则从"员工"关系模式中,可以发现该关系存在的如下问题:

1)数据冗余

部门名称、负责人和部门电话3个属性值有大量重复,造成数据的冗余。

2)更新异常

若某个部门更换负责人,数据库中所属该部门的员工的元组"负责人"属性一项都要修改,若漏掉某个元组未改,就会造成数据的不一致,出现更新异常。

3)插入异常

若超市准备新设置一个职能部门,该部门还没有员工,部门负责人的名字就无法输入到数据库中,因此会引起插入异常。

4)删除异常

如果其中一个部门的员工集体辞职,删除该部门所有员工数据后,若又没有新员工进来,则这个部门还存在,但却无法找到该部门的信息,这样就会出现删除异常。

通过以上分析,可知表1.6所示关系模式不是一个好的关系模式。

对于有问题的关系模式,可通过模式分解的方法使之规范化,尽量减少数据冗余,消除插入、删除和更新异常。

如果将上面的"员工"关系模式分解为以下两个模式:员工(员工编号,姓名,性别,年龄,民族,电话,住址,照片,工龄,简历,部门编号)和部门(部门编号,部门名称,负责人,部门电话)其结果将大为不同,数据冗余、数据更新异常、数据插入异常和数据删除异常问题将得到解决。

从关系数据库理论的角度看,一个不好的关系模式,是由存在于关系模式中的某些数据依赖引起的,解决方法就是通过分解关系模式来消除其中不合适的数据依赖。

2. 函数依赖

函数依赖是指关系中属性之间取值的依赖情况。

假定关系 R(A,B,C)中,当 A 有一取值时,便唯一对应一个 B 值和 C 值,则称 B 和 C 依赖于 A,或称 A 决定了 B 或 C,简记为 A→B,A→C。

这里的属性 A 实际上就是关系 R 的主键,主键的取值不允许空值,也不允许重复,因主键是用来唯一标识元组的。为了形象地表示属性间的函数依赖,可以在关系模型上直接用箭头来标明依赖情况,如图 1.16 所示,该图表示 A 的取值决定了 B 的取值,同时也决定了 C 的取值。反过来说,就是 B 和 C 函数依赖于 A。

3. 关系中可能存在的不同函数依赖

由于关系中的主键可能是"单属性键"或"多属性组合键",这将导致关系中的属性相对于主键有着不同的依赖情况。

假定关系 R(A,B,C,D,E)中的函数依赖如图 1.17 所示。关系 R 的主键是 A+B(组合键)。

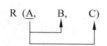

图 1.16 属性间函数依赖表示

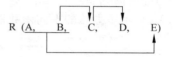

图 1.17 属性间函数依赖情况

由此图不难发现,关系 R 中各非主属性相对于主键存在不同依赖情况。

(1) 完全函数依赖。属性 E 依赖于主键 A+B,即 E 的取值依赖于 A 和 B 两者的组合,这称为完全函数依赖。

(2) 部分函数依赖。属性 C 只依赖于主键中的 B,而与 A 无关,这称为部分函数依赖。

(3) 传递函数依赖。属性 D 依赖于 C,而 C 又依赖于 B,因而 D 间接依赖于 B,这称为 D 传递依赖于 B。

由于一个关系中各非主属性相对于主键存在不同函数依赖,将会导致关系性能变坏。

4. 函数依赖实例分析

假若存在一个如表 1.17 所示的学生关系,则该关系同样存在如前所述的数据冗余大和增删改异常。那么是什么原因造成的呢?

表 1.17 学生表

学号	姓名	性别	班级	班主任	课程号	课程名	学时数	成绩
99001	张三	男	A1班	张伟	101	英语	64	85
99002	李四	男	A2班	钱康	101	英语	64	79
99003	王五	男	A1班	张伟	102	语文	32	68
99004	赵六	女	A2班	钱康	101	英语	64	90
99005	马七	男	A1班	张伟	101	英语	64	88
99006	朱衣	女	A1班	张伟	102	语文	32	77

从关系规范化角度来看,我们说它不够规范化,换言之,关系所受的限制太少,使得一个关系存放的信息太杂,应该是一个关系只反映一个主题。

从函数依赖角度说,这个关系存在着"完全函数依赖"、"部分函数依赖"和"传递函数依赖"等不同依赖情况,即关系中的不同属性相对于"主键"存在不同的函数依赖。

注意以下事实。

① 该关系的主键是"学号"与"课程号"两属性的组合。

② "姓名"、"性别"和"班级"3个属性只依赖于主键中的"学号",因为学号有一取值,便能唯一地确定该学号对应的学生姓名、性别和班级;与主键中的"课程号"无关,即存在"部分函数依赖"。

③ "班主任"依赖于"班级",与学号无关,与"课程号"也无关。又因"班级"依赖于"学号",所以"班主任"间接依赖于"学号",即存在"传递函数依赖"。

④ "课程名"和"学时数"依赖于"课程号",与"学号"无关,与"班级"也无关,也是"部分函数依赖"。

⑤ "成绩"依赖于"学号"和"课程号"两个字段的组合,因为只有组合在一起才能标识哪个学生哪门课程的成绩,即"完全函数依赖"。

图1.18表示了上述的不同函数依赖情况。

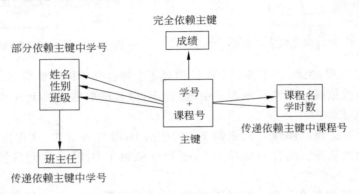

图1.18 不同函数依赖情况

5. 范式与规范化

关系模式的好与坏,用什么标准衡量呢?这个标准就是模式的范式。关系规范化就是对数据库中的关系模式进行分解,将不同的概念分散到不同的关系中,使得每个关系的任务单纯而明确,达到概念的单一化。例如,一个关系只描述一个实体或者实体间的一种联系。

满足一定条件的关系模式称为范式(Normal Form,NF)。根据满足规范条件的不同,分为第一范式(1NF)、第二范式(2NF)、第三范式(3NF)、BC范式(BCNF)、第四范式(4NF)和第五范式(5NF)。常用的是前3种范式,级别越高,满足的要求越高,规范化程度越高。

在关系数据库中,任何一个关系模式都必须满足第一范式,即表中的每个字段必须是不可分割的数据项(表中不能再包含表)。将一个低级范式的关系模式分解为多个高级范式的关系模式的过程,称为规范化。

关系的规范化可以避免大量的数据冗余,节省存储空间,保持数据的一致性。但由于被存储在不同的关系中,在一定程度上增加了操作的难度。

1) 第一范式(1NF)

如果关系模式R的每个属性值都是不可分的原子值,那么称R是第一范式(first Normal Form,1lNF)的模式。

满足 1NF 的关系称为规范化的关系,否则称为非规范化的关系。关系数据库研究的关系都是规范化的关系。倒如,有关系模式:

通讯录(姓名,地址,电话)

如果一个人有两个电话号码,那么在关系中至少要出现两个元组,以便存储这两个号码。第一范式是关系模式应具备最起码的条件。

2)第二范式(2NF)

如果关系模式中存在局部依赖,就不是一个好的模式,需要把关系模式分解,以排除局部依赖,使模式达到 2NF 的标准,即对于满足 1NF 的关系,通过消除非主属性对主键的部分函数依赖,使之达到 2NF。2NF 的关系仍然存在 1NF 关系类似的缺点。

例如,将上面属于 1NF 的"学生"关系模式规范化到 2NF。

可以对上面的"学生"关系进行分解。为了便于比对,下面把学生关系重新列出。

S(学号,姓名,性别,班级,班主任,课程号,课程名,学时数,成绩)对其进行投影分解成以下等价的 3 个关系,分别命名为 S1、C1 和 G1。

S1(学号,姓名,性别,班级,班主任)
C1(课程号,课程名,学时数)
G1(学号,课程号,成绩)

这 3 个关系都满足 2NF 定义,均属于 2NF,但其中的 Sl 关系存在传递函数依赖。

3)第三范式(3NF)

对于满足 2NF 关系,如果不存在"非主属性"对主键的传递函数依赖,则称属于 3NF 关系,即在 2NF 基础上排除那些存在传递函数依赖的属性,方法是通过投影操作分解关系模式。3NF 的关系是比较理想的关系,在实际中大部分使用 3NF 的关系。

例如,继续将"学生"关系规范化使之满足 3NF。

分析前面规范化后生成的 3 个关系,Sl 属于 2NF,因为它存在传递函数依赖;而 C1 和 G1 均已满足 3NF 条件。下面对 S1 继续规范化生成 S11 和 S12 两个等价的关系。

S11(学号,姓名,性别,班级)
S12(班级,班主任)

这样,原来的 S 关系模式被以下 4 个达到 3NF 关系的模式取代,是比较理想的关系模型。

S11(学号,姓名,性别,班级)
S12(班级,班主任)
C1(课程号,课程名,学时数)
G1(学号,课程号,成绩)

6. 分解关系的基本原则

关系规范化实际上是对关系逐步分解的过程,通过分解使关系逐步达到较高范式。但是,分解方法往往不是唯一的,不同的分解可能导致关系数据库的性能有很大的差别。下面指出分解关系中应遵循的几个原则。

(1)分解必须是无损的,即分解后不应丢失信息。

（2）分解后的关系要相互独立，避免对一个关系的修改涉及另一个关系。

（3）遵从"一事一地"原则，即一个关系只表达一个主题，如果涉及多个主题，就应该继续分解关系。

关系规范化的目的是使关系数据库中的"基本表"达到 3NF。一般不使用 1NF 或 2NF 关系。各范式之间是向下包容的。属于 3NF 关系一定满足 2NF 或 1NF 条件；属于 2NF 关系一定满足 1NF 条件，但不一定满足 3NF 条件。

在规范化时要考虑以下问题。

（1）明确关系中哪些是主属性，哪些是非主属性（可以作为键的属性称为主属性）。

（2）确定主键。

（3）搞清非主属性对主键的函数依赖情况。

（4）消除部分函数依赖和传递函数依赖，使之达到 3NF。

（5）分解关系不能丢失信息。

（6）分解后的关系要相互独立，但又必须考虑如何实现联系。

1.5　数据库设计与管理

数据库设计是数据库应用的核心。本节讨论数据库设计的任务特点、基本步骤和方法，以及数据库的需求分析、概念设计及逻辑设计 3 个阶段，此外还简单介绍数据库管理的内容及 DBA 的工作。

1.5.1　数据库设计概述

在数据库应用系统中的一个核心问题就是设计一个能满足用户要求、性能良好的数据库，这就是数据库设计。

数据库设计的基本任务是根据用户对象的信息需求、处理需求和数据库的支持环境（包括硬件、操作系统与 DBMS）设计出数据模式。信息需求主要是指用户对象的数据及其结构，它反映了数据库的静态要求；处理需求则表示用户对象的行为和动作，它反映了数据库的动态要求。数据库设计中有一定的制约条件，包括系统软件、工具软件以及设备、网络等硬件。因此，数据库设计即是在一定平台制约下，根据信息需求与处理需求设计出性能良好的数据模式。

在数据库设计中有两种方法，一种是以信息需求为主，兼顾处理需求，称为面向数据的方法；另一种方法是以处理需求为主，兼顾信息需求，称为面向过程的方法。数据量少、简单的问题面向过程的方法使用较多，而近期由于大型系统中数据结构复杂、数据量庞大，而相应处理流程趋于简单，因此用面向数据的方法较多，面向数据的设计方法已成为主流方法。

数据库设计目前一般采用生命周期法，将整个数据库应用系统的开发分解成目标独立的若干阶段。一般为需求分析阶段、概念设计阶段、逻辑设计阶段、物理设计阶段、编码阶段、测试阶段、运行阶段和进一步修改阶段。在数据库设计中采用上面几个阶段中的前 4 个阶段，并且重点以数据结构与模型的设计为主线。

1.5.2　数据库设计的需求分析

需求收集和分析是数据库设计的第一阶段,这一阶段收集到的基础数据和一组数据流图(Data Flow Diagram,DFD)是下一步设计概念结构的基础。概念结构是整个组织中所有用户关心的信息结构,对整个数据库设计具有深刻影响。要设计好概念结构,就必须在需求分析阶段用系统的观点来考虑问题、收集和分析数据及其处理。

需求分析阶段的任务是通过详细调查现实世界要处理的对象,充分了解原系统的工作概况,明确用户的各种需求,然后在此基础上确定新系统的功能。新系统必须充分考虑今后可能的扩充和改变,不能仅按当前应用需求来设计数据库。

调查的重点是"数据"和"处理",通过调查要从中获得每个用户对数据库的要求,如信息要求、处理要求、安全性和完整性的要求。

分析和表达用户的需求,经常采用的方法有结构化分析方法和面向对象的方法。用数据流图表达数据和处理过程的关系,数据字典对系统中数据详尽描述,是各类数据属性的清单。对数据库设计来讲,数据字典是进行详细的数据收集和数据分析所获得的主要结果。

数据字典是各类数据描述的集合,它通常包括 5 个部分,即数据项,是数据的最小单位;数据结构,是若干数据项有意义的集合;数据流,可以是数据项,也可以是数据结构,表示某一处理过程的输入或输出;数据存储,处理过程中存取的数据,常常是手工凭证、手工文档或计算机文件处理过程。

数据字典是在需求分析阶段建立,在数据库设计过程中不断修改、充实、完善。

1.5.3　数据库概念设计

数据库概念设计的目的是分析数据间内在语义关联,在此基础上建立一个数据的抽象模型。

在数据库概念设计阶段,通常采用 1.3 节中介绍的 E-R 模型。具体设计方法请参见前面 1.3 节。1.3.3 节中的图 1.15 展示了由实体集 student、course 以及属性和它们间的联系 SC 构成的一个学生课程联系的概念模型。

1.5.4　数据库的逻辑设计

1. 从 E-R 图向关系模式转换

数据库的逻辑设计主要工作是将 E-R 图转换成指定 RDBMS 中的关系模式。首先,从 E-R 图到关系模式的转换是比较直接的,E-R 模型与关系间的转换如表 1.18 所示。

表 1.18　E-R 模型与关系间的比较

E-R 模型	关　系	E-R 模型	关　系
属性	属性	实体集	关系
实体	元组	联系	关系

由 E-R 图转换成关系模式时,需要注意以下问题。

1）命名与属性域的处理

关系模式中的命名可以用 E-R 图中原有命名,也可另行命名,但是应尽量避免重名,RDBMS 一般只支持有限种数据类型,而 E-R 中的属性域则不受此限制,如出现有 RDBMS 不支持的数据类型时则要进行类型转换。

2）非原子属性处理

E-R 图中允许出现非原子属性,但在关系模式中一般不允许出现非原子属性,非原子属性主要有集合型和元组型。如出现此种情况时可以进行转换,其转换办法是集合属性纵向展开,而元组属性则横向展开。

例如,学生实体有学号、姓名及选修课程,其中前两个为原子属性而后一个为集合型非原子属性,因为一个学生可选读若干课程,此时可将其纵向展开,如表 1.19 所示。

表 1.19　学生实体

学　号	姓　名	选修课程
1101	张三	数据库
1101	张三	大学计算机基础
1101	张三	网络安全

3）联系的转换

在一般情况下联系可用关系表示,但是在有些情况下联系可归并到相关联的实体中。

2. 逻辑模式规范化及调整、实现

（1）规范化。在逻辑设计中还需对关系做规范化验证。

（2）RDBMS。对逻辑模式进行调整以满足 RDBMS 的性能、存储空间等要求。同时对模式做适应 RDBMS 限制条件的修改,它们包括如下内容。

① 调整性能以减少连接运算。

② 调整关系大小,使每个关系数量保持在合理水平,从而提高存取效率。

③ 尽量采用快照（Snapshot）,因在应用中经常仅需某固定时刻的值,此时可用快照将某时刻值固定,并定期更换,此种方式可以显著提高查询速度。

3. 关系视图设计

逻辑设计的另一个重要内容是关系视图的设计,它又称为外模式设计。关系视图是在关系模式基础上所设计的直接面向操作用户的视图,它可以根据用户需求随时创建,一般 RDBMS 均提供关系视图的功能。

1.5.5　数据库的物理设计

数据库物理设计的主要目标是对数据库内部物理结构做调整并选择合理的存取路径,以提高数据库访问速度及有效利用存储空间。在现代关系数据库中已大量屏蔽了内部物理结构,因此留给用户参与物理设计的余地并不多,一般的 RDBMS 中留给用户参与物理设计的内容大致有 3 种:索引设计、集簇设计和分区设计。

1.5.6　数据库管理

数据库是一种共享资源,它需要维护与管理,这种工作称为数据库管理,而实施此项管理的人则称为数据库管理员(Database Administrator,DBA)。数据库管理一般包含如下一些内容:数据库的建立、数据库的调整、数据库的重组、数据库的安全性控制与完整性控制、数据库的故障恢复和数据库的监控。

1.6 习 题

1.6.1 简答题

1. 解释实体、实体型和实体集。解释关系、属性和元组。
2. 常用的3种数据模型的数据结构各有什么特点?
3. 什么是主键? 什么是外键? 它们的作用各是什么?
4. 实体的联系类型有哪几种?
5. 关系模型有哪些完整性约束?
6. 什么是关系规范化原则?

1.6.2 选择题

1. 常见的数据模型有3种,他们是_____。
   A. 网状、关系、语义　　　　　　　　B. 层次、关系、网状
   C. 环状、层次、关系　　　　　　　　D. 属性、元组、记录
2. 用二维表来表示实体与实体之间联系的数据模型是_____。
   A. 实体-联系模型　　　　　　　　　B. 层次模型
   C. 网状模型　　　　　　　　　　　　D. 关系模型
3. 在下列说法中正确的是_____。
   A. 两个实体之间只能是一对一联系
   B. 两个实体之间只能是一对多联系
   C. 两个实体之间只能是多对多联系
   D. 两个实体之间可以是一对一联系、一对多联系或多对多联系
4. 数据库系统的核心是_____。
   A. 数据模型　　　　　　　　　　　　B. 数据库管理系统
   C. 数据库系统　　　　　　　　　　　D. 数据库
5. 数据库技术的根本目标是解决数据的_____。
   A. 存储问题　　　B. 共享问题　　　C. 安全问题　　　D. 保护问题
6. 在数据管理技术发展的3个阶段中,数据共享的是_____。
   A. 人工管理阶段　　　　　　　　　　B. 文件系统阶段
   C. 数据库系统阶段　　　　　　　　　D. 3个阶段相同
7. 下列不属于数据库系统的特点的是_____。
   A. 数据共享　　　B. 数据完整性　　　C. 数据冗余度高　　　D. 数据独立性高
8. 数据库系统的三级模式不包括_____。
   A. 外模式　　　B. 概念模式　　　C. 内模式　　　D. 数据模式

9. 在下列模式中,能够给出数据库物理存储结构与物理存取方法的是_____。

    A. 外模式   B. 概念模式   C. 内模式   D. 逻辑模式

10. 在 E-R 图中,用来表示实体的图形是_____。

    A. 椭圆形   B. 矩形   C. 菱形   D. 三角形

11. 数据模型反映的是_____。

    A. 事物本身的数据和相关事物之间的联系

    B. 事物本身所包含的数据

    C. 记录中所包含的全部数据

    D. 记录本身的数据和相互关系

12. 在数据库中,_____能够唯一地标识一个元组的属性或属性的组合。

    A. 记录   B. 字段   C. 域   D. 关键字

13. 在关系运算中,投影运算的含义是_____。

    A. 在基本表中选择满足条件的记录组成一个新的关系

    B. 在基本表中选择需要的字段(属性)组成一个新的关系

    C. 在基本表中选择满足条件的记录和属性组成一个新的关系

    D. 上述说法均是正确的

14. 将两个关系连接成一个新的关系,生成的新关系中包含满足条件的元组,这种操作称为_____。

    A. 选择   B. 投影   C. 连接   D. 并

15. 在学生表中要查找年龄小于 20 岁且姓李的男生,应采用的关系运算是_____。

    A. 选择   B. 投影   C. 连接   D. 笛卡儿积

16. 在学生表中要显示姓名和性别,应采用的关系运算是_____。

    A. 选择   B. 投影   C. 连接   D. 笛卡儿积

17. 假设一个书店用(书号,书名,作者,出版社,出版日期库存量……)一组属性来描述图书,可以作为"关键字"的是_____。

    A. 书号   B. 书名   C. 作者   D. 出版社

18. 下列实体的联系中,属于多对多联系的是_____。

    A. 学生和课程   B. 学校和校长

    C. 住院的病人和病床   D. 职工与工资

19. 在现实世界中,每个人都有自己的出生地,实体"人"与实体"出生地"之间的联系是_____。

    A. 一对一联系   B. 一对多联系   C. 多对多联系   D. 无联系

20. 在满足实体完整性约束的条件下,_____。

    A. 一个关系中应该有一个或多个候选关键字

    B. 一个关系中只能有一个候选关键字

    C. 一个关系中必须有多个候选关键字

    D. 一个关系中可以没有候选关键字

1.6.3 设计题

设计一个"学生信息管理"的数据库,包含如下基本信息。

(1)学生所在院(系)信息。

(2)学生自然信息。

(3)学校为学生开设课程的信息。

(4)学生选修课程的成绩。

第 2 章　Access 系统概述

　　Microsoft Access 2010 是 Microsoft Office 2010 系列应用软件的一个重要组成部分，是目前最普及的关系数据库管理软件之一。Access 2010 对以前的 Access 版本做了许多改进，其通用性和实用性大大增强，集成性和网络性也更加强大。

2.1　Access 功能及特性

　　Access 2010 数据库管理系统由于与 Microsoft Office 高度集成，为用户提供了友好的用户界面和方便快捷的运行环境。Access 2010 数据库管理系统不仅具有传统的数据库管理系统的功能，同时还进一步增强了自身的特性。

1. 独特的数据库窗口

　　Access 2010 的用户主界面由若干个选项卡组成，选项卡中的命令按钮组取代了 Access 2003 界面中的菜单栏和工具栏，操作起来更加直观方便快捷。

2. 条件格式

　　Access 2010 允许设置条件格式，从而有效地控制窗体和报表控件的输出格式。

3. 导出数据到 Excel、Word 和文本文件

　　在 Access 2010 中可以将数据从 Access 中导出到 Access、Excel、Word、XML 和文本文件中，这样不仅提供了不同软件间的数据共享，同时也为进行数据分析提供了更多方法和环境。

4. 数据库转换

　　Access 2010 能够实现不同版本的 Access 数据库共享。在 Access 2010 系统环境下，不仅可以将低版本的 Access 数据库转换成 Access 2010 数据库，还可以将 Access 2010 数据库转换成低版本的 Access 数据库。

5. 窗体视图的改进

　　Access 2010 允许直接在"窗体布局视图"中调整和修改窗体设计。窗体布局视图与窗体视图几乎一样，是一种所见即所得的视图，在"布局视图"中，窗体处于运行状态，可在修改窗体的同时看到数据。

6. 压缩和修复数据库

　　由于数据库文件占用的磁盘空间往往太多，因而不便于数据库文件的保存。而在 Access 2010 中引入了"关闭时压缩"功能，用户可以在关闭数据库文件时让系统自动压缩该数据库文件。

7. 拆分数据库

　　利用 Access 提供的"拆分数据库"的功能，将所设计的数据库拆分为前台主程序和后台数据库两部分，将当前数据库移到新的后端数据库。在多用户环境中，这样可以减轻网络的通信负担，并可以使后续的前端开发不影响数据或不中断用户使用数据库。

把数据库拆分成前后台,对数据的隐秘性也提供了很大的便利。后台数据库可以有自己独立的密码,如果要在前台进入系统而没有后台数据库的密码也是徒劳的。

8．与 SQL Server 协同工作

Access 2010 提供了一系列的向导使用户能够更方便地创建客户/服务器数据库。通过 Access 2010 提供的设计工具可以直接将 Access 数据库的一部分或者全部迁移到新的或现有的 Microsoft SQL Server 数据库,使 Access 高级用户和开发人员更容易将数据库知识扩展到客户/服务器环境。

2.2　Access 的安装

2.2.1　安装环境

安装 Access 2010 对计算机的配置要求如下。

(1) 中文 Windows 9x/NT/XP/2000/Windows 7 操作系统。

(2) 500MHz 以上处理器。

(3) 256MB 以上的内存。

(4) 足够的硬盘空间。

2.2.2　安装方法

由于 Access 2010 是 Office 2010 组件中的一个重要组成部分,因此安装了 Office 2010 就安装了 Access 2010。安装操作步骤如下。

(1) 将 Office 2010 系统光盘放到 CD-ROM 驱动器中,自动运行安装程序。

(2) 输入用户信息和 Key。

(3) 选择安装方式(典型安装或自定义安装)。

在安装过程中,还要按操作步骤回答安装程序所提出的各种问题,选择相应的选项,完成安装过程。

一旦 Microsoft Office 2010 安装完毕,Access 2010 将被装入 Windows 的程序组文件夹中。

2.3　Access 的集成环境

同其他 Microsoft Office 程序一样,使用数据库时需要打开 Access,然后再打开数据库。选择"开始"|"程序"|Microsoft Access 2010 命令,进入 Access 2010 系统的主界面窗口,如图 2.1 所示。

Access 2010 用户界面由 3 个主要部分组成,分别是后台(Backstage)视图、功能区和导航窗格。这 3 部分提供了用户创建和使用数据库的基本环境,如图 2.2 所示。

2.3.1　后台视图

后台视图是 Access 2010 中新增的功能。在打开 Access 2010 但未打开数据库时所看

图 2.1　Access 2010 后台窗口

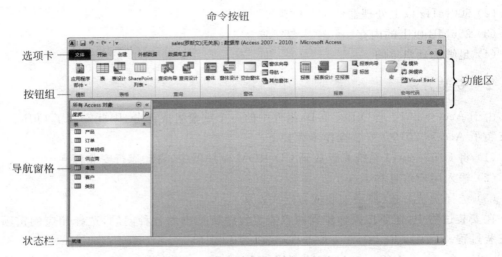

图 2.2　单击"创建"选项卡后的窗口

到的窗口就是后台视图,如图 2.1 所示。后台视图中不仅有多个选项卡,还有用以创建新数据库、打开现有数据库、数据库修复维护、数据库环境设置等命令按钮。

2.3.2　功能区

功能区位于 Access 主窗口的顶部,它取代了 Access 2007 之前的版本中的菜单栏和工具栏的主要功能,由多个选项卡组成,每个选项卡上有多个按钮组。功能区中包括相关常用命令分组在一起的主选项卡,主选项卡上还有只有在使用时才会出现的上下文选项卡,以及快速访问工具栏。

在 Access 2010 中打开一个数据库,单击"创建"选项卡,在如图 2.2 所示的窗口中可以看到与"创建"选项卡相关的按钮组。

Access 2010 的主要命令选项卡包括"文件"、"开始"、"创建"、"外部数据"和"数据库工具”。每个选项卡都包含多组相关的命令按钮组。在图 2.2 中可以看到在“创建”选项卡中包含了“模板”、“表格”、“查询”、“窗体”、“报表”和“宏和代码”等 6 个命令按钮组。在“表格”命令按钮组中包含了“表”、“表设计”和“SharePoint 列表”3 个与创建表有关的命令按钮。

2.3.3 导航窗格

导航窗格在 Access 窗口的左侧，可以在其中使用数据库对象。

导航窗格按类别和组进行组织。在默认情况下，新数据库使用“对象类型”类别，该类别包含对应于各种数据库对象的组：表、查询、窗体、报表、宏和模块等。

导航窗格可以最小化，也可以隐藏，但不能用打开的数据库对象覆盖导航窗格。

2.4 Access 数据库对象

Access 数据库是由表、查询、窗体、报表、宏和 VBA 程序模块等数据库对象组成的，每一个数据库对象可以完成不同的数据库功能。

1. 表

表(Table)是数据库中用来存储数据的对象，它是整个数据库系统的数据源，也是数据库其他对象的基础。

在 Access 中，用户可以利用表向导、表设计器等系统工具以及 SQL 语句创建表，然后将各种不同类型的数据输入到表中，在表操作环境下，可以对各种不同类型的数据进行维护、加工、处理等操作。

图 2.3 所示为“Sales(罗斯文)”数据库中的“产品”表。表中的列称为字段，表中的行称为记录，记录由一个或多个字段组成。一条记录就是一个完整的信息。

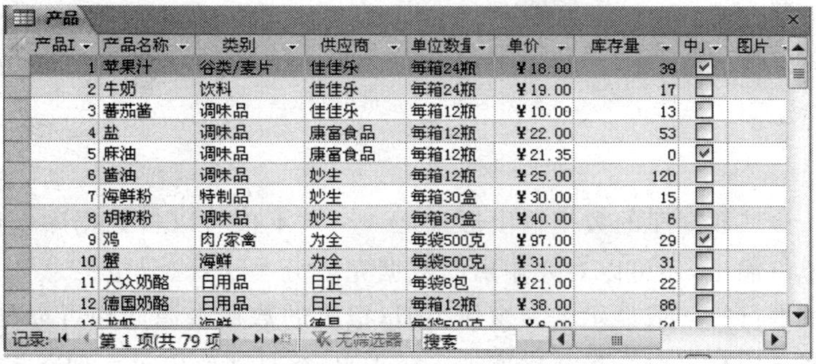
产品

产品I	产品名称	类别	供应商	单位数量	单价	库存量	中	图片
1	苹果汁	谷类/麦片	佳佳乐	每箱24瓶	¥18.00	39	☑	
2	牛奶	饮料	佳佳乐	每箱24瓶	¥19.00	17	☐	
3	蕃茄酱	调味品	佳佳乐	每箱12瓶	¥10.00	13	☐	
4	盐	调味品	康富食品	每箱12瓶	¥22.00	53	☐	
5	麻油	调味品	康富食品	每箱12瓶	¥21.35	0	☑	
6	酱油	调味品	妙生	每箱12瓶	¥25.00	120	☐	
7	海鲜粉	特制品	妙生	每箱30盒	¥30.00	15	☐	
8	胡椒粉	调味品	妙生	每箱30盒	¥40.00	6	☐	
9	鸡	肉/家禽	为全	每袋500克	¥97.00	29	☑	
10	蟹	海鲜	为全	每袋500克	¥31.00	31	☐	
11	大众奶酪	日用品	日正	每袋6包	¥21.00	22	☐	
12	德国奶酪	日用品	日正	每箱12瓶	¥38.00	86	☐	

记录: 第 1 项(共 79 项 无筛选器 搜索

图 2.3 “Sales(罗斯文)”数据库中的“产品”表

2. 查询

查询(Query)就是按照一定的条件或准则从一个或多个表(或查询)中选择一部分数据，将它们集中起来，形成一个新的动态数据集，用户可以对查询的结果进行编辑或分析，并可将查询结果作为其他数据库对象的数据源。

在 Access 中，查询具有极其重要的地位，利用不同的查询，可以方便、快捷地浏览数据库中的数据，同时利用查询还可以实现数据的统计分析与计算等操作，特别是它可以作为窗体和报表的来自多表的数据源。图 2.4 为利用查询浏览器浏览查询产品类别为“日用品”的窗口。

产品名称	类别	单价	库存量	类别名称
大众奶酪	日用品	¥21.00	22	日用品
德国奶酪	日用品	¥38.00	86	日用品
温馨奶酪	日用品	¥12.50	0	日用品
白奶酪	日用品	¥32.00	9	日用品
浪花奶酪	日用品	¥2.50	112	日用品
光明奶酪	日用品	¥55.00	79	日用品
花奶酪	日用品	¥34.00	19	日用品
黑奶酪	日用品	¥36.00	26	日用品
意大利奶酪	日用品	¥21.50	26	日用品
酸奶酪	日用品	¥34.80	14	日用品

记录: 第 10 项(共 10 项 无筛选器 搜索

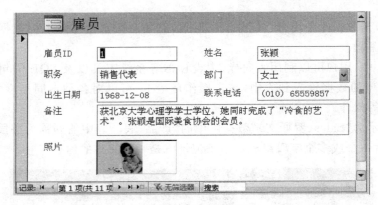

图 2.4 “日用品”查询

3. 窗体

窗体(Form)是系统的工作窗口，主要用于在数据库中输入和显示数据的数据库对象。窗体是数据库对象中最具灵活性的一个对象。利用窗体可以对数据表中的数据进行多种操作，窗体是数据库与用户进行交互操作的最好界面。窗体中显示的内容，可以来自一个或多个数据表，也可以来自查询结果。图 2.5 为利用相关数据表生成的“雇员”窗体。

图 2.5 “雇员”窗体

4. 报表

报表(Report)是数据库的数据输出形式之一。它不仅可以将数据库中数据的分析、处理结果通过打印机输出，还可以对要输出的数据完成分类小计、分组汇总等操作，并将数据以格式化的方式进行打印或显示。与窗体类似，报表的数据来源同样可以是一个或多个基本数据表或查询。用户可以在报表中增加多级汇总、统计比较以及添加图片等对象，还可以对记录进行分组以便计算出各组数据的汇总结果等。在数据库管理系统中，使用报表会使数据处理的结果多样化。图 2.6 为“产品”报表预览效果图。

5. 宏

宏(Macro)是数据库中的另一个特殊的数据库对象，是由一系列命令组成，每个宏都有宏名，宏的基本操作有编辑宏和运行宏。在 Access 中，宏对象是一个或多个宏操作的集合，其中的每一个宏操作都能实现特定的功能。利用宏可以使大量的重复性操作自动完成，也可以同时执行多个任务。

图2.6 "产品"报表预览窗口

6. 模块

模块(Module)是由 Visual Basic 程序设计语言编写的程序集合或一个函数过程。它通过嵌入在 Access 中的 Visual Basic 程序设计语言编辑器和编译器实现与 Access 的完美结合。模块通常与窗体、报表结合起来完成完整的应用功能。图2.7为利用模块设计器编辑 Visual Basic 程序设计代码的窗口。

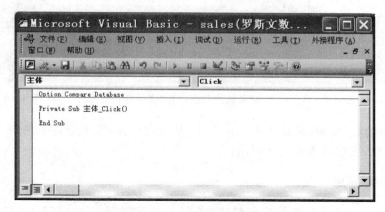

图2.7 VBA模块设计器

有关模块和 Visual Basic 程序设计语言的使用方法,详见第9章。

2.5 数据库的操作

2.5.1 创建数据库

创建数据库有两种方法,一是先建立一个空数据库,然后向其中添加表、查询、窗体、报表等对象;二是使用 Access 提供的模板,通过简单操作创建数据库。Access 2010 创建的数据库文件的扩展名是 accdb。本节介绍如何创建一个空数据库。

操作步骤如下。

(1) 选择"开始"|"程序"| Microsoft Access 2010 命令,进入 Access 2010 系统后台窗口,如图 2.1 所示。

(2) 单击"文件"选项卡下的"新建"按钮,在窗口右侧的"文件名"文本框中输入所要创建数据库的名称,如"销售管理.accdb"。

(3) 单击文件名文本框右侧的"打开"按钮,打开"文件新建数据库"对话框,在该对话框中选择数据库存放的位置,如 D 盘,如图 2.8 所示。

图 2.8　Access2010 系统后台窗口和"文件新建数据库"对话框

(4) 单击"确定"按钮,返回到 Access 2010 系统后台窗口,单击右下角的"创建"按钮完成数据库的创建,直接进入表设计视图。

2.5.2　打开数据库

启动 Access 2010 进入系统后台窗口,单击"文件"选项卡下的"打开"按钮,出现"打开"对话框,如图 2.9 所示。在"查找范围"下拉列表框中,选定保存数据库文件的文件夹,在"文件名"文本框中输入要打开的数据库文件名,在"文件类型"下拉列表框中,选定文件类型,单击"打开"按钮,数据库文件将被打开。

在"打开"对话框中,单击"打开"按钮右侧的向下箭头,弹出如图 2.10 所示的一个菜单。

如果选择"打开",被打开的数据库文件可被其他用户所共享,这是默认的数据库文件打开方式。如果数据库在局域网中,为了安全起见,最好不要采用这种方式打开文件。

如果选择"以只读方式打开",只能使用、浏览数据库的对象,不能对其进行修改。这种方式适用于对数据库操作权限较低的用户,有利于保障数据安全。

如果选择"以独占方式打开",则其他用户不可以使用该数据库。这种方式既可以屏蔽

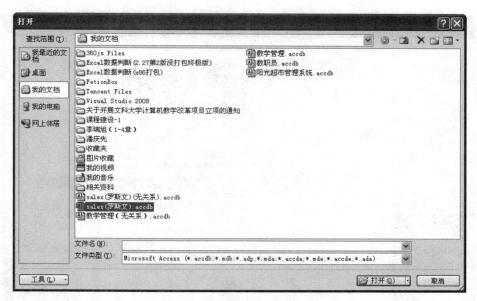

图 2.9 "打开"对话框

其他用户操纵数据库,又能进行数据修改,是一种常用的数据库文件打开方式。

如果选择"以独占只读方式打开",则只能使用、浏览数据库的对象,不能对其进行修改,其他用户不可以使用该数据库。这种方式既可以屏蔽其他用户操纵数据库,又限制了自己修改数据的操作,一般在只进行数据浏览、查询操作时采用这种数据库文件打开方式。

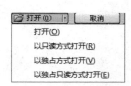

图 2.10 "打开"菜单

2.5.3 关闭数据库

单击"文件"选项卡下的"关闭数据库"按钮,可以关闭当前打开的数据库,但是并不关闭 Access。也可以单击数据库窗口(Access)右上角的"关闭"按钮关闭数据库并退出 Access。

2.6 数据库转换

Access 2010 创建的数据库格式为 ACCDB,但是早期的数据库格式是 MDB,为了使得在 Access 2010 下创建的数据库能被以前的 Access 程序打开,需要将 ACCDB 格式转换成 MDB 格式的数据库,从而使数据库在不同版本的 Access 环境下都能得以生存。操作步骤如下。

单击"文件"选项卡下的"保存并发布"按钮,Access 系统后台窗口变换为如图 2.11 所示,在右侧的"数据库另存为"列表框中选择要转换的数据库类型,单击"另存为"按钮,打开"另存为"对话框,在"另存为"对话框中选择数据库的名称、位置以及数据库保存类型,即可完成高版本(低版本)向低版本(高版本)间的数据库转换。

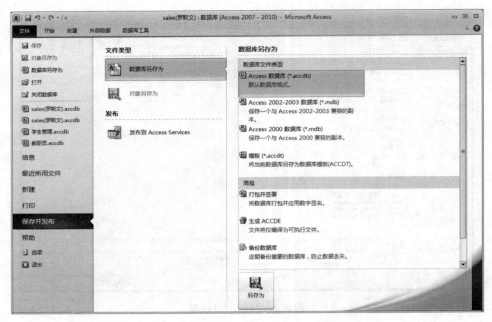

图 2.11 "数据库转换"窗口界面

2.7 数据库保护与安全

数据库中存储了大量的数据,为了保护数据库不被非法使用而造成数据的泄露、更改或破坏,以及在数据库发生故障时能够及时进行恢复和修复,以减小故障造成的损失,就必须采取一定的安全和保护措施。本节主要介绍 Access 系统提供的安全保护机制,包括设置数据库密码、设置不同权限的账户,以及数据库的备份和修复等。

2.7.1 数据库的保护

对数据库定期进行备份,可以在数据库因为某些原因而损坏时,用备份的副本进行恢复。此外,还可以用 Access 系统提供的修复工具进行修复,以便最大限度地减小损失。

1. 备份数据库

对数据库进行备份是确保数据保存可靠性的一种传统的、有效的手段。具体操作方法如下:

(1)单击"文件"选项卡下的"保存并发布"按钮。

(2)单击"数据库另存为"列表框下的"备份数据库"。

(3)单击"另存为"按钮,打开"备份数据库另存为"对话框,系统默认采用"原数据库名加上当前日期"作为备份数据库文件名保存,将数据库保存到其他位置。也可以在 Windows 资源管理器中,将数据库文件从当前磁盘位置复制到其他磁盘。

2. 压缩和修复数据库

当数据库文件发生问题时,就需要对损坏的数据进行恢复,除了使用备份文件进行修复,还可以使用 Access 提供的修复工具。

在删除或修改数据库中表的记录时,数据库文件可能会被分成很多碎片,使得数据库在磁盘上占用比其所需空间更大的磁盘空间,同时也使响应时间变长。通过对数据库进行压缩,可以实现数据库文件的高效存储。

压缩和修复数据库的操作步骤如下。

(1)单击"文件"选项卡下的"信息"按钮,此时的系统后台窗口如图 2.12 所示。

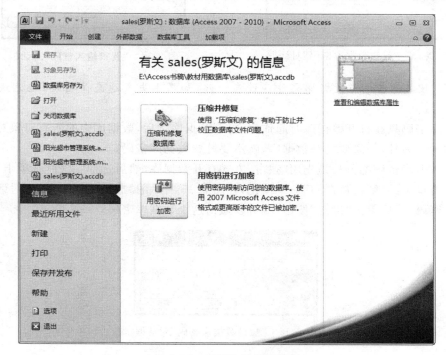

图 2.12　压缩和修复数据库

(2)单击"压缩和修复数据库"按钮即可。

如果是先打开数据库,再执行压缩命令,则压缩的文件将替换原文件。

注意:压缩后的数据库可以直接用 Access 打开,不需要对其进行解压缩。

2.7.2　数据库的安全管理

在 Access 中,通过设置数据库密码和不同权限的账户,可以限制一些非法的访问。设置密码后,再打开数据库时就必须先输入密码,密码正确的用户才可以打开数据库,否则就不能打开数据库。

设置数据库密码的方法如下。

(1)关闭数据库。

(2)单击"文件"选项卡下的"打开"按钮,在"打开"对话框中单击"打开"按钮右侧的箭头,从打开方式列表中选择"以独占方式打开"选项。

(3)选中"文件"选项卡下的"信息",单击窗口中的"用密码进行加密"命令按钮,打开"设置数据库密码"对话框,输入并验证要设置的密码(注意,密码是区分大小写的),然后单击"确定"按钮,如图 2.13 所示。

设置密码后,在下一次打开数据库时,会显示如图2.14所示的"要求输入密码"对话框。如果密码不正确,就不能打开数据库。

图2.13 "设置数据库密码"对话框   图2.14 "要求输入密码"对话框

注意:数据库密码与数据库文件存储在一起,如果丢失或遗忘了密码,就无法打开数据库。

数据库密码只在打开数据库时起作用,打开数据库之后,数据库中的所有对象对用户都将是可用的。另外,如果要复制数据库,就不要设置数据库密码。

撤销数据库密码的方法是先用"独占"方式打开数据库,然后选中"文件"选项卡下的"信息",单击窗口中的"解密数据库"命令按钮,在图2.15所示的"撤销数据库密码"对话框中输入正确的密码,然后单击"确定"按钮,就可以撤销这个数据库密码。

图2.15 "撤销数据库密码"对话框

2.8 习 题

1. Access 2010 具有哪些主要特性?
2. Access 2010 数据库中有哪几个对象?
3. 在 Access 2010 中,怎样新建一个数据库?
4. 如何给 Access 数据库设置密码?如何删除数据库密码?

第3章 表的创建

数据库创建之后，就可以在数据库里创建数据表了。表由表的结构和表中的数据记录两部分构成，必须先建立表结构，然后才能向表中输入数据记录。本章主要介绍表的设计要素，掌握字段的数据类型，主键和索引的概念以及如何设置主键和索引，如何建立和编辑表间关系，数据库数据的导入导出等相关知识。

3.1 Access 表的设计要素

表是由结构（表中包含的字段）和记录（数据）两部分组成的，Access 创建表包括两个步骤，先设计表结构，再通过适当的方式向表中输入记录数据。然后才能对表中的数据进行查询、统计和输出等各项操作。

表由 4 个核心要素组成：表名、字段名、数据类型和字段属性。

3.1.1 表名和字段名的命名规则

(1) 可以是 1～64 个西文或中文字符。

(2) 可以包含字母、数字、空格和特殊字符（不包括句号"."、感叹号"!"和方括号[ ]）的任意组合，但不能以空格开头。

(3) 表名和字段名中不能包含控制字符（即 0～31 的 ASCII 码）。

Access 规定，一个数据库中不能有两个相同名称的表，一个表中不能有两个重名的字段。表名和字段名的命名原则是见名知意。

3.1.2 字段的数据类型

在一个数据表中，不同的字段可以存储不同类型的数据。例如，在"姓名"字段中可输入文本数据，在"成绩"字段中可输入数值数据，在"出生日期"字段中可输入日期数据等。Access 2010 提供 12 种数据类型。

1. 文本

存储文本、数字或文本与数字的组合，默认字符个数为 50。文本类型的数字不能用于计算，可用于表示名称、电话号码、邮政编码等。文本型字段最多可存储 255 个字符。

2. 备注

存储较长的文本，如个人简历、情况介绍等注释或说明信息，最多为 65 535 个字符。注意，不能对备注型字段进行排序和索引。

3. 数字

存储数值数据，如成绩、数量、价格等，长度为 1B、2B、4B、8B（字节）。具体的数字类型可由"字段大小"属性进一步定义，如表 3.1 所示。

表 3.1 数字型字段大小属性的取值

字段大小	输入的数字范围	小数位数	存储空间/B
字节	$0 \sim 255$	无	1
整数	$-32\,768 \sim 32\,767$	无	2
长整型	$-2\,147\,483\,648 \sim 2\,147\,483\,647$	无	4
单精度型	$-3.4 \times 10^{38} \sim 3.4 \times 10^{38}$	7	4
双精度型	$-1.797 \times 10^{308} \sim 1.797 \times 10^{308}$	15	8

4. 日期/时间

存储日期和时间数据,如出生日期、工作时间等,允许范围是 100/1/1 至 9999/12/31。日期/时间数据可用于计算,长度为 8B。

5. 货币

存储货币值,如单价、总金额等,Access 会自动加上千位分隔符和货币符号(如¥、$),长度为 8B。

6. 自动编号

内容为数字的流水号(初始值默认为 1),长度为 4B。在数据表中每添加一条记录时,Access 都会自动给该类型的字段设置一个唯一的连续数值(增量为 1)或随机数值。

注意:自动编号字段的值由系统设定,不能更改。

7. 是/否

存储布尔型数据(或称为逻辑数据),如婚否、贷款否、党员否等,只有两个取值:"是"或"否"(Yes/No),"真"或"假"(True/False),"开"或"关"(On/Off),长度为 1b。

在 Access 中,使用 -1 表示"是",使用 0 表示"否"。

8. OLE 对象

OLE 对象是指在其他应用程序中创建的、可链接或嵌入(插入)到 Access 数据库中的对象(如 Excel 电子表格、Word 文档、图片、声音等)。该类型字段的长度最多为 1GB(受可用磁盘空间限制)。

9. 超链接

保存超链接的地址,可以是某个文件的路径 UNC 或 URL,如电子邮件、网页等,该字段最多存储 64 000 个字符。

10. 查阅向导

"查阅向导"用来创建一个"查阅"字段,允许用户使用组合框选择来自其他表或来自值列表的值,长度为 4B。严格地说,查阅向导不是字段类型,而是帮助用户设计查阅列的辅助工具。

11. 附件

存储二进制文件,可将其他程序中的数据添加到该类型字段中。例如,将 Word 文档添加到该字段中,或将一系列数码图片保存到数据库中。附件类型字段最大容量为 2GB。

12. 计算

用于显示计算结果。计算时必须引用同一表中的其他字段。可以使用表达式生成器来创建计算,计算字段最大长度为 8B。

3.1.3 字段属性

字段属性即表的组织形式,包括表中字段的个数、各字段的大小、格式、输入掩码和有效性规则等。不同的数据类型字段属性有所不同。定义字段属性可以对输入的数据进行限制或验证,也可以控制数据在表中的显示格式,详见 3.2.3 节。

3.2 表 的 创 建

3.2.1 建立表结构

建立表结构包括定义表名、字段名、数据类型、设置字段属性和设置主键。建立表的方法有两种,一是使用数据表视图,二是使用表设计视图。下面介绍使用表设计视图建立表结构。

例 3.1 在"销售管理"数据库中建立"雇员"表,其结构如表 3.2 所示。

表 3.2 "雇员"表结构

字段名	数据类型	长 度	字段名	数据类型	长 度
雇员 ID	文本	自动编号	出生日期	日期/时间	短日期
姓名	文本	10	电话	文本	12
性别	文本	1	简历	备注	
职务	文本	20	照片	OLE 对象	

使用表设计视图建立"雇员"表结构,操作步骤如下。

(1) 在 Access 窗口中,单击"创建"选项卡中"表格"命令组中的"表设计"按钮,系统弹出"设计"选项卡,如图 3.1 所示。同时,进入表设计视图,如图 3.2 所示。

图 3.1 "设计"选项卡

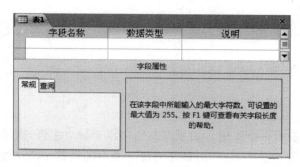

图 3.2 表结构设计视图

（2）在设计视图中定义表的各个字段，包括字段名称、数据类型和说明。

字段名称是字段的标识，必须输入。数据类型默认为"文本"，用户可以在"数据类型"列中设置其他的数据类型。说明信息是对字段含义的简单注释，不是必须输入的。

（3）根据需要，设置字段属性，如字段大小、标题、默认值等。

（4）将"雇员 ID"定义为主键。单击"雇员 ID"字段的字段选定器，然后单击"设计"选项卡下"工具"组中的"主键"按钮（见图 3.1），这时"雇员 ID"字段选定器上显示主键图标 📍，表明该字段是主键字段。设计结果如图 3.3 所示。

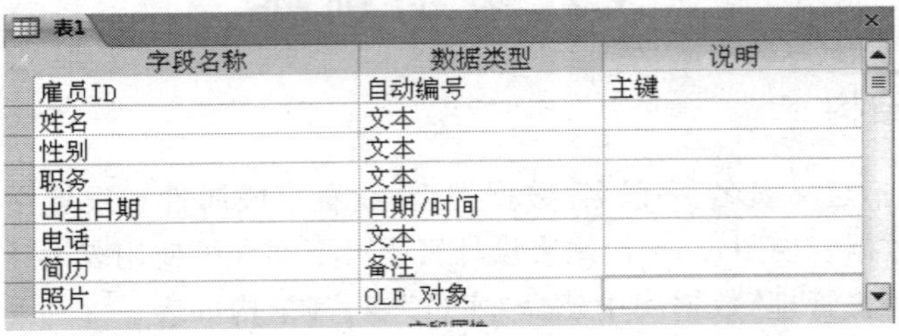

图 3.3 "雇员"表设计结果

（5）单击窗口标题栏上的"保存"按钮 💾，打开"另存为"对话框，将表结构保存并命名为"雇员"，如图 3.4 所示。

图 3.4 "另存为"对话框

3.2.2 设置主键

在 Access 中，主关键字称为主键，其值能够唯一地标识表中的一条记录。主键可以由一个或多个字段组成，分别称为单字段主键或多字段主键。

1．主键的作用

（1）提高查询和排序的速度。

（2）在表中添加新记录时，Access 会自动检查新记录的主键值，不允许该值与其他记录的主键值重复。

（3）Access 自动按主键值的顺序显示表中的记录。如果没有定义主键，则按输入记录的顺序显示表中的记录。

（4）若表有主键，则使得表中的记录存取顺序依赖于主键，还可以与其他表之间创建联系。

2．主键的特点

（1）一个表中只能有一个主键。如果在其他字段上建立主键，则原来的主键就会取消。在 Access 中，虽然主键不是必需的，但最好为每个表中都设置一个主键。

（2）主键的值不可重复，也不可为空（Null）。

3. 定义主键的方法

在表的设计视图中,选择要定义为主键的一个或多个字段(如果是单字段,可以单击该字段左侧的选定器;如果是多字段,可以先按住 Ctrl 键,再依次单击这些字段的选定器),然后单击"设计"选项卡下"工具"组中的"主键"按钮,或者右击,从快捷菜单中选择"主键"命令。

定义主键后,在主键左侧会显示一个钥匙状的图标,表示该字段已被设为主键。

如果没有定义主键,则在保存表时,Access 会弹出一个消息框,询问用户是否创建主键,如图 3.5 所示。若单击"否"按钮,则表示不创建主键;若单击"是"按钮,则 Access 会创建一个自动编号类型的字段并添加到表的第一列作为该表的主键。

图 3.5　Access 的消息框

若要取消主键,可以先选定该主键字段,再单击工具栏上的"主键"按钮。

3.2.3　设置字段属性

每种数据类型的字段都有一组属性,这些属性进一步说明了相应字段在数据库中的特性,重要的字段属性如图 3.6 所示。

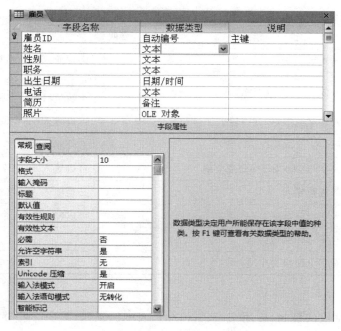

图 3.6　字段属性

1. 字段大小

字段大小属性只适用于"文本"、"数字"或"自动编号"类型的字段。

文本型字段的字段大小属性取值范围是 0～255，默认值为 255。数字型字段的字段大小包括整型、长整型、单精度、双精度等。自动编号型字段的字段大小属性可设置为"长整型"和"同步复制 ID"两种。

字段的大小决定了一个字段所占用的存储空间。在 Access 数据表中，文本、数字和自动编号类型的字段可由用户根据实际需要设置大小，其他类型的字段由系统确定大小。

2. 格式

格式指定数据的显示方式，而不影响数据在表中的存储方式。Access 数据库为"货币型"、"日期/时间型"和"是否型"3 种数据类型提供了标准数据格式。例如，可将"出生日期"字段的显示格式设置为"短日期"；"团员否"字段的显示格式设置为"真/假"。

3. 输入掩码

输入掩码指定数据的输入格式。在输入数据时，会遇到有些数据有相对固定的书写格式。例如，"出生日期"的输入掩码设置为"----年--月--日"的"长日期"；"电话"书写为"(0535)6906068"，其中(0535)是固定部分，如果手工重复输入，显然很麻烦，此时可以定义输入掩码为""(0535)"0000000"，将格式中不变的内容固定成格式的一部分。

对于文本、数字、日期/时间、货币等数据类型，均可以定义输入掩码，而且系统为"文本"型和"日期/时间"型字段的输入掩码提供了向导。

如果为某字段定义了"输入掩码"，同时又设置了"格式"，那么"格式"属性将优先于"输入掩码"的设置。

表 3.3 给出了输入掩码属性常用的字符及含义。

表 3.3 　输入掩码属性字符含义

字符	说　明	举例	含　　义
0	必须且只能输入数字 0～9	000.00	必须输入 3 位整数，2 位小数
9	可以选择输入数字 0～9 或空格	999.99	整数位数可以是 0～3 位　小数位数可以是 0～2 位
#	可以选择输入数字或空格，允许输入加号和减号	# # # #	可以输入 0～4 位
L	必须输入字母(A～Z,a～z)	LLL	必须输入 3 个字母
?	可以选择输入字母(A～Z,a～z)或空格	???	可以输入 0～3 个字母或空格
A	必须输入字母或数字	AAA	必须输入 3 个字母或数字
a	可以选择输入字母或数字	aaa	可以输入 0～3 个字母或数字
>	将输入的所有字母转换为大写		
<	将输入的所有字母转换为小写		

4. 标题

字段标题是字段的别名，应用于表、窗体和报表中。例如，某字段名为 score，标题为"成绩"，那么在数据表视图方式下，score 字段显示的标题名称为"成绩"。如果字段没有设置标题，那么在数据表视图下显示的标题名与字段名相同。

5. 默认值

字段的默认值是指当向表中插入新记录时，字段显示的默认值，设置默认值的目的是减少数据的输入量。例如,设置"性别"字段的默认值为"男",那么在输入记录时,在新记录行的"性别"字段上自动显示了"男",也可以用其他的新值取代该默认值;再如,设置"入学日期"字段的默认值为 Date(),那么在输入记录时,在新记录行的"入学日期"字段上自动显示了当前系统日期。

6. 有效性规则

有效性规则是指向表中输入数据时应遵循的约束条件,即用户自定义完整性约束。有效性规则的形式及设置目的随字段的数据类型不同而不同。例如,"入学成绩"在 550~630 之间,那么定义"入学成绩"的有效性规则为">=550 AND <=630"。

7. 有效性文本

有效性文本是当输入的数据违反了有效性规则,系统给出的提示信息。例如,定义了"入学成绩"的有效性文本是"请输入 550~630 之间的数据!",那么如果在数据表视图下输入的入学成绩不在有效性规则范围内,就会有相应的文本提示。

8. 必需

空值(Null)表示未知的数据信息。有的字段必须输入一个值,用"必需"字段属性可以达到此目的。如果此属性设置为"是",而用户又没有为此字段输入值,则 Access 会显示一条信息,提示用户该字段必须输入值,不能为空。

9. 允许空字符串

对于文本型和备注型字段,"允许空字符串"属性说明此字段允许零长度字符串。

10. 索引

索引是非常重要的属性,能根据键值提供数据查找和排序的速度,并且能对表中的记录实施唯一性。按索引功能分为唯一索引、普通索引和主索引 3 种。其中唯一索引的所有字段值不能相同,即没有重复值。如果为该字段输入重复值,则系统会提示操作错误;普通索引的索引字段值可以相同,即可以有重复值。在 Access 中,同一个表可以创建多个唯一索引,其中一个可设置为主索引,一个表只能有一个主索引。

3.2.4 修改表结构

修改表结构主要包括添加字段、删除字段、修改字段、重新设置主键等,这些操作建议在"设计视图"中完成。

1. 添加字段

将光标置于要插入新字段的位置上,单击"设计"选项卡下"工具"组中的"插入行"按钮 插入行,在当前位置上方即会插入一个新行(原有的字段向下移动),然后可以输入新的字段。插入一个字段不会影响其他字段,如果表中已经输入了数据,也不会影响现有的数据。

2. 删除字段

将光标置于要删除字段所在行的任意单元格中,单击"设计"选项卡下"工具"组中的"删除行"按钮 删除行;或者单击字段选定器,选中该字段,再按 Del 键。如果被删除的字段中已经存储了数据,则该项数据将全部丢失。

3. 改变字段的位置

单击要移动字段的选定器,选中该字段,然后拖动字段选定器将该字段移到新的位置。

4. 修改字段

在表的设计视图中,可以直接修改字段的名称和数据类型,对于文本和数字类型的字段，还可以修改字段大小。

注意：如果字段中已经存储了数据，则修改字段类型或将字段的长度由大变小后，可能会造成数据的丢失。

5. 重新定义主键

选中要设置主键的字段行，然后单击“设计”选项卡下“工具”组中的“主键”按钮，这时主键所在字段选定器上显示“主键”图标，原来所设置的主键自动取消。

3.3 建立索引和表间关系

在一个关系数据库中，若要将依赖于关系模式建立的多个数据表组织在一起，反映客观事物数据间的多种对应关系，通常将这些表存放在同一个数据库中，并通过建立表间关联关系，使之保持相关性。在这个意义上说，数据库就是由多个表(关系)根据关系模型建立关联关系的表的集合，它可以反映客观事物数据间的多种对应关系。

3.3.1 建立索引

1. 索引

索引是按索引字段或索引字段集的值使表中的记录有序排列的一种技术。在 Access 中，通常是借助于索引文件来实现记录的有序排列。索引技术除可以用于重新排列数据顺序外，还是建立同一数据库内各表间的关联关系的必要前提。换句话说，在 Access 中，同一个数据库中的多个表之间若要建立起关联关系，就必须以关联字段建立索引，从而建立数据库中多个表间的关联关系。

此外，索引技术为 SQL 查询语言提供相应的技术支持，建立索引可以加快表中数据的查询，给表中数据的查找与排序带来很大方便。

除了 OLE 对象型、备注型数据和逻辑型字段不能建立索引外，其他类型的字段都可以建立索引。

2. 索引类型

按索引的功能分，索引有以下几种类型。

(1) 唯一索引。索引字段的值不能相同，即没有重复值。若给该字段输入重复值，系统会提示操作错误；若已有重复值的字段要创建索引，则不能创建唯一索引。

(2) 普通索引。索引字段的值可以相同，即有重复值。

(3) 主索引。在 Access 中，同一个表可以创建多个唯一索引，其中一个可设置为主索引，且一个表只有一个主索引。

3. 创建索引

索引有单字段索引和多字段索引。可以使用字段名作为索引名称，也可以使用用户指定的索引名称。

创建索引有两种方法，一是在表设计器中定义索引字段，其索引文件名、索引字段、排序方向都是系统根据选定的索引字段而定的，是升序排列；二是在索引对话框中定义索引字段，可以定义用户命名的多字段索引。

例 3.2 为"雇员"表中的"雇员 ID"创建主索引(无重复);"性别"为普通索引(有重复);"姓名＋出生日期"为普通索引,索引名称为 NameBirthday。

操作步骤如下。

(1)用"设计视图"打开"雇员"表,选定要建立索引的字段"雇员 ID",在设计视图"常规"选项卡"索引"下拉列表框中选择"有(无重复)"项,如图 3.7 所示。

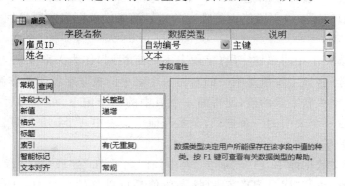

图 3.7 在"表设计器"中创建索引

(2)用相同的操作方法为"性别"字段创建索引。

(3)单击"设计"选项卡下"显示/隐藏"组中的"索引"按钮 ,打开"索引:雇员"对话框(可以看到前面已经创建的"雇员 ID"和"性别"两个索引),在"索引:雇员"对话框中,根据需求确定索引名称、索引字段、排序方向(升序、降序),如图 3.8 所示。其中,"忽略空值"确定以该字段建立索引时,是否排除带有 Nulls 值的记录。当"主索引"、"唯一索引"选项中都选择了"否",则该索引是普通索引。

图 3.8 在"索引"对话框中创建索引

(4)保存表,结束表的索引的建立。

3.3.2 表间关联关系类型

在 Access 数据库中,相关联的数据表之间的关系有一对一、一对多和多对一的关系。

1. 一对一关系

在两个表中选一个相同属性字段(字段名不一定相同)作为关联字段,其中一个表中的关联字段设为候选码(该字段值是唯一的),而另一个表中的关联字段也设为候选码(该字段值也是唯一的)。依据关联字段的值,使得前一个表中的一个记录,至多与后一个表中一个记录关联;反过来,后一个表中的一个记录,至多与前一个表中一个记录关联。这样,两个表便构成了一对一的关系。

例如,在罗斯文数据库中,已知"雇员"表中,有"雇员 ID"字段(该字段值是唯一的),还有另一个"工资"表(该表存放的是某一个月的工资信息,且每位员工一个月只发放一次工资),也有"雇员 ID"字段(该字段值也是唯一的),且两表中的同名字段属性相同。

2. 一对多关系

在两个表中选一个相同属性字段(字段名不一定相同)作为关联字段,其中一个表中的关联字段称为候选码(该字段值是唯一的),另一个表中的关联字段称为非候选码(该字段值是可重复的)。依据关联字段的值,使得前一个表中的一个记录,可以与后一个表中多个记录关联;反过来,后一个表中的一个记录,至多与前一个表中一个记录关联。这样,两个表便构成了一对多的关系。

例如,在罗斯文数据库中,已知"雇员"表中,有"雇员 ID"字段(该字段值是唯一的),还有另一个"订单"表,也有"雇员 ID"字段(该字段值是可重复的),且两表中的同名字段属性相同。

3. 多对一关系

多对一关系与一对多关系类似。在两个相关联的表中,如果关联字段取唯一值字段为外码,另一个表中的关联字段值是重复的,则两个表便构成多对一的关系。

3.3.3 创建表间关联关系

有了数据库,而且数据库中创建了一些表,用户就可以根据需求,对数据库中的表进行建立表间关联关系的操作。

1. 创建表间关联的前提

建立数据库中的表间关联,一是要保障建立关联关系的表具有相同的字段;二是每个表都要以该字段建立索引。在这一前提下,以其中一个表中的字段与另一表中的相关字段建立关联,两个表间就具有了一定的关联关系。

1) 在两个表之间建立一对一关系

首先要确定两个表的关联字段,其次要定义"主"表中该字段为主键或唯一索引(字段值无重复),还要定义另一个表中与"主"表相关联的字段为主键或唯一索引(字段值无重复),最后确定两个表具有一对一的关系。

2) 在两个表之间建立一对多关系

首先要确定两个表的关联字段,其次要定义"主"表中该字段为主键或唯一索引(字段值无重复),还要定义另一个表中与"主"表相关联的字段为普通索引(字段值有重复),最后确定两个表具有一对多的关系。

3) 在两个表之间建立多对一关系

首先要确定两个表的关联字段,其次要定义"主"表中该字段为普通索引(字段值有重复),然后要定义另一个表中与"主"表相关联的字段为主键或唯一索引(字段值无重复),最后确定两个表具有多对一的关系。

2. 创建表间关联

说明：在定义表间关系之前，应关闭所有与定义关系有关的表。

例3.3 创建"Sales(罗斯文)"数据库中"雇员"和"订单"两个表之间的关系。

操作步骤如下。

（1）打开数据库，数据库中"雇员"和"订单"具有公共属性字段"雇员 ID"，且已分别建立了索引，如图 3.9(a)和(b)所示。

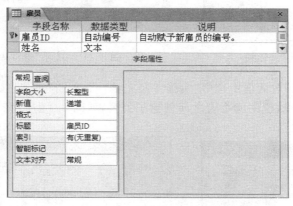

(a)

(b)

图 3.9　两个待创建关联的表

（2）关闭所有表。

（3）单击"数据库工具"选项卡下"关系"组中的"关系"按钮，打开"显示表"对话框，如图 3.10 所示。

（4）在"显示表"对话框中，把要建立关联关系的表添加到"关系"窗口中，如图 3.11 所示。

（5）在"关系"窗口，将一个表中的相关字段拖到另一个表中的相关字段的位置，弹出"编辑关系"对话框，如图 3.12 所示。

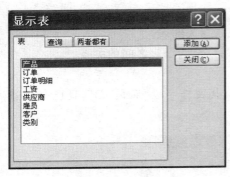

图 3.10 "显示表"对话框

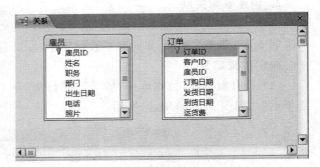

图 3.11 "关系"窗口待创建关联的表

（6）在"编辑关系"对话框中选中"实施参照完整性"，单击"创建"按钮，两个表中的关联字段间出现了一条连线，说明两个表之间创建了关系，如图 3.13 所示。

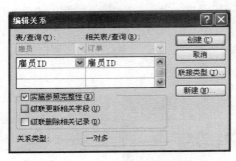

图 3.12 "编辑关系"对话框

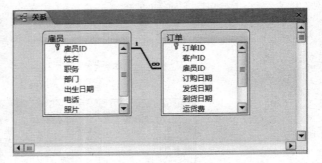

图 3.13 创建关联后的表

（7）单击标题栏上的保存按钮 ，关闭"关系"窗口，保存数据库，结束数据库中表间关联关系的建立。

3. 编辑表关系

编辑表间关系包括增加表关系、修改表关系、删除表关系和清除关系窗口。

注意：编辑表关系时，要关闭所有表。

单击"数据库工具"选项卡下"关系"组中的"关系"按钮，打开图 3.13 所示的关系窗口，单击关系线，然后按 Del 键即可删除表关系；双击关系线，打开"编辑关系"对话框，在该对话框中重新选择复选框修改表关系；如果要"清除"所有关系，单击在"设计"选项卡下的"清除布局"按钮 ✗ 清除布局；在"关系"窗口右击，在弹出的快捷菜单中选择"显示表"，打开"显示表"对话框，向关系窗口增加表。

3.4 向表中输入数据

在 Access 中，可以利用"数据表视图"向表中输入数据，也可以利用已有的表。字段的数据类型不同，输入数据的方式也略有不同。本节主要介绍几种数据的输入方法。

1. 自动编号型

自动编号型字段无须输入数据，自动编号型字段的值是从 1 开始自动累加，如果在表的后面删除一些记录,再输入新记录时自动编号型字段的新值仍然按照未删之前的值累加。

2. 文本型和备注型

文本型和备注型字段的字符数量较多时,输入时只能显示一部分,其余的字符会被暂时隐藏起来。Access 专门提供了"缩放"窗口,用于文本型和备注型字段的输入。按组合键 Shift＋F2,弹出"缩放"窗口,如图 3.14 所示。

图 3.14　"缩放"窗口

3. 数字型

数字型字段有许多数据类型,输入数据时应注意输入后的数据显示与输入时的差别。如果字段值设置为整型数据,所输入的数值带小数部分,则系统自动进行四舍五入处理。

4. OLE 对象型

在数据表视图中输入 OLE 对象字段的操作步骤如下。

(1) 将光标定位到当前记录的 OLE 对象型字段中,如"雇员"表的"照片"字段。照片文件以文件形式保存在磁盘上,文件类型为. BMP。

(2) 右击,在弹出的快捷菜单中选择"插入对象",出现插入对象对话框,如图 3.15 所示。选择"由文件创建",然后单击"浏览"按钮以找到照片所在的位置,选择相应的雇员照片。

(3) 在 OLE 对象型字段中插入数据完成后,OLE 对象型字段中显示为"位图图像",而不直接显示照片。如果想观看照片,双击"位图图像"字段值可以在"画图"程序中打开。

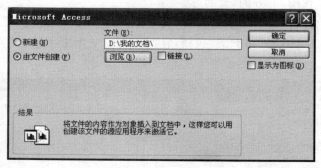

图 3.15　插入对象

5. 查阅向导

如果字段值是一组固定数据,例如,性别由"男"和"女"固定值组成;教师的职称由"助教"、"讲师"、"副教授"和"教授"固定值组成,可以使用"查阅向导",将这组固定值设置为一个列表。在实际输入字段值时从列表中选择,既可以提供输入效率,也能够避免输入错误。

例 3.4 使用"查阅向导"为"雇员"表的"职务"字段创建查阅列表,列表中显示"销售代表"、"销售经理"、"内部销售协调员"和"副总裁(销售)"。

操作步骤如下。

(1) 使用表"设计视图"打开"雇员"表,选择"职务"字段。

(2) 在"数据类型"列中选择"查阅向导",打开"查阅向导"的第一个对话框,在该对话框中单击"自行输入所需的值"单选按钮,然后单击"下一步"按钮,打开"查阅向导"的第二个对话框。

(3) 在"第1列"的每行依次输入"销售代表"、"销售经理"、"内部销售协调员"和"副总裁(销售)"。列表设置结果如图 3.16 所示。

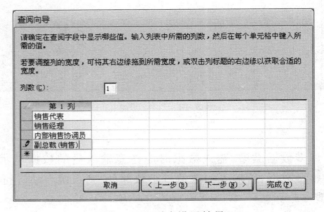

图 3.16　列表设置结果

(4) 单击"下一步"按钮,弹出"查阅向导"最后一个对话框,在该对话框的"请为查阅列表指定标签"文本框中输入名称,本例使用默认值。单击"完成"按钮。

例 3.5 用"查阅"选项卡为"雇员"表中"性别"字段设置查阅列表,列表中显示"男"和"女"。操作步骤如下。

(1) 使用表"设计视图"打开"雇员"表。选择"性别"字段。

(2) 单击"设计视图"下方的"查阅"选项卡。

(3) 单击"显示控件"行右侧下拉箭头,从下拉列表中选择"列表框"选项;单击"行来源类型"行,从下拉列表中选择"值列表"选项;在"行来源"文本框中输入"男;女",设置结果如图 3.17 所示。

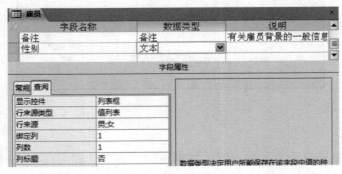

图 3.17　查阅列表设置结果

切换到"雇员"表的数据表视图,单击空记录"性别"字段,右侧出现下拉箭头,单击该箭头,弹出一个下拉列表,列表中列出了"男"和"女"这两个值。

6. 附件

使用"附件"数据类型,可以将 Word 文档、演示文稿、图像等文件的数据添加到记录中。"附件"类型可以在一个字段中存储多个文件,而且这些文件的数据类型可以不同。

如果某个字段数据类型为"附件",在"数据表视图"显示内容为@(0),其中"(0)"表示附件为空。双击@(0),打开"附件"对话框,单击对话框中的"添加"按钮,找到要添加的文件并添加。如图 3.18 所示添加了 2 个附件文件,单击"确定"按钮后,回到"数据表视图",此时对应的附件字段显示为@(2)。附件中的信息只能在"窗体视图"中才能显示出来,对于文档、电子表格等类型的信息只能显示图标。

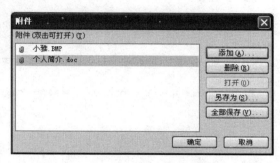

图 3.18 "附件"对话框

3.5 数据导入和导出

在 Access 中通过数据的导入和导出,可以实现与其他程序之间的数据共享,包括从其他程序中获取数据,或者将 Access 中的数据输出到其他程序中。

在"外部数据"选项卡下包括了数据导入和导出命令按钮组,如图 3.19 所示。

图 3.19 "导入/导出"按钮组

1. 数据的导入

数据的导入是指将其他程序产生的表格形式的数据复制到 Access 数据库中,成为一个 Access 数据表。在 Access 中可以导入 Access 文件(另一个 Access 数据库中的表)、文本文件(带分隔符或定长格式的文本文件)、Excel 工作表等。

例 3.6 将 Excel 文件"雇员工资.xls"导入到"Sales(罗斯文)"数据库中。

操作步骤如下。

(1) 打开"Sales(罗斯文)"数据库。单击"外部数据"选项卡下"导入并链接"组中的

Excel 按钮,打开"获取外部数据-Excel 电子表格"对话框。

(2) 在该对话框中,单击"浏览"按钮,打开"打开"对话框,找到并选中要导入的"雇员工资.xls"文件,然后单击"打开"按钮,返回到"获取外部数据-Excel 电子表格"对话框。在该对话框中选择"将数据导入当前数据库的新表中"单选按钮,如图 3.20 所示。

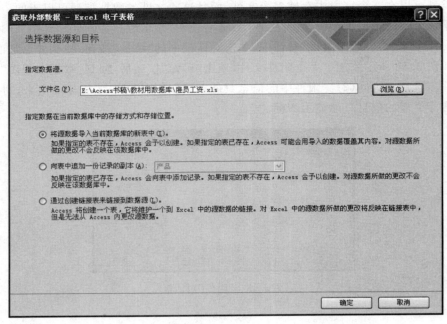

图 3.20 "获取外部数据-Excel 电子表格"对话框

(3) 单击"确定"按钮,打开"导入数据表向导"第一个对话框,选择"显示工作表"单选按钮,并在列表框中选择"雇员工资",如图 3.21 所示。

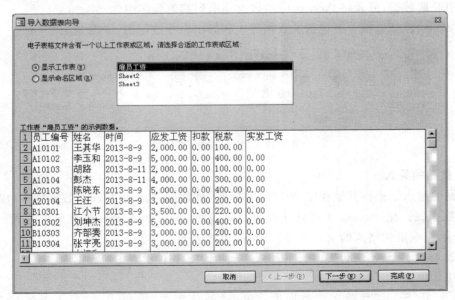

图 3.21 "导入数据表向导"对话框(一)

（4）单击"下一步"按钮，打开"导入数据表向导"对话框（二），选中"第一行包含列标题"复选框，如图 3.22 所示。

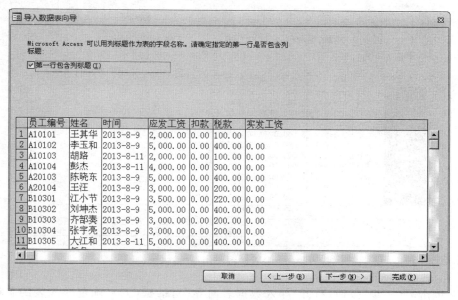

图 3.22　"导入数据表向导"对话框（二）

（5）单击"下一步"按钮，打开"导入数据表向导"对话框（三），在该对话框中选择作为索引的字段名 ID，索引为"有（无重复）"，数据类型为"文本"，如图 3.23 所示。

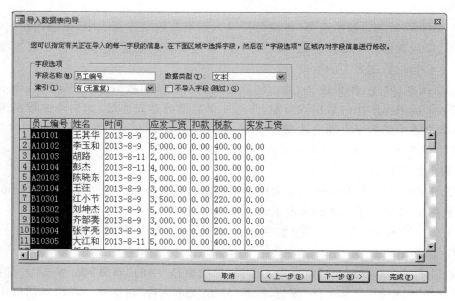

图 3.23　"导入数据表向导"对话框（三）

（6）单击"下一步"按钮，打开"导入数据表向导"对话框（四），在该对话框中选择"我自己选择主键"单选按钮，并自行确定主键，如图 3.24 所示。

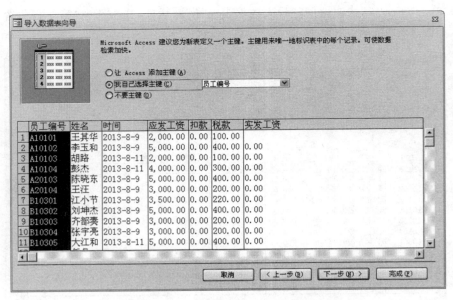

图 3.24　"导入数据表向导"对话框(四)

(7) 单击"下一步"按钮,打开"导入数据表向导"对话框(五),确定导入表的名称"雇员工资"。

(8) 单击"完成"按钮,弹出"获取外部数据-Excel 电子表格"对话框,取消该对话框中的"保存导入步骤"复选框。单击"关闭"按钮,完成数据导入。

说明:

(1) 在图 3.20 中,如果选择"将源数据导入到当前数据库新表中"单选按钮,从外部导入数据后,形成数据库中的数据表对象,并与外界数据源断绝连接,如果外部数据源数据发生改变,不会影响数据表中的数据。

(2) 在图 3.20 中,如果选择"通过创建链接表来链接到数据源"单选按钮,则从外部导入数据后,形成数据库中的数据表对象,并与外界数据源建立连接,如果外部数据源数据发生改变,数据表中的数据也随之改变。

(3) 导入文本文档操作步骤与导入 Excel 文档相似。

2. 数据的导出

数据的导出是指将 Access 数据表中的数据输出到其他格式的文件中,如导出到另一个 Access 数据库、文本文件、Microsoft Excel 和 dBASE 等。

例 3.7　将"Sales(罗斯文)"数据库中的"雇员"表导出为"雇员.txt"。

操作步骤如下。

(1) 打开"Sales(罗斯文)"数据库。选择"导航窗格"中的"雇员"表,单击"外部数据"选项卡下"导出"组中的"文本文件"按钮,打开"导出-文本文件"对话框。在该对话框中选择导出文本文件的位置以及文件名称。

(2) 单击该对话框的"确定"按钮,打开"导出文本向导"对话框(一),选择"带分隔符"单选按钮,如图 3.25 所示。

(3) 单击"下一步"按钮,打开"导出文本向导"对话框(二),在"请选择字段分隔符"组框

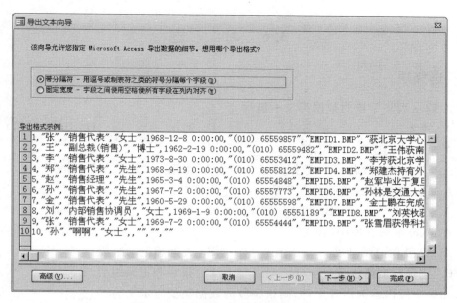

图 3.25　"导出文本向导"对话框(一)

中选择"逗号",并选中"第一行包含字段名称"复选框,如图 3.26 所示。

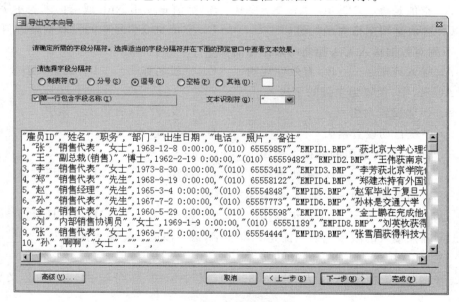

图 3.26　"导出文本向导"对话框(二)

(4) 单击"下一步"按钮,确定导出文本文件的位置和文本文件名称。

(5) 单击"完成"按钮,返回到"导出-文本文件"对话框,单击"关闭"按钮,完成数据表到文本文件的导出。

3.6 习 题

3.6.1 选择题

1. Access 表中字段的数据类型不包括_____。

    A. 文本   B. 备注   C. 通用   D. 日期/时间

2. 关系表的构成要素不包括_____。

    A. 表名和字段名   B. 数据类型   C. 主键   D. 索引

3. Access 数据库最基础的对象是_____。

    A. 模块   B. 报表   C. 表   D. 查询

4. 在 Access 数据库中,表由_____。

    A. 字段和记录组成   B. 查询和记录组成

    C. 记录和窗体组成   D. 报表和记录组成

5. 如果字段内容为声音文件,则该字段的数据类型应定义为_____。

    A. 文本   B. 备注   C. 超链接   D. OLE 对象

6. 下列关于空值的叙述中,正确的是_____。

    A. 空值是等于 0 的值   B. 空值是使用 Null 或空白来表示字段的值

    C. 空值是用空格表示的值   D. 空值是双引号中间没有空格的值

7. 下列对数据输入无法起到约束作用的是_____。

    A. 输入掩码   B. 有效性规则   C. 字段名称   D. 数据类型

8. Access 中,设置为主键的字段_____。

    A. 不能设置索引   B. 可设置"有(有重复)"索引

    C. 系统自动设置索引   D. 可设置"无"索引

9. 下列可以建立索引的数据类型是_____。

    A. 文本   B. 超级链接   C. 备注   D. OLE 对象

10. 可以插入图片的字段类型是_____。

    A. 文本   B. 超级链接   C. 备注   D. OLE 对象

11. 要确保输入的联系电话只能是 8 位数字,该字段应设置输入掩码为_____。

    A. 00000000   B. 99999999   C. ########   D. ????????

12. 若输入的电话格式为 010-6789123,其中 010 是固定的,应该定义该字段的_____。

    A. 格式   B. 默认值   C. 输入掩码   D. 有效性规则

13. 输入掩码 LLL000 对应的正确输入数据是_____。

    A. 555555   B. aaa555   C. 555aaa   D. aaaaaa

14. 若要在一对多的关联关系中,一方原始记录更改后,多方自动更改,应启动_____。

    A. 有效性规则   B. 级联删除相关记录

    C. 完整性规则   D. 级联更新相关记录

15. 在数据库中,建立索引的作用是_____。

  A. 节省存储空间   B. 提高查询速度

  C. 便于管理   D. 防止数据丢失

3.6.2　简答题

1. Access 表字段的数据类型有哪些?

2. Null 的含义是什么?

3. 索引有几种? 按照"姓名+出生日期"升序建立索引,与按照"出生日期+姓名"升序建立索引,其含义是一样的吗?

4. 数据库表之间建立关系的目的是什么? 表之间建立关系应具备什么条件?

第4章 表的使用

本章主要介绍在数据表视图下对表中记录的操作：记录定位、添加新记录、删除记录、编辑记录、记录排序、记录筛选；字段的隐藏与冻结等；数据表的复制、删除与重命名；设置子数据表，设置数据表的外观以及打印数据表。

4.1 记 录 定 位

对表记录进行浏览和编辑操作，事实上是对当前记录进行操作。用户要对某一个记录进行浏览、编辑，就要先将该记录确定为当前记录，通常把这一操作称为记录定位。

常用的定位记录方法有两种：使用"记录导航"条定位和使用快捷键定位。

图 4.1 为"记录导航"条。使用"记录导航"条按钮可以快速定位到"第一条记录"、"上一条记录"、"下一条记录"、"最后一条记录"和"新记录"；在"记录编号框"内输入记录号，然后按 Enter 键，可以快速定位到指定的记录。

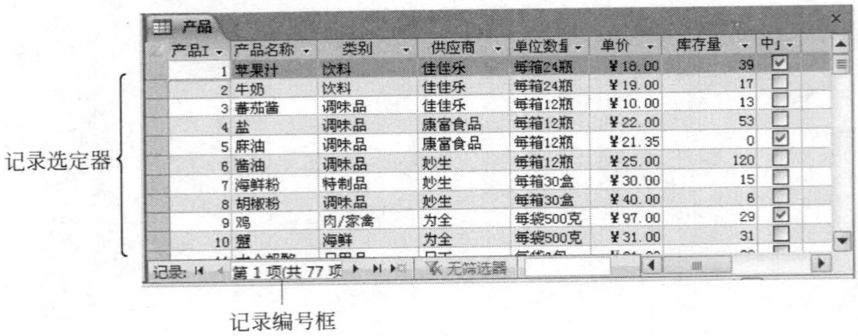

图 4.1 "记录导航"条

单击数据记录左侧的"记录定位器"可以选定一条记录。

表 4.1 给出快捷键及定位功能。

表 4.1 快捷键及定位功能

快 捷 键	定 位 功 能	快 捷 键	定 位 功 能
Tab Enter 右箭头→	下一字段	Shift＋Tab 左箭头←	上一字段
上箭头↑	上一记录中的当前字段	下箭头↓	下一记录中的当前字段
Home	当前记录的第一个字段	End	当前记录的最后一个字段
PgUp	上移一屏	PgDn	下移一屏

4.2 表中数据编辑

1. 数据的修改

修改表中的数据,最直接的方法就是在"数据表视图"方式下打开数据表,在表浏览器中选择要修改的内容并进行更新。以这种方式更新的数据,因为是手工操作,数据的安全性要差一些。

为保证数据的安全,在进行数据修改时还有以下几种方法。

(1) 为使修改的数据准确,通常采用数据替换的操作方式(具体参见之后的"数据的查找/替换")。

(2) 数据表中的数据若需要批量修改,最好用命令方式让系统修改,但这样的数据要有成批修改规则,若没有修改规则,则无法采用该方式。

(3) 不能成批修改的数据,可设计专门用于修改数据的窗体,在窗体中修改数据。

2. 数据的复制/粘贴

利用数据复制操作可以减少重复数据或相近数据的输入。

在 Access 中,数据复制的内容可以是一条或多条记录、一列或多列数据、一个或多个数据项,还可以是一个数据项的部分数据。

操作步骤如下。

(1) 用"数据表视图"打开要修改数据的表。

(2) 将鼠标指针指向要复制数据字段的最左边,当鼠标指针变为"+"时,单击,这时选中整个字段;如果要复制多个连续字段数据,则将鼠标指针指向要复制数据字段的开始位置,当鼠标指针变为"+"时,按住鼠标左键拖动到结束位置,这时多个连续字段被选中。

(3) 右击,在弹出的快捷菜单中选择"复制/粘贴"命令。

3. 数据的删除

在 Access 中,不仅可以修改和复制数据,还可以删除错误的或无用的数据。需要说明的是,在 Access 中,删除数据操作是针对记录进行的操作,即删除的是一个记录或多个记录。

删除表中数据有以下几种方法。

(1) 选定要删除的记录,然后按 Del 键。

(2) 选定要删除的记录,右击,在弹出的快捷菜单中选择"删除记录"命令。

(3) 选定要删除的记录,然后单击"开始"选项卡下的"记录"组中的"删除"按钮。

无论执行以上哪一种操作,系统都将弹出一个对话框,确认是否要删除选定记录,如图 4.2 所示。若单击"是"按钮,则选定的记录将被删除掉,不能恢复。

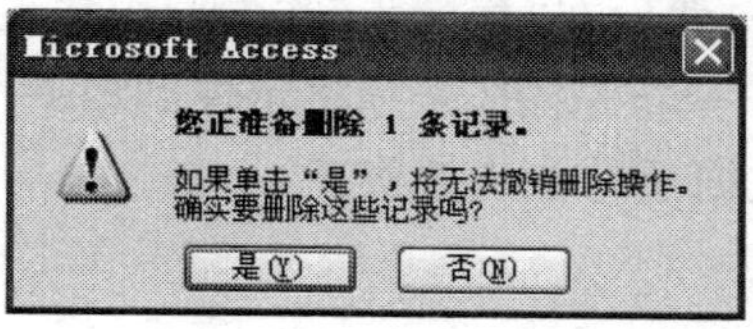

图 4.2 确认删除记录对话框

4. 数据的查找/替换

在一个有多条记录的数据表中,要快速查看数据信息,可以通过数据查找操作来完成,为使修改数据方便及准确,也可以采用查找/替换的操作。

(1) 表中数据的查找。

操作步骤如下。

① 用"数据表视图"打开"产品"表。

② 单击"开始"选项卡下"查找"组中的"查找"按钮,打开"查找和替换"对话框,如图 4.3 所示。

图 4.3　"查找和替换"对话框

③ 在"查找和替换"对话框的"查找"选项卡中,在"查找内容"文本框中输入要查找的数据,再设置查找范围和匹配条件,单击"查找下一个"按钮,光标将定位到第一个与查找内容相匹配的数据项的位置。

（2）表中数据的替换。

操作步骤如下。

① 用"数据表视图"打开"产品"表。

② 单击"开始"选项卡下"查找"组中的"替换"按钮,打开"查找和替换"对话框,"替换"选项卡如图 4.4 所示。

图 4.4　"替换"选项卡

③ 在"查找和替换"对话框的"替换"选项卡中,在"查找内容"文本框中输入要查找的数据,然后在"替换为"文本框内输入要替换的数据,确定查找范围和匹配条件,然后单击"查找下一个"按钮,光标将定位到第一个与查找内容相匹配数据项的位置,单击"替换"按钮,则该数据项的值将被修正。

4.3　表基本操作

4.3.1　记录排序

在浏览表中数据的过程中,通常记录的显示顺序是记录输入的先后顺序,或者是按主键值升序排列的顺序。

在数据库的实际应用中,数据表中记录的顺序是根据不同的需求排列的,只有这样才能充分发挥数据库中数据信息的最大作用。执行排序操作后,排序次序将与表一起保存。

可以排序的数据类型有文本型、数字型和日期/时间型;不能排序的字段类型有备注型、超链接、OLE 对象和附件型。

1. 按一个字段排序

按一个字段排序记录,可以在"数据表视图"中进行。操作步骤如下。

(1) 在"数据表视图"中打开"产品"表。

(2) 单击要排序的字段名称所在的列,如"供应商"。

(3) 单击"开始"选项卡下"排序和筛选"组中的"升序"按钮 ↓升序 或者"降序"按钮 ↓降序 。此时表中数据的显示顺序发生了改变,如图 4.5 所示。

图 4.5 对表中"供应商"字段进行升序排序

2. 按多个字段排序

按多个字段排序时,首先根据第一个字段按照指定的顺序进行排序,当第一个字段具有相同值时,再按照第二个字段进行排序,依此类推,直到按全部指定的字段排序完为止。

按多个字段排序记录有两种方法,一种是使用"升序"或"降序"按钮,这种方法适用于字段列相邻的情况,如果字段列不相邻,改变字段列位置使其相邻;另一种是使用"高级筛选/排序"按钮,这种方法适用于字段列相邻或者不相邻。

例 4.1 在"产品"表中按"供应商"和"单价"两个字段升序排序。

操作步骤如下。

(1) 在"数据表视图"中打开"产品"表。

(2) 单击"单价"字段列,按住鼠标左键将其拖动到"供应商"列的右侧。

(3) 单击"开始"选项卡下"排序和筛选"组中的"升序"按钮 ↓升序 ,此时表中数据的显示顺序发生了改变,如图 4.6 所示。

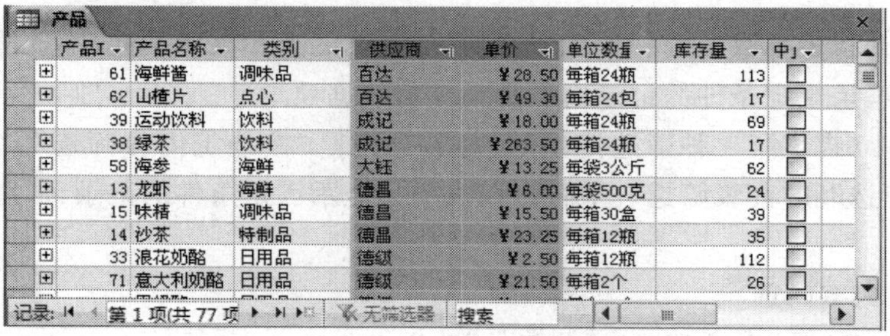

图 4.6 对表中"供应商"和"单价"字段升序排序

例 4.2 在"产品"表中按"类别 ID"升序和"库存量"降序排序。

操作步骤如下。

(1) 在"数据表视图"中打开"产品"表。

(2) 单击"开始"选项卡下"排序和筛选"组中的"高级"按钮,在下拉菜单中单击"高级筛选/排序",打开"筛选"窗口,在筛选窗口中进行如图 4.7 的设置。

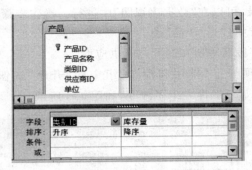

图 4.7 在"筛选"窗口设置排序次序

(3) 单击"开始"选项卡下"排序和筛选"组中的"切换筛选"按钮,此时表中数据的显示顺序发生了改变,如图 4.8 所示。

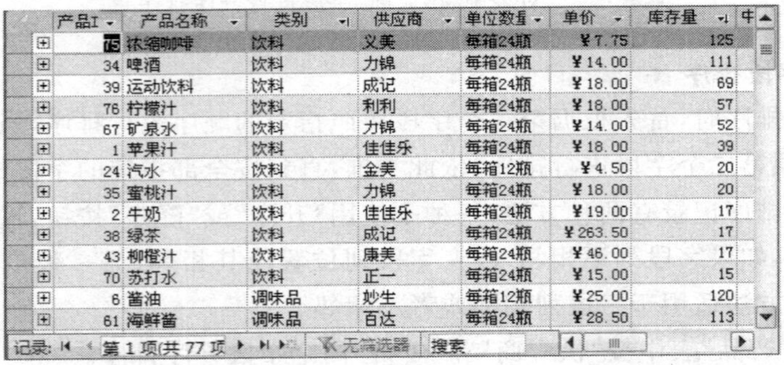

产品I ·	产品名称	类别 ·	供应商	单位数量 ·	单价 ·	库存量 ·	中
75	浓缩咖啡	饮料	义美	每箱24瓶	¥7.75	125	
34	啤酒	饮料	力锦	每箱24瓶	¥14.00	111	
39	运动饮料	饮料	成记	每箱24瓶	¥18.00	69	
76	柠檬汁	饮料	利利	每箱24瓶	¥18.00	57	
67	矿泉水	饮料	力锦	每箱24瓶	¥14.00	52	
1	苹果汁	饮料	佳佳乐	每箱24瓶	¥18.00	39	
24	汽水	饮料	金美	每箱12瓶	¥4.50	20	
35	蜜桃汁	饮料	力锦	每箱24瓶	¥18.00	20	
2	牛奶	饮料	佳佳乐	每箱24瓶	¥19.00	17	
38	绿茶	饮料	成记	每箱24瓶	¥263.50	17	
43	柳橙汁	饮料	康美	每箱24瓶	¥46.00	17	
70	苏打水	饮料	正一	每箱24瓶	¥15.00	15	
6	酱油	调味品	妙生	每箱12瓶	¥25.00	120	
61	海鲜酱	调味品	百达	每箱24瓶	¥28.50	113	

记录: ◄ 第1项(共77项) ► ►I ► 无筛选器 搜索

图 4.8 按"类别"升序"库存量"降序排序结果

在指定排序次序后,在"开始"选项卡下"排序和筛选"组中,单击"取消排序"按钮,可以取消所设置的排序顺序。

4.3.2 记录筛选

筛选也是查找表中数据的一种操作,但它与一般的查找有所不同,筛选所查找到的信息是一个或一组满足规定条件的记录而不是具体的数据项。

Access 2010 提供了 4 种筛选记录的方法,分别是"按选定内容筛选"、"使用筛选器筛选"、"按窗口筛选"和"高级筛选"。筛选后,表中只显示满足条件的记录,那些不满足条件的记录将被隐藏。

1. 按选定内容筛选

例 4.3 在"产品"表中筛选出"调味品"的记录。

操作步骤如下。

（1）用"数据表视图"打开"产品"表。选定用于筛选的字段"调味品"。

（2）单击"开始"选项卡下"排序和筛选"组中的"选择"按钮，打开图4.9所示的下拉菜单，在菜单中选择"等于"调味品""。此时，Access根据所选项，筛选出相应的记录。

如果需要将数据表恢复到筛选前的状态，则可单击"开始"选项卡下"排序和筛选"组中的"切换筛选"按钮 。

2. 使用筛选器筛选

例4.4 在"产品"表中筛选出"点心"、"海鲜"和"日用品"的记录。

操作步骤如下。

（1）用"数据表视图"打开"产品"表。单击"类别"字段列的任一行。

（2）单击"开始"选项卡下"排序和筛选"组中的"筛选器"按钮 ，打开图4.10所示的下拉列表，在下拉列表取消不需要筛选的类别复选框，保留筛选类别的复选框，如图4.10所示。

图4.9 筛选选项

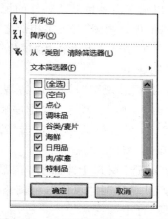

图4.10 设置"筛选器"筛选选项

（3）单击"确定"按钮，此时，Access根据所选项，筛选出相应的记录。

3. 按窗口筛选

按窗体筛选记录时，Access将数据表变成一个记录，并且每个字段都是一个下拉列表，可以从每个下拉列表中选取一个值作为筛选内容。如果选择两个以上的值，可以通过窗体底部的"或"标签来确定两个字段值之间的关系。

例4.5 将"产品"表中"佳佳乐"供应商产品"单价"低于20的记录筛选出来。

操作步骤如下。

（1）用"数据表视图"打开"产品"表。

（2）单击"开始"选项卡下"排序和筛选"组中的"高级"按钮，在下拉菜单中单击"按窗体筛选"，打开"按窗体筛选"窗口。

（3）在"按窗体筛选窗口"中做如图4.11所示的设置。

图4.11 "按窗体筛选"字段设置

（4）单击"排序和筛选"组中的"切换筛选"按钮 ▼ 切换筛选，此时，Access 根据窗体筛选设置，筛选出相应的记录，如图 4.12 所示。

产品								✕
产品I ▾	产品名称 ▾	类别 ▾	供应商 ▾	单位数量 ▾	单价 ▾	库存量 ▾	中 ▾	
⊞ 1	苹果汁	饮料	佳佳乐	每箱24瓶	￥18.00	39	☑	
⊞ 2	牛奶	饮料	佳佳乐	每箱24瓶	￥19.00	17	☐	
⊞ 3	蕃茄酱	调味品	佳佳乐	每箱12瓶	￥10.00	13	☐	
⊞ 78	苹果汁		佳佳乐		￥0.00	0	☐	
* (新建)					￥0.00	0	☐	

记录: ◄ ◄ 第1项(共4项) ► ►► ►✳ ▼已筛选 搜索

图 4.12　按窗体筛选结果

4. 高级筛选

前面介绍的 3 种方法是筛选记录中最简单的方法，筛选条件单一，操作简单。在实际应用中常涉及比较复杂的筛选条件，此时使用"高级筛选"更容易实现。使用"高级筛选"的"筛选"窗口不仅可以筛选出满足复杂条件的记录，还可以对筛选结果进行排序。"筛选"窗口与第 5 章介绍的"查询设计视图"有很多相似之处，有关筛选条件的书写格式可以参照 5.2.2 节。

例 4.6　在"产品"表中查找"单价"在 ￥20～￥50（包含 ￥20 和 ￥50）的奶酪制品。

操作步骤如下。

（1）用"数据表视图"打开"产品"表。

（2）单击"开始"选项卡下"排序和筛选"组中的"高级"按钮，在下拉菜单中单击"高级筛选/排序"，打开"筛选"窗口。

（3）在"筛选"窗口上半部分"产品"字段列中分别双击"产品名称"和"单价"，将其添加到窗口下半部分"字段"行中。

（4）在"筛选"窗口下半部分"条件"行进行如图 4.13 的筛选条件设置。

（5）单击"开始"选项卡下"排序和筛选"组中的"切换筛选"按钮，则可以看到如图 4.14 所示的筛选结果。

图 4.13　设置筛选条件

产品	产品筛选1								✕
产品I ▾	产品名称 ▾	类别 ▾	供应商 ▾	单位数量 ▾	单价 ▾	库存量 ▾	中 ▾	图片	
⊞ 11	大众奶酪	日用品	日正	每袋6包	￥21.00	22	☐		
⊞ 12	德国奶酪	日用品	日正	每箱12瓶	￥38.00	86	☐		
⊞ 32	白奶酪	日用品	福满多	每箱12瓶	￥32.00	9	☐		
⊞ 60	花奶酪	日用品	玉成	每箱24瓶	￥34.00	19	☐		
⊞ 69	黑奶酪	日用品	德级	每盒24个	￥36.00	26	☐		
⊞ 71	意大利奶酪	日用品	德级	每袋2个	￥21.50	26	☐		
⊞ 72	酸奶酪	日用品	福满多	每箱2个	￥34.80	14	☐		
* (新建)					￥0.00		☐		

记录: ◄ ◄ 第1项(共7项) ► ►► ►✳ ▼已筛选 搜索

图 4.14　筛选结果

5. 清除筛选

设置筛选后，如果不再需要筛选的结果，则可以将其清除。清除筛选是将数据恢复到筛选前的状态。清除所有筛选的方法是单击"开始"选项卡下"排序和筛选"组中的"高级"按钮，在下拉菜单中单击"清除所有筛选器"，可以清除所有筛选。

4.3.3 字段隐藏/取消隐藏

对表进行列隐藏和取消隐藏操作,可以控制表中字段的使用个数,这样可以大大加快对多字段表的操作。

1. 隐藏列

操作步骤如下。

(1) 用"数据表视图"打开表。

(2) 选定需要隐藏的列,右击,在快捷菜单中选择"隐藏字段"命令。

2. 取消隐藏列

操作步骤如下。

(1) 用"数据表视图"打开表。

(2) 在任一字段列上右击,在快捷菜单中选择"取消隐藏字段"命令,打开"取消隐藏列"对话框,如图 4.15 所示。

(3) 在"取消隐藏列"对话框中,选择隐藏列的字段名,使字段名前加上"√",单击"关闭"按钮,则取消对该列的隐藏。

4.3.4 字段冻结/解冻

在对表中数据进行浏览或编辑时,由于受屏幕大小的限制,再加上表中字段个数较多,有一部分字段未能显示出来,这样就需要来回移动光标,造成浏览或编辑操作的不方便。在 Access 中,利用冻结表中列的操作,可以让某些字段总是在表浏览器中,不被移走。

图 4.15 "取消隐藏列"对话框

1. 冻结列

操作步骤如下。

(1) 用"数据表视图"打开表。

(2) 选定需要冻结的字段列,右击,在快捷菜单中选择"冻结字段"命令。

2. 解冻列

操作步骤如下。

(1) 用"数据表视图"打开表。

(2) 在任一字段列上右击,在快捷菜单中选择"取消冻结所有字段"命令。

4.4 表的复制、删除与重命名

1. 复制表

表的复制操作既可以在同一个数据库中进行,也可以在两个数据库之间进行。

(1) 在同一个数据库中复制表。

在"数据表视图"窗口中选中准备复制的数据表,然后右击,在快捷菜单中选择"复制"命令;也可以单击"开始"选项卡下"剪贴板"组中的"复制"按钮。再执行"粘贴"命令,出现"粘贴表方式"对话框,如图 4.16 所示。

在"表名称"框中输入新的表名,在"粘贴选项"栏中选择粘贴方式。

① 仅结构。只复制表的结构,不包括记录,这样可以建立一个与原表具有相同字段名和属性的空表。

② 结构和数据。同时复制表的结构和记录,新表就是原表的一份完整的副本。

图 4.16 "粘贴表方式"对话框

③ 将数据追加到已有的表。表示将选定表中的所有记录添加到另一个表的最后。该操作要求在"表名称"框中输入的表确实已存在,并且它的表结构与选定表的结构必须相同。

(2) 将表从一个数据库复制到另一个数据库中。

将表从一个数据库复制到另一个数据库中的方法如下。

① 在第一个数据库窗口中选中准备复制的数据表,然后执行"复制"命令。

② 打开第二个要接收表的数据库,执行"粘贴"命令,出现"粘贴表方式"对话框。

③ 在对话框中输入表名,并选择一种粘贴方式。

2. 删除表

在"导航窗口"中选中要删除的数据表,然后按 Del 键;也可以右击要删除的数据表,从快捷菜单中选择"删除"命令。

3. 表的重命名

在"导航窗口"中右击要重命名的数据表,从快捷菜单中选择"重命名"命令。更改表的名称后,Access 会自动更改该表在其他对象中的引用名。

4.5 使用子数据表

子数据表的概念是相对于父数据表而言的。子数据表是嵌套在父数据表中的表,两个表通过一个链接字段链接以后,当用户使用父数据表时,可以方便地使用子数据表。

当两个数据表建立关联后,通过关联字段就有了父数据表和子数据表之分,只要通过插入子数据表的操作,就可以在父数据表打开时,浏览子数据表中相关的数据。

例 4.7 将数据库中"雇员"表与"订单"表建成父数据表与子数据表嵌套关系。

操作步骤如下。

(1) 打开"Sales(罗斯文)"数据库,在"雇员"表与"订单"表之间建立一对多关联关系(如果已经建立了关系,此步骤可以省略)。

(2) 在"导航窗口"中双击"雇员"表,以"数据表视图"方式打开"雇员"表。

(3) 单击"开始"选项卡下"记录"组中的"其他"按钮其他·,在下拉菜单中选择"子数据表"|"子数据表…",弹出"插入子数据表"对话框,在"插入子数据表"对话框中选择子数据表"订单",然后单击"确定"按钮,如图 4.17 所示。

(4) 此时,"数据表视图"下的"雇员"表每条记录前增加了"+"号。双击"+"按钮或"-"按钮,可以打开或关闭子表,如图 4.18 所示。

如果要删除子数据表,单击"开始"选项卡下"记录"组中的"其他"按钮其他·,在下拉菜

图 4.17 "插入子数据表"对话框

图 4.18 查看子数据表

单中选择"子数据表"|"删除",即可删除子数据表。

4.6 表的外观设置

调整外观是为了使表看上去更清楚美观。调整表外观的操作包括改变字段显示次序、调整行高列宽、设置数据字体、调整网格线样式及单元格的效果和背景色等。

1. 改变字段显示次序

在"数据表视图"中,字段的显示次序与其在表或查询中创建的次序是一致的,如果希望改变字段的显示次序,例如,将"雇员"表中"联系电话"字段移到"职务"字段的后面,操作步骤如下。

(1)打开"雇员"数据表。

(2)将鼠标指针定位在要改变位置的"联系电话"字段名上,单击,此时该列数据被选中。

(3)将鼠标放在"联系电话"字段名上,按住鼠标左键并拖动到"职务"字段名后,然后释放鼠标左键。

移到字段的位置,不会改变表设计视图中字段的排列顺序,而只是改变在"数据表视图"

中字段的显示顺序。

2．调整行高

调整行高有两种方法：使用鼠标和命令。

（1）使用鼠标调整。首先使用"数据表视图"打开要调整的表，然后将鼠标指针放在表中任意两行选定器之间。当鼠标指针变为双箭头时，按住鼠标左键并拖动鼠标上、下移动，调整到所需高度后，松开鼠标左键。

（2）使用命令调整。首先使用"数据表视图"打开要调整的表，然后右击记录选定器，在弹出的快捷菜单中选择"行高"命令，在打开的"行高"对话框中输入行高值。

3．调整列宽

调整列宽有两种方法：使用鼠标和命令。

（1）使用鼠标调整。首先使用"数据表视图"打开要调整的表，然后将鼠标指针放在表中要改变宽度的两列字段名中间。当鼠标指针变为双箭头时，按住鼠标左键并拖动鼠标左、右移动，调整到所需宽度后，松开鼠标左键。

（2）使用命令调整。首先使用"数据表视图"打开要调整的表，选择要改变宽度的字段名，然后右击，在弹出的快捷菜单中选择"字段宽度"命令，在打开的"列宽"对话框中输入列宽值。

4．设置数据表格式

在"数据表视图"中，一般在水平和垂直方向显示网格线，而且网格线、背景色和替换背景色均采用系统默认的颜色。如果需要，可以改变单元格的显示效果，可以选择网格线的显示方式和颜色，也可以改变表格的背景颜色。设置数据表格式的操作步骤如下。

（1）用"数据表视图"方式打开表。

（2）单击"开始"选项卡下"文本格式"组中的"网格线"按钮⊞▾，从弹出的下拉列表中选择不同的网格线，如图4.19所示。

（3）单击"文本格式"组中的"设置数据表格式"按钮⊡，打开"设置数据表格式"对话框，如图4.20所示。在对话框中，可以根据需要选择所需的项目。

图4.19 网格线设置

图4.20 "设置数据表格式"对话框

5. 改变字体

用"数据表视图"打开表,单击"开始"选项卡下"文本格式"组中的相关按钮,可以设置数据表数据的字体、字号、字型(加粗、下划线等)、对齐方式等。

4.7 打 印 表

Access 提供直接打印记录的功能,无须生成报表,就可以把表中的全部或部分记录打印出来,操作步骤如下。

(1) 用"数据表视图"方式打开表。

(2) 单击"文件"选项卡下的"打印"按钮,单击"后台视图"窗口右侧的"预览"按钮,打开"打印预览"窗口,使用"打印预览"选项卡按钮组中的按钮(见图 4.21),进行"页面大小"、"页面布局"等设置。

图 4.21 "打印预览"选项卡按钮组

(3) 单击"打印"按钮,弹出"打印"对话框,如图 4.22 所示。选择打印范围和要打印的份数,然后单击"确定"按钮,开始打印。

图 4.22 "打印"对话框

4.8 习 题

4.8.1 选择题

1. 在数据表视图中,不能_____。

A. 修改字段的数据类型   B. 修改字段的名称

C. 删除字段   D. 删除一条记录

2. 对数据表进行筛选操作的结果是_____。

    A. 将满足条件的记录保存在新表中

    B. 隐藏表中不满足条件的记录

    C. 将不满足条件的记录保存在新表中

    D. 删除表中不满足条件的记录

3. 如果想在已建立的"雇员"表的数据表视图中直接显示"男"雇员记录,应使用_____。

    A. 筛选功能   B. 排序功能   C. 查询功能   D. 报表功能

4. 在 Access 的数据表中删除一条记录,被删除的记录_____。

    A. 可以恢复到原来设置   B. 被恢复为最后一条记录

    C. 被恢复为第一条记录   D. 不能恢复

5. 在 Access 中,如果不想显示数据表中的某些字段,可以使用的命令是_____。

    A. 隐藏   B. 删除   C. 冻结   D. 筛选

6. 父数据表与子数据表之间一定存在_____。

    A. 链接字段   B. 相同的字段   C. 共同的主键   D. 共同的外键

7. 在数据表视图中,能够实现排序的数据类型是_____。

    A. 备注型   B. 超链接型   C. 货币型   D. OLE 对象

8. 如果"个人简历"字段是"附件"型,在数据表视图中,某条记录的"个人简历"显示为"@(2)",其含义是_____。

    A. 没有添加文件   B. 添加了1个文件

    C. 添加了2个文件   D. 值为空

4.8.2 简答题

1. 如何输入备注型文本?

2. 查找、排序和筛选之间有何区别?

3. 写出筛选表达式,筛选出姓名中姓"李"的记录。

4. 写出筛选表达式,筛选出姓名中不姓"李"的记录。

5. 哪些数据类型不能实现排序功能?

第5章 查　　询

查询是数据库管理系统常用的功能。用户可以对数据库中一个或多个表中的数据进行查找、统计和加工操作。本章主要介绍 Access 中查询作用、查询类型以及使用查询向导和设计视图创建选择查询、参数查询、操作查询和交叉表查询。

5.1　查询概述

5.1.1　查询作用

查询的目的是根据指定的条件对表或其他查询进行检索，找出符合条件的记录构成一个新的数据集合，以方便对数据进行查看和分析。查询的运行结果是一个数据集，也称为动态集。创建查询后，只保存查询的操作，只有在运行查询时才会从查询数据源中抽取数据，因此，查询的结果总是与数据源中的数据保持同步，只要关闭查询，查询的数据集就会自动消失。

在 Access 数据库中，查询的主要作用有以下几方面。

（1）基于一个或多个数据表或查询，利用查询创建一个满足某一特定需求的数据集。

（2）基于一个或多个数据表，利用查询对数据源中指定的字段进行修改或删除。

（3）基于数据表或查询，对数据源中的数据进行统计计算，并生成新字段。

（4）基于一个或多个数据表，利用查询创建一个满足特定条件的新表，也可以为数据源表追加数据。

（5）基于一个或多个数据表，利用查询对某个字段进行分组并汇总，从而更好地查看分析数据。

（6）查询还可以为窗体或报表提供数据来源。在 Access 中，对窗体或报表进行操作时，它们的数据来源只能是一个表或一个查询，但如果为其提供数据来源的一个查询是基于多表创建的，那么其窗体或报表的数据来源就相当于多个表的数据源。

5.1.2　查询类型

在 Access 中，查询类型主要有选择查询、参数查询、操作（动作）查询、交叉表查询及SQL 查询，其中操作查询和 SQL 查询必须是在选择查询的基础上创建的。

（1）选择查询。通过查询设计视图或查询向导创建，主要用于浏览、检索、统计数据库中的数据。

（2）参数查询。通过查询设计视图创建，在运行时定义参数，可创建动态查询结果，以方便查找有用的信息。

（3）操作查询。操作查询有 4 种，包括生成表查询、更新查询、追加查询和删除查询。通过查询设计视图创建，主要用于数据库中数据的更新、删除、追加以及生成新表，使得表中数据的维护更加便利。

（4）交叉表查询。通过交叉表查询向导创建，以数据表形式显示数据，并能对数据进行交叉汇总。

（5）SQL查询。SQL查询是使用SQL语句创建的查询，选择查询、参数查询、操作查询、交叉表查询都可以使用SQL语句创建。SQL查询还包括联合查询、传递查询、数据定义查询和子查询4种特定的SQL查询。

5.2 选择查询

在Access中，创建选择查询有两种方法，一种是使用查询向导，另一种是使用查询设计视图。

5.2.1 使用向导创建查询

查询向导是一种高效的生成工具。使用查询向导创建查询比较简单，用户可以在查询向导的引导下创建查询，创建查询的数据源可以是一个表或多个表，也可以是一个字段或多个字段，也可以进行统计汇总。查询向导不能设置查询条件。

1. 简单查询向导

例5.1 查找"订单"表中的记录，并显示"订单ID"、"客户"、"发货日期"、"到货日期"和"货主姓名"5个字段信息，以"例5.1订单查询"为名保存查询。

操作步骤如下。

（1）在Access中，单击"创建"选项卡，单击"查询"组中的"查询向导"按钮，打开"新建查询"对话框，选择"简单查询向导"，如图5.1所示。

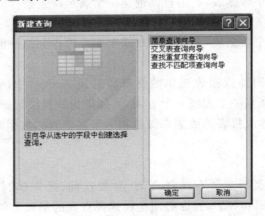

图5.1 "新建查询"对话框

（2）单击"确定"按钮，打开"简单查询向导"对话框（一）。在该对话框中，单击"表/查询"下拉列表框右侧的下拉箭头按钮，选择"订单"表，然后在"可用字段"列表框中分别双击查询所需的5个字段，添加到"选定字段"列表框中，如图5.2所示。

（3）单击"下一步"按钮，打开"简单查询向导"对话框（二）。在"请为查询指定标题"文本框中输入"例5.1订单查询"。

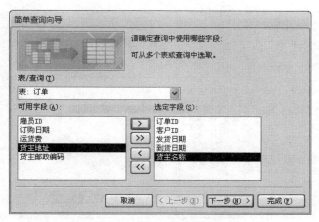

图 5.2　"字段选定"结果

（4）单击"完成"按钮，即可看到查询结果，如图 5.3 所示。

图 5.3　例 5.1 查询结果

说明：

（1）例 5.1 是以一个表为数据源创建的查询，如果以多个表为数据源创建查询，需要把第二步（2）的操作重复一次，即在该对话框中，再次单击"表/查询"下拉列表框右侧的下拉箭头按钮，选择查询所需的另一个表，然后在"可用字段"列表框中双击查询所需的字段。

（2）如果在"简单查询向导"对话框（一）中"选定字段"包含数值型字段，单击"下一步"按钮，打开"简单查询向导"对话框（二），在该对话框中选中"汇总"单选按钮，则可以对数值型字段进行求最大值、最小值、汇总、平均值等计算，这些计算在后面的设计视图中也可以完成，在此不赘述。

2. 查找重复项查询向导

有时一个表中的字段包含重复值，需要确定重复出现的那些记录，例如，有企业"员工"表，要查找姓名相同的员工，可以通过"查找重复项查询向导"实现重复项的查找。

例 5.2　以"供应商"为源表，查找同一城市的供应商，显示"公司名称"、"联系人姓名"、"城市"、"地址"和"电话"5 个字段。以"例 5.2 查找同一城市的供应商"为名保存查询。操作步骤如下。

（1）在 Access 中，单击"创建"选项卡，单击"查询"组中的"查询向导"按钮，打开"新建查询"对话框，选择"查找重复项查询向导"，然后单击"确定"按钮，打开"查找重复项查询向导"对话框（一）"选择数据源"。在该对话框中，单击"表：供应商"选项，如图 5.4 所示。

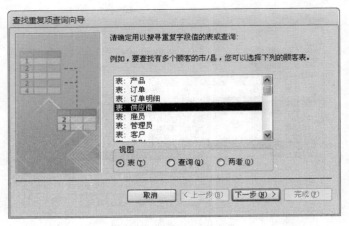

图 5.4 "选择数据源"对话框

（2）单击"下一步"按钮，打开"查找重复项查询向导"对话框（二），选择"重复字段"，在"可用字段"列表框中双击"城市"字段，将其添加到"重复值字段"列表框中，如图 5.5 所示。

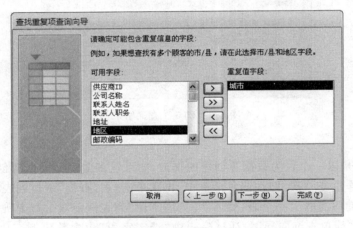

图 5.5 "选择重复值字段"对话框

（3）单击"下一步"按钮，打开"查找重复项查询向导"对话框（三），选择"选择重复字段之外的其他字段"，在"可用字段"列表框中依次双击"公司名称"、"联系人姓名"、"地址"和"电话"，将其添加到"另外的查询字段"列表框中，如图 5.6 所示。

（4）单击"下一步"按钮，打开"查找重复项查询向导"对话框（四），在"请指定查询的名称"文本框中输入"例 5.2 查找同一城市的供应商"。

（5）单击"完成"按钮，即可看到查询结果，如图 5.7 所示。

3. 查找不匹配项查询向导

有时需要查询一个表中所含有而另一个表中没有的记录，利用"查找不匹配项查询向导"可以完成这种查询。

例 5.3 查找那些没有"订单"的雇员信息，并显示"姓名"、"职务"、"出生日期"和"联系电话"4 个字段。以"例 5.3 查询没有订单的雇员信息"为名保存查询。

操作步骤如下。

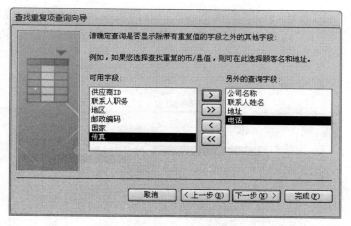

图 5.6 “选择重复字段之外的其他字段”对话框

例5.2查找同一城市的供应商

城市	公司名称	联系人姓名	地址	电话
北京	康美	刘先生	阜外大街 402 号	(010) 65558787
北京	顺成	刘先生	阜成路 387 号	(010) 61212258
北京	利利	谢小姐	复兴路 287 号	(010) 81095667
北京	涵合	王先生	前门大街 170 号	(010) 65555914
北京	宏仁	李先生	东直门大街 153 号	(010) 65476654
北京	义美	李先生	石景山路 51 号	(010) 89927556
上海	正一	方先生	高邮路 115 号	(021) 444-2343
上海	妙生	胡先生	南京路 23 号	(021) 85555735

记录: 第 8 项(共 21 项) 无筛选器 搜索

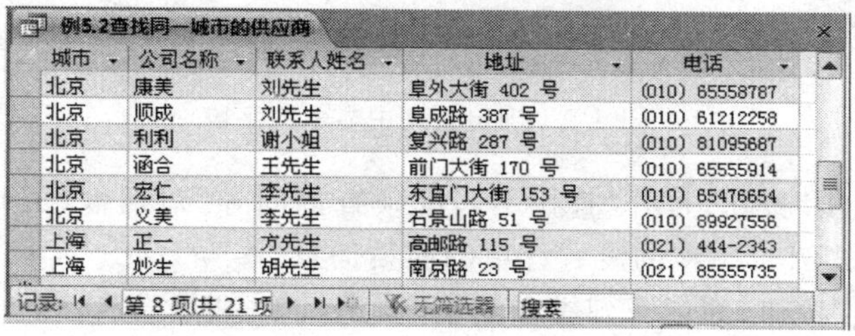

图 5.7 例 5.2 查找同一城市的供应商

(1) 单击“创建”选项卡，单击“查询”组中的“查询向导”按钮，打开“新建查询”对话框，选择“查找不匹配项查询向导”，然后单击“确定”按钮，打开“查找不匹配项查询向导”对话框(一)，选择在查询结果中包含记录的表。在该对话框中，单击“表：雇员”选项。

(2) 单击“下一步”按钮，打开“查找不匹配项查询向导”对话框(二)，选择包含相关记录的表。在该对话框中，单击“表：订单”选项。

(3) 单击“下一步”按钮，打开“查找不匹配项查询向导”对话框(三)，确定两个表的匹配字段。Access 会自动找出相匹配的字段“雇员 ID”，如图 5.8 所示。

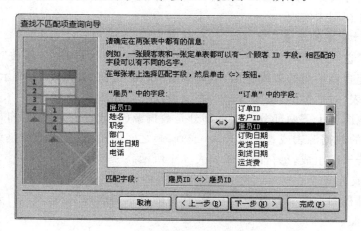

图 5.8 确定两个表中都有的字段

（4）单击"下一步"按钮，打开"查找不匹配项查询向导"对话框（四），确定查询中需要显示的字段。在"可用字段"列表框中依次单击所需字段，将其添加到"选定字段"列表框中，如图5.9所示。

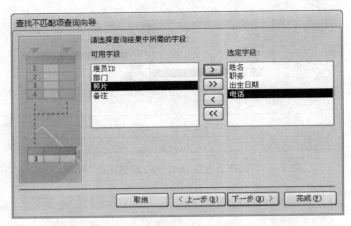

图5.9　确定查询中显示的字段

（5）单击"下一步"按钮，打开"查找不匹配项查询向导"对话框（五），在"请指定查询的名称"文本框中输入"例5.3查询没有订单的雇员信息"。

（6）单击"完成"按钮，即可看到查询结果，如图5.10所示。

图5.10　例5.3查找没有订单的雇员信息

5.2.2　使用设计视图创建查询

利用查询向导可以快速创建查询，但是对于复杂的查询，特别是带有条件的查询，则需要使用查询设计视图来实现。

1. 查询设计视图的组成

单击"创建"选项卡，单击"查询"组中的"查询设计"按钮，打开"显示表"对话框，在该对话框中选择创建查询所用的表或查询，然后单击"添加"按钮，如图5.11所示。

单击"显示表"对话框的"关闭"按钮，查询设计视图如图5.12所示。

查询设计视图分上下两部分。上半部分是数据源（表或查询）显示窗口，是"表/查询"输入区，存放查询的数据源表或查询以及表（或查询）之间的关系；下半部分是设计网格，是"查询设计区"，由若干行组成，每行的作用如表5.1所示。

1）添加表或查询

在查询设计视图上半部分空白处右击，在快捷菜单中选择"显示表"，打开"显示表"对话框，添加表或查询。

若要删除表或查询，单击表或查询窗格标题栏，然后按Del键即可。

图 5.11 "显示表"对话框

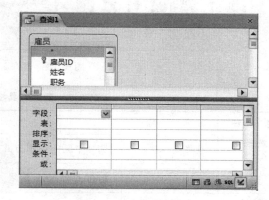

图 5.12 查询设计视图

表 5.1 查询设计网格每行的作用

行名称	作　　用
字段	查询时要选择的字段
表	字段所在的表或查询的名称
排序	定义字段的排序方式:升序、降序、不排列
显示	定义选择的字段是否在数据表视图中显示出来。☑表示显示，☐表示不显示
条件	设置字段限制条件
或	设置"或"条件来限定记录的选择

2）选择字段

第一种方法是双击表/查询中的某个字段,此字段会自动添加到查询设计视图下半部分的设计窗格"字段"一栏。

第二种方法是选中表中欲添加的字段,按住鼠标左键不放将其拖到设计网格的字段行上。

第三种方法是单击下半部分设计网格"字段"右边的向下箭头按钮,在下拉列表中选择字段。

双击表中所有字段通配符标记星号"＊",能够自动将所有字段添加到下半部分设计网格字段行上。

3）移动字段

单击列选定器选择某列,按住鼠标左键不放并拖动鼠标到需要的位置。

4）删除字段

单击列选定器选择某列,然后按 Del 键即可。若选中多列,按 Del 键则可以同时删除被选中的多列。

2. 查询工具按钮组

查询工具按钮组由"结果"、"查询类型"、"查询设置"和"显示/隐藏"4 个按钮组组成,如图 5.13 所示。常用按钮的功能如表 5.2 所示。

图 5.13　查询工具按钮组

表 5.2　查询工具按钮组的功能

按　　钮	名　　称	功　　能
	视图	选择不同的视图方式查看生成的查询结果
	运行	运行查询,查看结果
	选择查询	在设计视图中设计"选择查询",默认方式
	生成表查询	在设计视图中设计"生成表查询"
	追加查询	在设计视图中设计"追加查询"
	更新查询	在设计视图中设计"更新查询"
	交叉表查询	在设计视图中设计"交叉表查询"
	删除查询	在设计视图中设计"删除查询"
	汇总	在设计视图中对字段汇总、计数、平均值、最大值、最小值等计算

3. 查询的条件准则

查询数据需要指定相应的查询条件。查询条件可由运算符、常量、字段值、函数和字段名等任意组合,能够计算出一个结果。下面以 sales. accdb 数据库"订单"为例,介绍几种常见的查询条件示例。

(1) 以数值作为查询条件的简单示例如表 5.3 所示。

表 5.3　使用数值作为查询条件示例

字段名	条　　件	功　　能
运货费	<10	查询运货费小于 10 的记录
	Between 50 And 80	查询运货费在 50~80 之间的记录
	>=50 And <=80	
	Not 60	查询运货费不是 60 的记录
	30 or 65	查询运货费是 30 或者 65 的记录

(2) 使用文本值作为查询条件示例如表 5.4 所示。查询条件表达式中文本常量要加上英文"""",字段名一定要加上"[]",

(3) 使用日期作为查询条件示例如表 5.5 所示。日期常量要使用英文的"♯"括起来。

(4) 使用空值或空字符串或逻辑值作为查询条件示例如表 5.6 所示。

表 5.4 使用文本值作为查询条件示例

字段名	条 件	功 能
客户	"东南实业"	查询客户为"东南实业"的记录
	"东南实业" or "通恒机械 "	查询客户为"东南实业"或"通恒机械"的记录
	In("东南实业","通恒机械")	
	Right([客户],2)= "公司"	查询客户是某公司的记录
货主名称	Left([货主名称],1)= "李"	查询姓李的记录
	Like "李 * "	
	Not "王 * "	查询不姓王的记录
	Left([货主名称],1)<> "王"	

表 5.5 使用文本值作为查询条件示例

字段名	条 件	功 能
订购日期	Between ♯1997-1-1♯ And ♯1997-12-31♯	查询 1997 年的订单记录
	Year([订购日期])=1997	
	<Date()-20	查询 20 天前的订单记录
	Year([订购日期])=1997 And Month([订购日期])=6	查询 1997 年 6 月的订单记录
	Year([订购日期])>1997	查询 1997 年之后的订单记录
	In(♯1997-5-20♯ , ♯1998-10-1♯)	查询 1997 年 5 月 20 日或 1998 年 10 月 1 日的订单记录

表 5.6 使用空值或空字符串作为查询条件示例

字段名	条 件	功 能
货主地址	Is Null	查询货主地址为 Null(空值)的记录
	Is Not Null	查询货主地址有值(不是空值)的记录
	""	查询没有货主地址的记录
中止	True	查询不可用的产品
	0	查询可用的产品

空值是使用 Null 或空白来表示字段的值。空字符串是用双引号括起来的字符串,且双引号中间没有空格。对于"是/否"型字段,需要用逻辑值,逻辑值 True 可以用－1 表示,逻辑值 False 可以用 0 表示。

注意:在查询条件表达式中,数据类型应与对应字段定义的类型相符合,否则会出现数据类型不匹配的错误。

4. 创建不带条件的查询

例 5.4 查询每个雇员的每份订单,并显示每份订单的"雇员 ID"、"订单 ID"、"产品 ID"

和"产品名称"。将查询以"例 5.4 雇员订单详情"保存。

操作步骤如下。

(1) 单击"创建"选项卡,单击"查询"组中的"查询设计"按钮,打开"查询设计视图",并显示"显示表"对话框。

(2) 选择数据源。在"显示表"对话框中,双击"产品"表,将"产品"字段列表添加到查询设计视图上半部分;同样双击"订单"表和"订单明细"表,将它们添加到查询设计视图的上半部分。

单击"关闭"按钮,关闭"显示表"对话框。查询设计视图如图 5.14 所示。

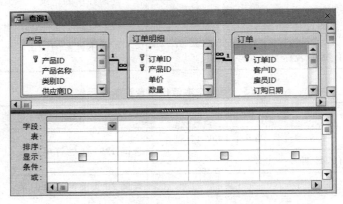

图 5.14 添加查询数据源

(3) 选择字段。根据题目的要求,依次双击表中的"雇员 ID"、"订单 ID"、"产品 ID"和"产品名称",将字段添加到设计网格下半部分的"字段"行上,如图 5.15 所示。

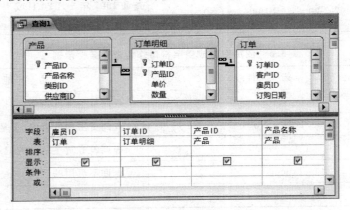

图 5.15 选择字段

如果所选字段全部显示,要确保"显示"行上的复选框全部选中,如果某字段仅作为条件使用,而不需要在查询结果中显示,则应取消选中的复选框。

(4) 查看结果。单击"设计"选项卡,单击"结果"组中的"运行"按钮，可以查看查询的运行结果。

(5) 保存查询。如果查询结果正确,在"查询 1"选项卡上右击,选择"保存",打开"保存"对话框,以"例 5.4 雇员订单详情"为名保存查询。

5．创建带条件的查询

例 5.5 查找"产品"表中"库存量"大于 20，并且没有"中止"的产品信息。显示"产品ID"、"产品名称"、"供应商 ID"、"单价"、"库存量"。以"例 5.5 库存量大于 20 且可用的产品"为名保存查询。

操作步骤如下。

（1）添加数据源。打开"查询设计视图"，并显示"显示表"对话框，将"产品"表添加到设计视图的上半部分窗口中。

（2）选择字段。根据题目的要求，依次双击表中的"产品 ID"、"产品名称"、"供应商ID"、"单价"、"库存量"和"中止"，将字段添加到设计网格下半部分的"字段"行上。

（3）设置显示字段。按照题目要求，不显示"中止"字段，单击"中止"字段"显示"行上的复选框，这时复选框没有被选中。

（4）设置查询条件。在"库存量"列的"条件"行中输入"＞20"；在"中止"列的"条件"中输入 False（或者 0），结果如图 5.16 所示。

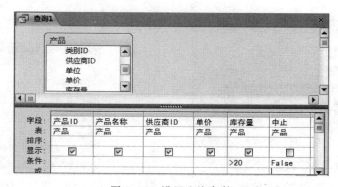

图 5.16　设置查询条件

（5）查看结果并保存查询。单击"设计"选项卡，单击"结果"组中的"运行"按钮 ，查看查询的运行结果。如果查询结果正确，打开"保存"对话框，以"例 5.5 库存量大于 20 且可用的产品"为名保存查询。

说明：条件写在同一行上，它们是"相与"的关系；不同行上的条件是"相或"的关系；运算时先同一行上"相与"，然后不同行上"相或"。

5.2.3　在查询中进行计算

在实际应用中，不仅需要从表中查询数据，更需要大量的统计计算，比如对查询的某个字段进行合计、计数、求最大值、最小值、平均值等。在查询中可以执行的计算有两类：预定义计算和自定义计算。

预定义计算是系统提供的用于对查询中的记录分组的计算或对全部记录进行计算，在查询设计视图中，单击"显示/隐藏"组中的"汇总"按钮 ，此时设计视图的下半部分增加了"总计"行。对设计网格中的每个字段，均可以通过在"总计"行中选择所需的计算，常用的计算包括 Group By、合计、平均值、最大值、最小值、计数和 Where 等。

自定义计算可以用一个或多个字段的值进行数值、日期和文本计算，对于自定义计算，必须在设计网格中创建新的计算字段,创建的方法是在"字段"行上按照"显示标题名称:计算公式"的格式输入。

1. 在查询中进行分组统计(预定义计算)

例 5.6 以"订单"表为数据源,统计每位雇员的订单数量。

操作步骤如下。

(1) 打开"查询设计视图",将"显示表"对话框中的"订单"表添加到设计视图的上半部分窗口中。

(2) 选择"订单"表中的"雇员 ID"和"订单 ID"。

(3) 单击"显示/隐藏"组中的"汇总"按钮 Σ,此时设计视图的下半部分增加了"总计"行。对设计网格中的每个字段,均可以通过在"总计"行中选择所需的计算:分组、合计、平均值、最大值、最小值、计数等。本题的设计视图如图 5.17 所示。

(4) 切换到数据表视图,查询显示结果如图 5.18 所示。以"例 5.6 每位雇员的订单数"为名保存查询。

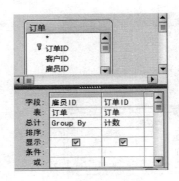

图 5.17 设置分组统计

图 5.18 例 5.6 查询结果

例 5.7 将例 5.6 显示的标题名"订单 ID 之计数"改为"订单数"。操作步骤如下。

(1) 用"设计视图"打开"例 5.6 每位雇员的订单数"查询。

(2) 在第 2 列"字段"行中"订单 ID 之计数:"修改为"订单数:"(这里的冒号是英文冒号),结果如图 5.19 所示。

(3) 切换到数据表视图,查看查询显示结果并保存。

例 5.8 统计"雇员"表中 1968 年出生的销售代表的人数。操作步骤如下。

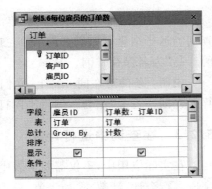

图 5.19 修改字段显示标题

(1) 打开"查询设计视图",将"显示表"对话框中的"雇员"表添加到设计视图的上半部分窗口中。

(2) 选择"雇员"表中的"雇员 ID"、"职务"和"出生日期"。

(3) 单击"显示/隐藏"组中的"汇总"按钮 Σ,此时设计视图的下半部分增加了"总计"行。

将"雇员 ID"列的"总计"行设置成"计数",并将"雇员 ID"的显示标题设置成"销售代表人数:"(这里的冒号是英文冒号);将"职务"列的"总计"行设置成 Where,并将"显示"复选框的对钩取消;将"出生日期"列的"总计"行设置成 Where,并将"显示"复选框的对钩取消;本题的设计视图如图 5.20 所示。

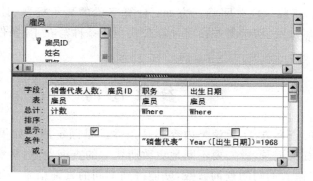

图 5.20　例 5.8 设计视图

(4) 切换到数据表视图,查询显示结果如图 5.21 所示。以"例 5.8 销售代表人数"为名保存查询。

2. 添加计算字段(自定义计算)

有时候需要统计的字段并没有出现在数据源表中,或者用于计算的数据值来源于多个字段。此时可以在"设计网格"中添加一个新字段,新字段的值是根据一个或多个表中的一个或多个字段并使用表达式计算得到,也称为计算字段。

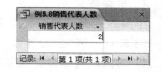

图 5.21　例 5.8 查询统计结果

例 5.9　计算产品的"库存费用",并显示"产品 ID"、"产品名称"、"供应商 ID"、"单价"、"数量"和"库存费用"。操作步骤如下。

(1) 打开"查询设计视图",将"显示表"对话框中的"产品"表添加到设计视图的上半部分窗口中。

(2) 选择"产品"表中"产品 ID"、"产品名称"、"供应商 ID"、"单价"、"数量"5 个字段。

(3) 在设计视图"库存量"的右列"字段"网格中输入"库存费用:[单价]*[库存量]",其中显示标题为"库存费用",计算公式为"[单价]*[库存量]"。本题的设计视图如图 5.22 所示。

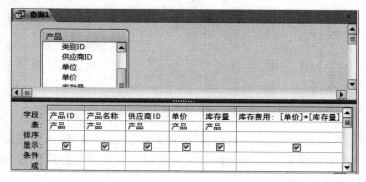

图 5.22　例 5.9 添加计算字段的设计视图

（4）切换到数据表视图，查看查询显示结果。以"例5.9计算产品库存费用"为名保存查询。

说明：

（1）如果查询的字段来自多个表，则表之间应该存在关联关系。

（2）添加的计算字段一定要明确三方面：计算字段的显示标题、计算字段的计算公式以及计算公式的书写位置，初学者往往将计算公式当成条件写在了"条件"网格内，这是不正确的。

5.3　参　数　查　询

使用前面介绍的查询方法，无论是内容还是条件都是固定的。如果希望根据某个或某些字段不同的值来查找记录，就需要不断地更改所建立的查询条件，显然很麻烦。使用参数查询，每次用户只需输入不同的查询参数，就能得到不同的查询结果。用户可以建立一个参数提示的单参数查询，也可以建立多个参数提示的多参数查询。

1. 单参数查询

单参数查询就是在字段中指定一个参数，在执行参数查询时，输入一个参数值。

例5.10　以"公司名称"为参数查询查看该公司产品的相关信息。操作步骤如下。

（1）打开"查询设计视图"，将"显示表"对话框中的"产品"表和"供应商"表添加到设计视图的上半部分窗口中。

（2）选择"产品"表中的"产品ID"、"产品名称"、"类别ID"、"单位"、"单价"、"库存量"和"中止"7个字段。选择"供应商"表中的"公司名称"字段，并把"公司名称"字段移到"类别ID"的右侧列。

（3）在设计视图"公司名称"列的"条件"网格中输入"［请输入公司名称：］"。方括号中的文本就是运行查询时出现在参数对话框中的提示文本，提示文本不能与字段名称完全相同。设计视图如图5.23所示。

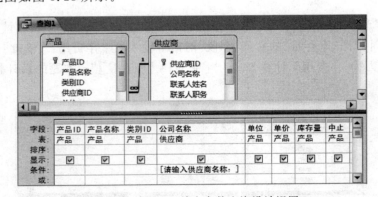

图5.23　例5.10单个参数查询设计视图

（4）切换到数据表视图，运行查询时出现如图5.24所示的"输入参数值"对话框，在"请输入公司名称："对话框中输入要查询的公司名称，如"佳佳乐"，然后单击"确定"按钮，即可看到查询结果，如图5.25所示。

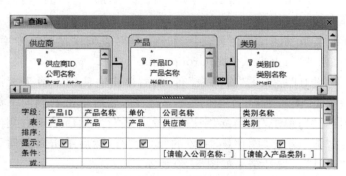

图 5.24 "输入参数值"对话框   图 5.25 "佳佳乐"公司的产品查询结果

（5）以"例 5.10 单个参数查询"为名保存查询。

2. 多参数查询

多参数查询就是在多个字段中分别指定一个参数，在执行参数查询时，需要依次输入多个参数值。

例 5.11 以"公司名称"和"类别名称"为查询参数，查看某公司某类产品的相关信息。操作步骤如下。

（1）打开"查询设计视图"，将"显示表"对话框中的"产品"表、"供应商"和"类别"表添加到设计视图的上半部分窗口中。

（2）选择"产品"表中的"产品 ID"、"产品名称"和"单价"3 个字段。选择"供应商"表中的"公司名称"字段。选择"类别"表中的"类别名称"字段。

（3）在设计视图"公司名称"列的"条件"网格中输入"［请输入公司名称:］"。在设计视图"类别名称"列的"条件"网格中输入"［请输入产品类别:］"。本题的设计视图如图 5.26 所示。

图 5.26 多个参数查询设计视图

（4）切换到数据表视图，运行查询时，出现如图 5.27 所示的"输入参数值"对话框，在"请输入公司名称:"对话框中输入要查询的公司名称，如"康富食品"，然后单击"确定"按钮，出现图 5.28 所示的第二个"输入参数值"对话框，在"请输入产品类别:"对话框中输入产品类别，如"调味品"，即可看到查询结果，如图 5.29 所示。

图 5.27 输入第一个参数   图 5.28 输入第二个参数

图 5.29　例 5.11 多参数查询结果

（5）以"例 5.11 多个参数查询"为名保存查询。

5.4　交叉表查询

交叉表查询是另一种查询类型，类似于 Excel 的分类汇总，它按照两个字段进行分组，对第 3 个字段进行统计，一个分组字段在交叉表的最左端，称为行标题；另一个分组字段在交叉表的最上端，称为列标题；统计计算字段在交叉表的行和列交叉位置上，需要为该字段指定一个总计项，如合计、计数以及求平均值等。在交叉表中，行字段最多可以指定 3 个，而列字段和总计类型的字段只能指定一个。

例 5.12　创建交叉表查询，统计并显示各公司各产品类别的库存量。操作步骤如下。

（1）打开"查询设计视图"，将"显示表"对话框中的"产品"表和"类别"表添加到设计视图的上半部分窗口中。

（2）选择"产品"表中的"供应商 ID"字段。选择"类别"表中的"类别名称"字段。选择"产品"表中的"库存量"字段。

（3）单击"查询类型"组中的"交叉表"按钮▦，这时查询设计网格中增加了"总计"行和"交叉表"行，其中"总计"行上默认值是 Group By。

（4）单击"供应商 ID"字段的"交叉表"行，然后单击右侧向下箭头按钮，在下拉列表框中选择"行标题"；单击"类别名称"字段的"交叉表"行，然后单击右侧向下箭头按钮，在下拉列表框中选择"列标题"；单击"库存量"字段的"交叉表"行，然后单击右侧向下箭头按钮，在下拉列表框中选择"值"；单击"库存量"字段的"总计"行，然后单击右侧向下箭头按钮，在下拉列表框中选择"合计"。设计结果如图 5.30 所示。

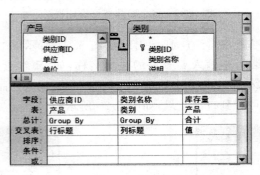

图 5.30　例 5.12 交叉表设计视图

（5）将查询命名为"例 5.12 各公司各类产品库存量交叉表"保存。查询结果如图 5.31

所示。

图 5.31　"例 5.12 各公司各类产品库存量交叉表"查询结果

5.5　操 作 查 询

操作查询包括生成表查询、更新查询、追加查询和删除查询 4 种。这 4 种查询的共同特点是能够对数据源进行修改。

5.5.1　生成表查询

生成表查询是以一个或多个表为数据源,根据给定的条件生成一个新表,包括表的结构和表中的数据记录。生成表查询创建的新表将继承源表字段的数据类型,但是不继承源表字段的属性及主键,因此生成新表之后需要对新表设置主键。

例 5.13　以"产品"表和"类别"表为数据源生成"调味品"表。操作步骤如下。

(1) 打开"查询设计视图",将"产品"表和"类别"表添加到设计视图的上半部分窗口中。

(2) 选择"产品"表中的所有字段。选择"类别"表中的"类别名称"字段。

(3) 在"类别名称"列的"条件"网格中输入"调味品",将"显示"复选框取消。

(4) 单击"查询类型"按钮组中的"生成表"按钮 ,出现"生成表"对话框,在"表名称"对应的文本框中输入要创建的表名称"调味品",如图 5.32 所示。然后单击"确定"按钮,关闭"生成表"对话框。

(5) 切换到"数据表视图",预览新建表,如果不满意,则可以再次单击"结果"组中的"视图"按钮,返回到设计视图,对查询进行修改,直至满意为止。

(6) 在设计视图中单击"运行"按钮 ,出现一个生成表提示框,如图 5.33 所示,单击"是"按钮,开始生成"调味品"表,向表中添加 12 条记录,生成表之后不能撤销所做的更改。单击"否"按钮,将不生成新表。

图 5.32　"生成表"对话框

图 5.33　生成表提示框

（7）在导航窗格"表"对象中，可以看到名为"调味品"的新表，在设计视图中打开"调味品"表，将"产品 ID"设置为主键。

5.5.2 更新查询

如果在数据表视图方式对数据表中的记录进行修改，当修改的数据记录较多时，或者需要符合一定条件时，修改过程将是费时费力的，利用更新查询可以自动批量修改记录中的一个或多个字段值，它能对一个或多个表中的一组记录全部进行更新。

例 5.14 将 1969 年以后（包括 1969 年）出生的"销售代表"改为"地区销售代表"。操作步骤如下。

（1）打开"查询设计视图"，将"雇员"表添加到设计视图的上半部分窗口中。

（2）单击"查询类型"按钮组中的"更新"按钮，这时查询设计网格下半部分出现一个"更新到"行。

（3）将"职务"和"出生日期"添加到设计网格的"字段"行上。

（4）在设计视图"职务"列的"更新到"网格中输入"地区销售代表"，在"条件"列输入"销售代表"；在"出生日期"列的"条件"网格中输入"Year（[出生日期]）＞＝1969"。设计视图如图 5.34 所示。

（5）切换到"数据表视图"，预览需要更新的数据，如果不满意，则可以再次单击"结果"组中的"视图"按钮，返回到设计视图，对查询进行修改，直至满意为止。

（6）在设计视图中单击"运行"按钮，出现一个更新提示框，如图 5.35 所示，单击"是"按钮，开始根据设置的条件更新"雇员"表的相关记录，有 4 条记录需要更新，更新记录之后不能撤销所做的更改。

图 5.34　更新查询设计视图

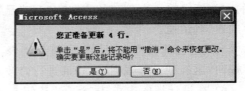

图 5.35　更新提示框

5.5.3 追加查询

利用手工方式在数据表中追加一条或多条数据记录，追加的效率低下，并且容易出现输入错误。利用追加查询可以在表中自动批量追加数据记录，可以将一个或多个表中的数据记录追加到另一个表的尾部。

例 5.15 将"产品"表中"类别"是"海鲜"的产品添加到已经建立的"调味品"表中。操作步骤如下。

（1）打开"查询设计视图"，将"产品"表和"类别"表添加到设计视图的上半部分窗口中。

（2）选择"产品"表中的所有字段。选择"类别"表中的"类别名称"字段。

（3）单击"查询类型"按钮组中的"追加"按钮🕂，出现"追加"对话框，如图 5.36 所示，在"表名称"对应的文本框中输入要追加到的表名称"调味品"。

图 5.36 "追加"对话框

（4）单击"确定"按钮，这时查询设计网格下半部分出现一个"追加到"行。在"类别名称"列的"条件"网格中输入"海鲜"。设计视图如图 5.37 所示。

（5）切换到"数据表视图"，预览追加的数据是否符合条件，如果不符合，则可以再次单击"结果"组中的"视图"按钮，返回到设计视图，对查询进行修改，直至满意为止。

（6）在设计视图中单击"运行"按钮！，出现一个追加提示框，如图 5.38 所示，单击"是"按钮，开始将数据记录追加到"调味品"表中。一旦追加了数据记录，就不能用撤销命令恢复所做的操作。

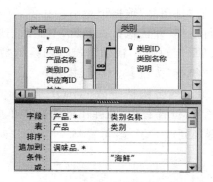

图 5.37 追加查询设计视图

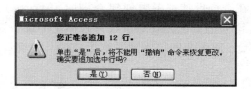

图 5.38 追加提示框

5.5.4 删除查询

删除查询能够从一个或多个表中删除满足条件的数据记录。如果删除的记录来自多个表，为了保证数据的一致性，则必须满足以下几点要求。

（1）在关系窗口中定义相关表之间的关系。

（2）有关联关系的表之间要"实施参照完整性"。

（3）有关联关系的表之间要"级联删除相关记录"。

例 5.16 删除"类别名称"为"日用品"的产品。操作步骤如下。

（1）打开"查询设计视图"，将"类别"表添加到设计视图的上半部分窗口中。

（2）选择"类别"表中的"类别名称"字段。

（3）单击"查询类型"按钮组中的"删除"按钮✗，这时查询设计网格下半部分出现一个"删除"行。在"类别名称"列的"删除"行选择 Where，在"类别名称"列的"条件"网格中输入

"日用品"。设计视图如图 5.39 所示。

（4）切换到"数据表视图"，预览要删除的数据记录，如果这些数据记录不是要删除的，则可以再次单击"结果"组中的"视图"按钮，返回到设计视图，对查询进行修改，直至满意为止。

（5）在设计视图中单击"运行"按钮❗，出现一个删除提示框，如图 5.40 所示，单击"是"按钮，开始将数据记录从表中删除。一旦删除了数据记录，就不能用撤销命令恢复所做的操作。单击"否"按钮，则取消删除操作。

图 5.39　删除查询设计视图

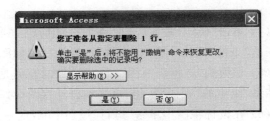

图 5.40　删除提示框

删除查询执行后，"类别"表中的"日用品"记录被删除，同时与"类别"表建立了关系的表，其"日用品"记录也同时被删除。比如"产品"表所有"日用品"数据记录不存在了。

前面介绍的 4 种操作查询都可以对多条记录进行操作，并且执行查询后，不能撤销所做的更改操作。因此在执行操作查询前，最好先单击"结果"组中的"视图"按钮，切换到"数据表视图"预览所操作的数据记录，确认无误后，再单击"执行"按钮❗，以防误操作。

在查询设计视图中创建查询时，Access 系统自动在后台构造等效的 SQL 语句，查看 SQL 语句的方法是在查询设计视图上半部分窗口的空白位置右击，在弹出的快捷菜单中选择"SQL 视图"，即可看到系统生成的与查询设计视图等同的 SQL 语句。

5.6　SQL 语言

5.6.1　SQL 语言概述

SQL 的含义是"结构化查询语言"（Structured Query Language），是集数据定义、数据操纵、数据查询和数据控制功能于一体的关系数据库语言，是在当今数据库领域应用最广泛的数据库语言。

SQL 语言是 1974 年由 Boyee 和 Chamberlin 提出的，由于它具有丰富的功能、使用灵活、语言简捷易学等特点，被业界广泛采用。SQL 语言是一个非过程化的语言，它的大多数语句都是独立执行并完成一个特定操作，与上下文无关。SQL 只用了 9 个命令就可完成数据定义、数据操纵、数据查询和数据控制功能。这 9 个命令如下。

（1）数据定义命令：Creat、Alter、Drop。

（2）数据操纵命令：Insert、Update、Delete。

（3）数据查询命令：Select。

（4）数据控制命令：Crant、Revote。

上述查询命令中,Select 语句可以用等效的"查询设计视图"实现,也可以在"SQL 视图"中创建 SQL 命令,其他的 SQL 命令要在"SQL 视图"中创建。有两种方法可以打开"SQL 视图"。

方法一:打开"查询设计视图",关闭"显示表"对话框,右击"查询设计视图"上半部分窗口的空白位置,在快捷菜单中选择"SQL 视图"。

方法二:打开"查询设计视图",单击"结果"组中"视图"按钮下方的向下箭头,单击"SQL 视图"。

5.6.2　数据定义

1. 定义表

建立一个数据库,其中最主要的操作是定义一些基本表。在 SQL 语言中,使用 Create Table 语句定义基本表。定义表的基本格式为。

```
Create Table <表名>
            (<字段名 1>   <数据类型 1>   [<字段级完整性约束 1>]
            [,<字段名 2>] <数据类型 2> [<字段级完整性约束 2>] [,…]
            [,<字段名 n>] <数据类型 n> [<字段级完整性约束 n>]
            [<表级完整性约束 n>]);
```

1) 语句功能

创建一个以<表名>为名的、以指定的字段名为列的表结构。

2) 符号说明

<>:尖括号内的内容为用户必选项,不能为空。

[]:方括号内的内容为可选项,可以选也可以不选。

[,…]:表示前面的项可以重复多次。

|:表示多项选择只能选择其中之一。

3) 命令参数说明

<表名>:需要定义的表的名称。

<字段名>:指定表中的一个或多个字段名称。

<数据类型>:必选项。要求每个字段必须定义字段名称和数据类型。

[<字段级完整性约束 1>]:可选项。定义字段的约束条件,包括主键约束(Primary Key)、外键约束(Foreign Key)、数据唯一约束(Unique)、空值约束(Not Null 或 Null)和完整性约束(Check)等。

例 5.17　创建一个"部门"表,表结构如表 5.7 所示。创建一个"雇员"表,表结构如表 5.8 所示。

表 5.7　"部门"表结构

字段名称	数据类型	字段大小	说　明	字段名称	数据类型	字段大小	说　明
部门编号	数字	整型	主键	部门电话	文本	7	
部门名称	文本	4	不允许为空	部门负责人	文本	4	

表5.8 "雇员"表结构

字段名称	数据类型	字段大小	说 明	字段名称	数据类型	字段大小	说 明
雇员编号	数字	整型	主键	民族	文本	10	
姓名	文本	4	不允许为空	部门编号	文本	4	外键
性别	文本	1		照片	OLE型		
出生日期	日期/时间						

(1) 创建"部门"表的SQL语句如下：

```
Create Table 部门 (部门编号 SmallInt Primary Key, 部门名称 char(4) Not Null,部门电话
char(7), 部门负责人 Char(4));
```

(2) 创建"雇员"表的SQL语句如下：

```
Create Table 雇员 (雇员编号 SmallInt, 姓名 char(6) Not Null,性别 char(1),出生日期
Date, 民族 Char(10),部门编号 Char(4),照片 General ,
Primary Key(雇员编号),
Foreign Key(部门编号) References 部门(部门编号));
```

2. 修改表

修改表包括添加新字段、修改字段属性、删除字段。修改表的基本格式为：

```
Alter Table <表名>
        [Add <新字段名><数据类型>[<完整性约束>][,…]]
        [Drop[[[Constraint]<约束名>]|[Column<字段名>]][,…]]
        [Alter <字段名><数据类型>[,…]] ;
```

命令参数说明如下。

<表名>：需要修改的表的名称。

Add：用于增加新字段和新的完整性约束。

Drop：用于删除指定的字段和完整性约束。

Alter：用于修改原有的字段,包括字段的名称、数据类型和字段大小。

例5.18 在"雇员"表中增加"备注"字段。删除"雇员"表中的"民族"字段。将"雇员"表中的"雇员编号"字段的数据类型改为文本型,字段大小为6。

(1) 增加字段的SQL语句如下：

```
Alter Table 雇员 Add 备注 Memo;
```

(2) 删除字段的SQL语句如下：

```
Alter Table 雇员 Drop 民族;
```

(3) 修改字段属性的SQL语句如下：

```
Alter Table 雇员 Alter 雇员编号 Char(6);
```

3. 删除表

删除表的语句格式为

```
Drop Table <表名>;
```

说明：表一旦被删除，表中的数据以及定义的各种约束会一同被删除，无法恢复。

例 5.19　删除"雇员备份"表。

```
Drop Table 雇员备份;
```

5.6.3　数据操纵

1．插入记录

在 SQL 中使用 Insert 语句插入记录，语句格式为

```
Insert Into <表名>[(<字段名 1>[,<字段名 2>,…])]
Values ([<常量 1>[,<常量 2>,…]);
```

命令参数说明如下。

（1）<表名>：要插入新记录的表名。

（2）<字段名 1>[,<字段名 2>,…]：表中插入新记录的字段名。

（3）Values（[<常量 1>[,<常量 2>,…]）：表中新插入的字段的具体值。其中常量的数据类型必须与 Into 子句中所对应字段的数据类型相同，且个数也要匹配。

例 5.20　在"雇员"表中插入一条记录，其中"雇员编号"、"姓名"、"性别"、"出生日期"和"部门编号"的值分别为"0502"、"吴哥"、"男"、♯1978-3-23♯、"0001"。

插入数据的 SQL 语句如下：

```
Insert Into 雇员(雇员编号,姓名,性别,出生日期,部门编号)
Values ("0502 ", "吴哥",  "男",#1978-3-23#, "0001");
```

2．更新记录

在 SQL 中使用 Update 语句更新记录，语句格式为

```
Update <表名>
Set  <字段名>=<表达式 1>[,<字段名>=<表达式 2>][,…]
[Where <条件>]
```

命令参数说明如下。

（1）<表名>：要更新记录的表名。

（2）<字段名>=<表达式 1>：用表达式的值取代对应<字段名>的字段值。

（3）[Where <条件>]：对表中满足的条件记录更新指定的字段值。如果省略 Where 子句，则更新表中全部记录指定的字段。

例 5.21　把"雇员"表中"吴哥"的出生日期改为 1988-1-11。

更新数据的 SQL 语句如下：

```
Update 雇员 Set 出生日期=#1988-1-11#
Where 姓名="吴哥";
```

3．删除记录

在 SQL 中使用 Delete 语句删除记录，语句格式为

```
Delete From <表名>[Where <条件>];
```

命令参数说明如下。

（1）＜表名＞：要删除记录的表名。

（2）[Where ＜条件＞]：删除表中满足条件的记录数据。如果省略 Where 子句,则删除表中的全部记录数据。

（3）Delete 语句只删除记录数据,不删除表结构。

例 5.22

① 删除"雇员"表中"民族"是"满族"的记录。SQL 语句如下：

```
Delete From 雇员 Where 民族="满族";
```

② 删除"雇员"表中的所有记录。SQL 语句如下：

```
Delete From 雇员;
```

5.6.4 数据查询

SQL 语句最主要的功能是查询功能,SQL 语言提供了 Select 语句用于检索和显示一个或多个数据表数据,Select 语句功能非常强大,可用一个语句实现关系代数中的选择、投影和连接运算。Select 语句格式如下：

```
Select [All|Distinct] <字段列表>|<目标列表达式>|<函数>[,…]
From <表名或视图名>[,…]
[Where <条件表达式>]
[Group By <分组字段名>[Having <条件表达式>]]
[Order By <排序字段名>[Asc] [Desc]];
```

1）语句功能

从指定的基本表或视图中,创建一个由指定范围内、满足条件、按某字段分组、按某字段排序的指定字段组成的新记录集。

2）命令参数说明

All：查询结果是表的全部记录。

Distinct：查询结果是不包含重复行的记录集。

From ＜表名或视图名＞：查询的数据源。

Where ＜条件表达式＞：查询结果是表中满足条件的记录集。

Group By ＜分组字段名＞：查询结果是按＜分组字段名＞分组的记录集。

Having ＜条件表达式＞：必须跟随 Group By 使用,用来限定分组必须满足的条件。

Order By ＜排序字段名＞：查询结果按指定的字段值排序。Asc 表示查询结果按指定的字段值升序排列,Desc 表示查询结果按指定的字段值降序排列。

1. 单表查询

例 5.23 查找并显示"雇员"表中的所有记录。

```
Select * From 雇员;
```

例 5.24 查找并显示"雇员"表"职务"是"销售代表"的"姓名"、"出生日期"和"联系电话"。

```
Select  姓名,出生日期,联系电话
From    雇员
Where   职务="销售代表";
```

例 5.25 计算"雇员"表中每位雇员的"年龄",并显示"雇员"表中每位雇员的"姓名"、"职务"和"年龄"。按"姓名"降序排列。

```
Select  姓名,职务,year(Date())-year([出生日期]) As 年龄
From    雇员;
Order  By  姓名 Desc;
```

例 5.26 统计每位雇员的订单数。

```
Select 雇员 ID,Count(订单 ID) As 订单数量
From 订单
Group By 雇员 ID;
```

2. 多表查询

上述查询的数据源均来自同一个表,查询的数据源也可以来自多个表,将多个表的数据源集中在一起,需要通过连接操作来完成。连接操作是通过相关表间的记录匹配而产生结果的,因此多表查询时,表之间要建立关系,在 From 子句中列出多个表名,各个表名之间要用逗号隔开,用 Where 子句给定表的连接条件,各字段名前面要附加上所属的表名称。

例 5.27 查找雇员订购产品的情况,显示"雇员 ID"、"订单 ID"、"产品 ID"和"产品名称"。

```
Select 订单.雇员 ID,订单.订单 ID,产品.产品 ID,产品.产品名称
From 订单,产品,订单明细
Where 订单.订单 ID=订单明细.订单 ID And 产品.产品 ID=订单明细.产品 ID;
```

3. 嵌套查询

嵌套查询是指在 Select… From… Where 语句内的 Where 或 Having 的"条件"短语中再嵌入另一个查询语句,这种查询称为嵌套查询。嵌入在查询语句中的查询语句称为子查询。

嵌套查询的求解方法是"由里到外"进行的,从最内层的子查询做起,依次由里到外完成计算,即每个子查询在其上一级查询未处理之前已完成计算,其结果用于建立父查询的查询条件。

例 5.28 计算并显示高于雇员平均年龄的雇员信息。

```
Select 雇员 ID,姓名,职务,电话,Year(Date())-Year([出生日期]) As 年龄
From 雇员
Where (((Year(Date())-Year([出生日期]))>
                    (Select Avg(Year(Date())-Year([出生日期])) From 雇员 )));
```

例 5.29 查找订购了"日用品"的订单情况,并显示"订单 ID"、"产品名称"、"单价"和

"数量"。

```
Select 订单明细.订单 ID,产品.产品名称,订单明细.单价,订单明细.数量
From 类别 ,产品,订单明细
Where (((产品.类别 ID)=(Select 类别 ID From 类别 Where 类别名称="日用品"))
        And 产品.产品 ID=订单明细.产品 ID And 类别.类别 ID=产品.类别 ID );
```

4. 合并查询

合并查询也称为联合查询,合并查询就是将多个表中的数据合并到一个查询结果中。合并查询中的数据源必须具有相同的输出字段,采用相同的顺序,包含相同或兼容的数据类型。

例 5.30 生成一个"日用品"表,表中含有"产品 ID"、"产品名称"、"单价"和"类别 ID" 5 个字段。然后将例 5.13 生成的"调味品"表中的记录与"日用品"合并。

操作步骤如下。

(1) 打开"查询设计视图",添加"产品"表和"类别"表。

(2) 选择"产品 ID"、"产品名称"、"类别 ID"和"单价"4 个字段。生成一个名称为"日用品"的表。

(3) 打开"查询设计视图",关闭"显示表"对话框,右击"查询设计视图"上半部分的空白位置,在快捷菜单中选择"SQL 视图",在"SQL 视图"窗格中输入如下命令:

```
Select * From 日用品
Union
Select 产品 ID,产品名称,类别 ID,单价
From 调味品;
```

5.7 习　题

选择题

1. 若在 tEmployee 表中查找所有姓"王"的记录,可以在查询设计视图的准则中输入_____。
　　A. Like"王"　　　　B. Like"王 * "　　　C. ="王"　　　　D. ="王 * "

2. 若要查询某字段的值为 JSJ,在查询设计视图对应的字段准则中,错误的表达式是_____。
　　A. JSJ　　　　B. "JSJ"　　　　C. " * JSJ"　　　　D. Like "JSJ"

3. 在一个表中含有"专业"字段,要查找不包含"信息"两个字的记录,正确的条件表达式是_____。
　　A. Not Left([专业],2)= "信息"　　　B. !"信息 * "
　　C. Not Mid([专业],1,2)="信息"　　　D. Not Like " * 信息 * "

4. 在 Access 中,查询的数据源可以是_____。
　　A. 表　　　　B. 查询　　　　C. 表和查询　　　　D. 表、查询和报表

5. 在一个表中含有"学号"字段,其中"学号"字段前 6 位是"班级编号",能够正确获取

"班级编号"的是_____。

    A. Left(学号,6)   B. Left([学号],1,6)

    C. Mid([学号],1,6)   D. Mid(学号,1,6)

6. 在"tBook"表中有"图书编号"字段,若查找"图书编号"是"11223"和"67AA89"的记录,应在查询设计视图的"条件"行中输入_____。

    A. "112233" And "67AA89"   B. Not In("112233" ,"67AA89")

    C. In("112233" ,"67AA89")   D. Not ("112233" ,"67AA89")

7. 创建交叉表查询,在交叉表行上有且只能有一个的是_____。

    A. 行标题和值   B. 行标题和列标题

    C. 列标题和值   D. 行标题、列标题和值

8. 若已建立"雇员"表,计算每位雇员的年龄,正确的计算公式是_____。

    A. Date()-[出生日期]   B. Year(Date())-Year([出生日期])

    C. (Date()-[出生日期])/365   D. Year([出生日期])/365

9. 若"雇员"表中有"工作时间"字段,要查找最近 20 天之内参加工作的雇员记录,查询条件表达式正确的是_____。

    A. Date()-[工作时间] <20

    B. Day(Date()-[工作时间]) <20

    C. Day(Date())-Day([工作时间]) <20

    D. Date()-Day([工作时间]) <20

10. 将表 A 中的记录添加到 B 表中,要求保持 B 表中原有的记录,可以使用的查询是_____。

    A. 追加查询   B. 生成表查询   C. 合并查询   D. 传递查询

11. 在"学生"表中有"学号"、"姓名"、"性别"和"入学成绩"等字段,有以下 Select 语句:

Select 性别,avg([入学成绩]) From 学生 Group By 性别

其含义是_____。

    A. 计算并显示所有学生的入学成绩的平均值

    B. 按性别分组计算并显示入学成绩平均值

    C. 计算并显示所有学生的性别和入学成绩的平均值

    D. 按性别分组计算并显示性别和入学成绩的平均值

12. SQL 查询语句中,用来指定对选定的字段进行排序的子句是_____。

    A. Order By   B. From   C. Where   D. Group By

13. 在查询中要统计记录的个数,应使用的函数是_____。

    A. Sum([字段名])   B. Count([字段名])

    C. Count(*)   D. Avg([字段名])

14. Select 语句中用于返回非重复记录的关键字是_____。

    A. TOP   B. Group By   C. Distinct   D. Order By

15. Select 姓名,性别,所属院系

From tStudent

Where 性别="女" And 所属院系="03" Or 所属院系="04"

上面的 Select 语句的其含义是_____。

    A. 查找"所属院系"是"03"或"04"的女同学

    B. 查找"所属院系"是"03"的女同学和"所属院系"是"04"的所有同学

    C. 查找"所属院系"是"03"的女同学或"所属院系"是"04"的所有同学

    D. 查找"所属院系"是"03"或"04"的同学

16. 条件"Not 工资＞2000"的含义是_____。

    A. 选择工资大于 2000 的记录

    B. 选择工资小于 2000 的记录

    C. 选择除了工资大于 2000 之外的记录

    D. 选择工资不小于 2000 的记录

17. 以下关于空值的说法中,错误的是_____。

    A. 空值表示字段还没有确定的值   B. 空值不等于数值 0

    C. Access 使用 Null 来表示空值   D. 空值等同于空字符串

18. 在雇员表中建立查询,"姓名"字段的查询条件设置为"Is Null",运行该查询后,显示的记录是_____。

    A. 姓名字段为空的记录   B. 姓名字段中包含空格的记录

    C. 姓名字段不为空的记录   D. 姓名字段中不包含空格的记录

19. 图 5.41 显示的是查询设计视图的"设计网格"部分,从显示的内容中可以判断出该查询要查找的是_____。

    A. 1980 年以后出生的销售代表的记录

    B. 1980 年以前出生的销售代表的记录

    C. 1980 年以前出生的或者职务为"销售代表"的记录

    D. 1980 年以后出生的或者职务为"销售代表"的记录

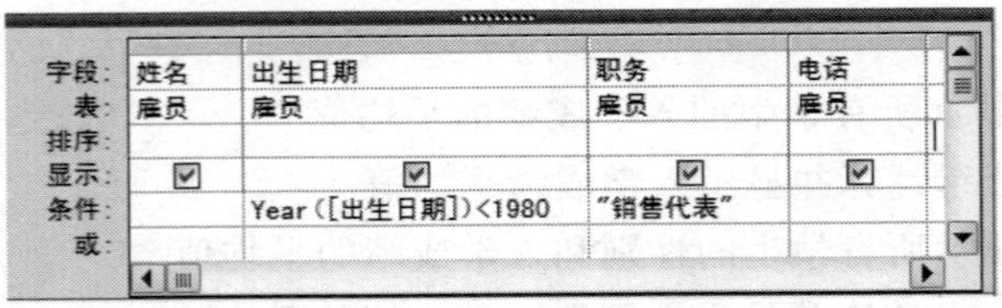

图 5.41　显示结果(一)

20. 图 5.42 显示的是查询设计视图的"设计网格"部分,从显示的内容中可以判断出该查询要查找的是_____。

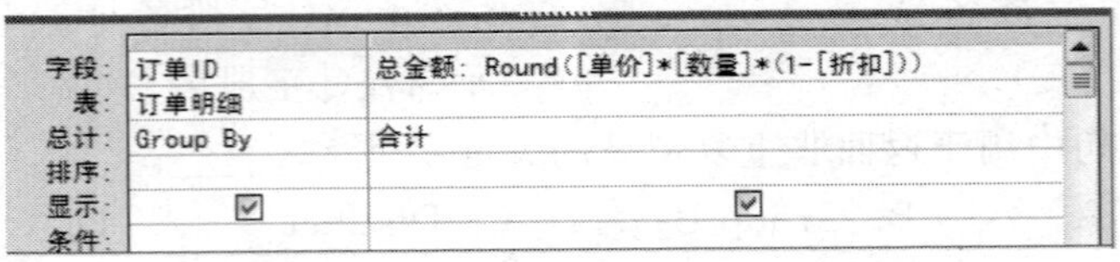

图 5.42　显示结果(二)

A. 以"订单 ID"分组,计算每份订单所订购产品的总金额

B. 以"订单 ID"分组,计算每份订单所订购产品的总金额,总金额四舍五入保留整数

C. 以"订单 ID"分组,计算每份订单每种产品的总金额

D. 以"订单 ID"分组,计算每份订单每种产品的总金额,每种产品总金额四舍五入保留整数

21. 在"订单明细"表中含有"订单 ID"、"产品 ID"、"单价"和"数量"等字段,执行下面的 SQL 语句:

```
Select Avg([单价]) As 平均单价 From 订单明细
```

其结果是_____。

A. 计算并显示订单明细表的平均单价

B. 计算并显示订单明细表的平均单价,显示标题为"平均单价"

C. 计算并显示订单明细表中每种产品的平均单价值

D. 计算并显示订单明细表中每种产品的平均单价值,显示标题为"平均单价"

22. 图 5.43 显示的是查询设计视图的"设计网格"部分,与该查询等价的 SQL 语句是_____。

图 5.43 显示结果(三)

A. Select 产品 ID,单价 From 订单明细

B. Select 产品 ID From 订单明细
   Where 单价＞(Select avg([单价]) From 订单明细)

C. Select 产品 ID,单价 From 订单明细
   Where 单价＞avg([单价])

D. Select 产品 ID,单价 From 订单明细
   Where 单价＞(Select avg([单价]) From 订单明细)

23. 图 5.44 显示的是查询设计视图的"设计网格"部分,从显示的内容中可以判断出该查询要查找的是_____。

A. 统计每份订单订购了几种产品

B. 统计每份订单订购的总产品数量

C. 统计每份订单订购的每种产品的数量

D. 统计所有订单订购的总产品数量

24. 图 5.45 显示的是查询设计视图的"设计网格"部分,从显示的内容中可以判断出该查询属于_____。

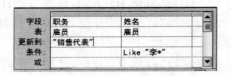

图 5.44　显示结果（四）　　　　　　　　图 5.45　显示结果（五）

  A. 删除查询　　　B. 生成表查询　　C. 选择查询　　　D. 更新查询

25. 要将"订单明细"表中所有折扣为 0% 的记录的折扣变为 20%，则正确的 SQL 语句是_____。

  A. Update 订单明细 Set 折扣＝0.2 Where 折扣＝0.0

  B. Update 订单明细 Set 折扣＝折扣(1＋0.2) Where 折扣＝0.0

  C. Update Set 折扣＝0.2 Where 折扣＝0.0

  D. Update 订单明细 Set 折扣＝折扣(1＋0.2) Where 折扣＝0.0

26. 下面关于 SQL 语句的说法，错误的是_____。

  A. Insert 语句可以向数据表中追加新的数据记录

  B. Update 语句用来修改数据表中已经存在的数据记录

  C. Delete 语句用来删除数据表中的记录

  D. Creat 语句用来建立表结构并追加新的记录

第6章 窗　体

窗体是 Access 的重要对象。通过窗体用户可以方便地输入数据、编辑数据、显示和查询数据。本章主要介绍窗体的创建方法和窗体上各种常用控件的使用方法。

6.1　窗体概述及自动创建窗体

1. 窗体的作用

窗体的数据源可以是数据表或查询，窗体本身并不存储数据，通过窗体可以显示表和查询中的数据，这些数据不仅可以包含文字、图形、图像，还可以插入音频和视频。窗体的作用主要包括以下几方面。

（1）输入和编辑数据。可以为数据库中的数据表设计相应的窗体，通过窗体向数据表输入数据或者编辑数据。

（2）显示和打印数据。窗体中可以显示或打印来自一个或多个数据表或查询中的数据，可以显示警告或解释信息。

（3）控制应用程序流程。将窗体与第 9 章 VBA 编程中的函数和过程结合，编写控制程序流程的代码，也可以将窗体与宏结合，完成各种复杂的控制功能。

2. 创建窗体的按钮

在 Access 2010 的"创建"选项卡的"窗体"组中，提供多种创建窗体的功能按钮，其中包括"窗体"、"窗体设计"、"空白窗体"3 个主要按钮，还有"窗体向导"、"导航"和"其他窗体"，如图 6.1 所示。其中"其他窗体"的下拉列表包含图 6.2 所示的命令按钮。

图 6.1　"窗体"组　　　　　　　　　　图 6.2　"其他窗体"

在"创建"选项卡的"窗体"组中，使用"窗体"按钮和"其他窗体"中的按钮创建窗体都属于自动创建，自动创建窗体的特点之一是先打开或选定一个表或查询，然后选用某种自动创建窗体的工具创建窗体。

3. 窗体的类型

在 Access 中,窗体按表现形式可以分为纵栏式窗体、多项目(表格式)窗体、数据表窗体、分割式窗体、数据透视图窗体、数据透视表窗体和模式对话框 7 种基本类型。

(1)纵栏式窗体。

把窗体按字段显示数据,字段名称显示在"标签"对象中,数据显示在"文本框"对象中,每个窗体显示一条数据记录,用户可以使用窗体的导航按钮浏览每条记录。

例 6.1 使用"窗体"按钮创建"订单明细"纵栏式窗体。

操作步骤如下。

① 打开 sales.accdb 数据库,在导航窗格中选中"订单明细"表。

② 单击"创建"选项卡的"窗体"组中的"窗体"按钮,系统自动创建如图 6.3 所示的窗体。

注意:

① Access 提供了多种方法自动创建窗体,它们的基本步骤是先打开或者选定一个表或者查询,然后选用某种自动创建窗体的工具创建窗体。

② 如果选择的表含有子表,则在窗体的下方会自动生成一个子窗体。子窗体中显示的数据是当前主窗体中当前记录关联的子表中的相关记录。

窗体中的窗体称为子窗体,包含子窗体的基本窗体称为主窗体。主窗体和子窗体常用来表示一对多的关系。在主窗体中输入数据时,Access 会自动将记录保存到子窗体对应的表中。

(2)表格式窗体。

以表格的形式显示数据,允许用户一次查看多个记录,用户可以通过垂直滚动条浏览所有信息,输入和编辑数据十分方便。

例 6.2 使用"多个项目"按钮,创建"订单明细"表格式窗体,如图 6.4 所示。

图 6.3 纵栏式窗体

图 6.4 表格式窗体

操作步骤如下。

① 打开 sales.accdb 数据库,在导航窗格中选中"订单明细"表。

② 在"创建"选项卡的"窗体"组中,单击"其他窗体"下的"多个项目"按钮,系统自动创建如图 6.4 所示的窗体。

(3)数据表窗体。

从外观上看,数据表窗体与数据表和查询显示的界面相同,它的主要作用是作为一个窗体的子窗体。

例6.3 使用"数据表"按钮创建"订单明细"的数据表窗体。如图6.5所示。

操作步骤如下。

① 打开sales.accdb数据库,在导航窗格中选中"订单明细"表。

② 在"创建"选项卡的"窗体"组中,单击"其他窗体"下的"数据表"按钮,系统自动创建如图6.5所示的窗体。

(4)分割式窗体。

分割式窗体分两部分,窗体上方是单一记录的纵栏式布局,窗体下方是多个记录数据表布局方式。这种分割窗体可在宏观上浏览多条记录,又可在微观上明细地浏览一条记录。

例6.4 使用"分割窗体"按钮创建"订单明细"的分割式窗体。

操作步骤如下。

①打开sales.accdb数据库,在导航窗格中选中"订单明细"表。

②在"创建"选项卡的"窗体"组中,单击"其他窗体"下的"分割窗体"按钮,系统自动创建如图6.6所示的窗体。

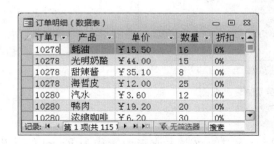

图6.5 数据表窗体

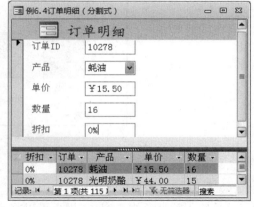

图6.6 分割窗体

(5)数据透视图窗体。

数据透视图窗体是一种交互式的图表,其功能与数据透视表类似,只不过以图形化的形式来表现数据。数据透视图能较为直观地反映数据之间的关系。

例6.5 以"教学管理.accdb"数据库的"教师"表为数据源,创建数据透视图窗体,统计并显示各系不同职称的人数。操作步骤如下。

① 打开"教学管理.accdb"数据库,在导航窗格中选中"教师"表。

② 在"创建"选项卡的"窗体"组中,单击"其他窗体"下的"数据透视图"按钮,进入数据透视图设计界面,如图6.7所示。

③ 将"图表字段列表"中的"系别"字段拖至"分类字段"区域;将"职称"字段拖至"系列字段"区域;将"教师编号"字段拖至"数据字段"区域。

注意:在"图表字段列表"中先选择字段名称,然后在窗格右下方的下拉列表框中选择"系列区域"、"分类区域"、"筛选区域"或"数据区域",再单击"添加到"按钮,也可以将相应的

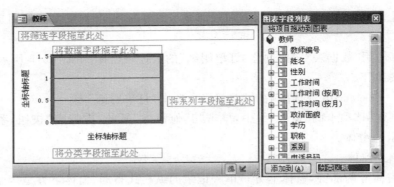

图 6.7 "数据透视图"设计窗口

字段添加到相应的区域。

④ 关闭"图表字段列表"窗格,保存生成的数据透视图窗体,如图 6.8 所示。

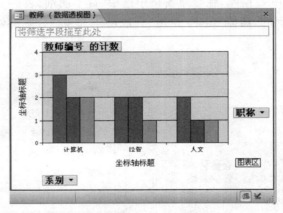

图 6.8 "雇员"数据透视图

(6) 数据透视表窗体。

通过使用数据透视表窗体,用户可以将 Access 中的数据表或查询转化为 Excel 的分析表,通过表格对数据进行分析。

例 6.6 以"教学管理.accdb"数据库的"教师"表为数据源,创建数据透视表窗体,统计并显示各系不同职称的人数。操作步骤如下。

① 打开"教学管理.accdb"数据库,在导航窗格中选中"教师"表。

② 在"创建"选项卡的"窗体"组中,单击"其他窗体"下的"数据透视表"按钮,进入数据透视表设计界面,如图 6.9 所示。

③ 将"数据透视表字段列表"中的"系别"字段添加到"行区域";将"职称"字段添加到"列区域";将"教师编号"字段添加到"数据区域"。

④ 关闭"数据透视表字段列表"窗格,保存生成的数据透视表窗体,如图 6.10 所示。

(7) "模式对话框"窗体。

通过"模式对话框"窗体,可以接收用户输入、显示系统运行结果,可以控制程序流程等。这种窗体是一种交互式信息窗体,带有"确定"和"取消"两个功能按钮,用户可以根据需要在"模式对话框"窗体上添加控件。模式对话框窗体的突出特点是以独占的方式运行,只有退

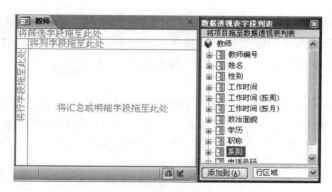

图 6.9　"数据透视表"设计视图

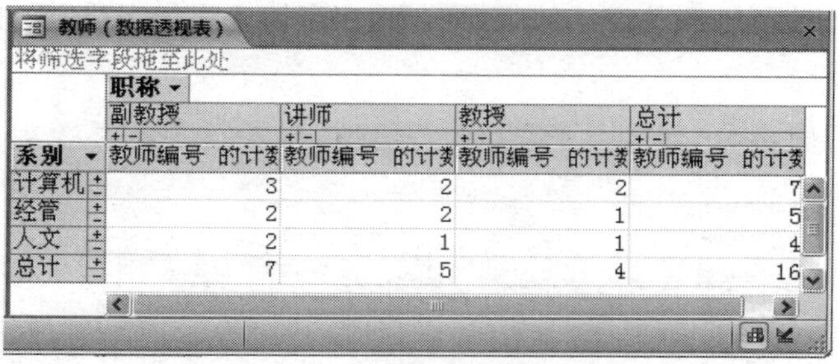

图 6.10　"教师"数据透视表

出"模式对话框"窗体,才可以打开或操作数据库的其他对象。"模式对话框"窗体如图 6.11
所示。

4. 窗体的视图

在 Access 2010 中,窗体有 6 种视图,分别是窗体
视图、数据表视图、数据透视图视图、数据透视表视图、
布局视图和设计视图。其中最常用的是窗体视图、布局
视图和设计视图。

图 6.11　"模式对话框"窗体

1)窗体视图

窗体视图是最终面向用户的视图,可以进行数据的编辑、添加、删除和查找数据等操作,
可以使用滚动条或利用"导航按钮"浏览记录。前面介绍的纵栏式窗体、表格式窗体、分割式
窗体、数据表窗体都是窗体视图。

2)数据表视图

数据表视图是以表格的形式显示表、窗体、查询中的数据,显示效果与表和查询对象的
数据表视图相似。可以使用滚动条或利用"导航按钮"浏览记录,可以进行数据的编辑、添
加、删除和查找数据等操作。图 6.5 就是数据表视图。

3)数据透视图视图

在"数据透视图视图"中,将表中的数据和汇总数据以图形化的方式直接显示出来,能较
为直观地反映数据之间的关系,如图 6.8 所示。

4)数据透视表视图

在"数据透视表视图"中,可以动态更改窗体的版面布局,重构数据的组织方式,从而方

便地以各种不同方法分析数据。这种视图是一种交互式的表,可以重新排列行标题、列标题和筛选字段,直到形成所需的版面布局。每次改变版面布局时,窗体会立即按照新的布局重新计算数据,实现数据的汇总、小计和总计,如图6.10所示。

5)布局视图

布局视图是Access 2010新增加的一种视图,主要用于调整和修改窗体设计。可以根据实际需要调整数据的列宽和行高、调整控件的位置、在窗体上放置新控件、设置控件的属性等。布局视图与窗体视图几乎一样,是一种所见即所得的视图。在"布局视图"中,窗体处于运行状态,可在修改窗体的同时看到数据。

6)设计视图

设计视图是用于创建和修改窗体的窗口,图6.12是例6.2的设计视图。在设计视图中不仅可以创建窗体,还可以调整窗体的版面布局,在窗体中添加字段、添加控件、设置数据来源等。

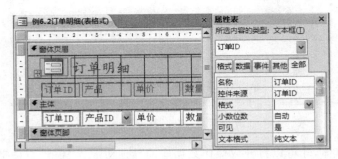

图6.12 窗体的设计视图

6.2 使用"窗体向导"按钮创建窗体

创建窗体有3种途径:第一种是使用按钮自动创建,前面介绍的使用"窗体"按钮创建窗体、使用"其他窗体"下的6个按钮创建窗体都属于自动创建窗体;第二种是使用Access向导快速创建;第三种是在窗体的设计视图通过手工方式创建。

窗体向导是一种辅助用户创建窗体的工具。通过向导的指示,可以建立基于一个或多个数据源的不同布局的窗体。

1. 创建基于单个数据源的窗体

例6.7 以sales.accdb数据库中"雇员"表为数据源,利用向导创建"雇员"窗体。

操作步骤如下。

(1)打开sales.accdb数据库。

(2)单击"创建"选项卡中的"窗体向导"按钮,打开"窗体向导"对话框(一),如图6.13所示。在"表/查询"下拉列表框中选择"表:雇员",然后选择可用字段。

(3)单击"下一步"按钮,打开"窗体向导"对话框(二),选择窗体布局为"纵栏表",如图6.14所示。

(4)单击"下一步"按钮,打开"窗体向导"对话框(三),为窗体指定标题为"例6.7雇员",如图6.15所示。

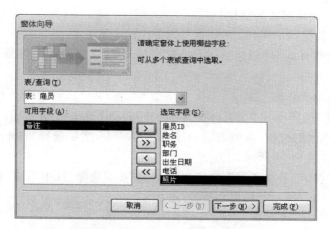

图 6.13 "窗体向导"对话框(一)

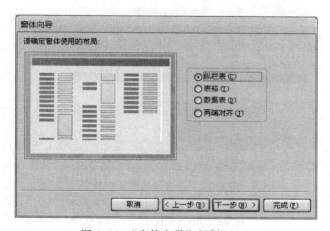

图 6.14 "窗体向导"对话框(二)

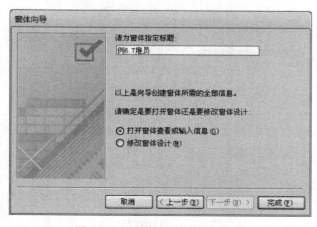

图 6.15 "窗体向导"对话框(三)

(5) 单击"完成"按钮,可以看到窗体的初步效果。用户可以切换到设计视图或者布局视图,进一步调整控件的位置和大小,修饰美化窗体的外观,具体操作在后续部分介绍。

2. 创建基于多个数据源的窗体

创建基于多个数据源的窗体,数据源之间要存在主从关系。

例6.8 使用"窗体向导"创建窗体,显示"订单ID"、"雇员ID"、"发货日期"、"产品ID"、"单价"、"数量"和"折扣"。窗体名称为"例6.8订单"。操作步骤如下。

(1) 打开sales.accdb数据库。

(2) 单击"创建"选项卡中的"窗体向导"按钮,打开"窗体向导"的第1个对话框,单击"表/查询"下拉列表框的按钮,在列表框中选择"订单"表,然后选择"订单ID"、"雇员ID"和"发货日期"字段,如图6.16所示。

再次单击"表/查询"下拉列表框的按钮,在列表框中选择"订单明细"表,然后选择"产品ID"、"单价"、"数量"和"折扣"字段,如图6.16所示。

图6.16 选择数据源及字段

(3) 单击"下一步"按钮,打开"窗体向导"的第2个对话框,确定查看数据的方式。单击"带有子窗体的窗体",如图6.17所示。

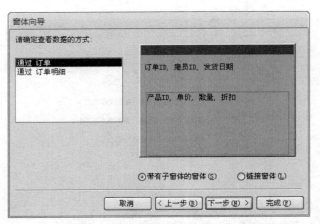

图6.17 查看数据方式

(4) 单击"下一步"按钮,打开"窗体向导"的第3个对话框,确定子窗体的布局方式,如图6.18所示。

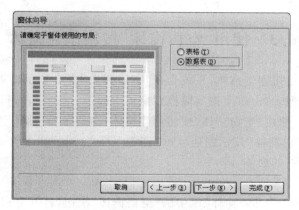

图 6.18　确定子窗体的布局

（5）单击"下一步"按钮，打开"窗体向导"的第 4 个对话框，为主窗体和子窗体指定标题，如图 6.19 所示。

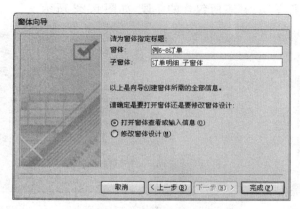

图 6.19　为窗体指定标题

（6）单击"完成"按钮，可以看到窗体的初步效果。用户可以切换到设计视图或者布局视图，进一步调整控件的位置和大小，修饰美化窗体的外观（具体操作在后续部分介绍），如图 6.20 所示。

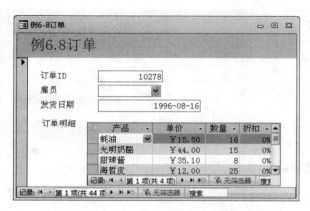

图 6.20　例 6.8 基于多个数据源的窗体

6.3 使用"空白窗体"按钮创建窗体

使用"空白窗体"按钮创建窗体,系统会在"字段列表"窗口显示出本数据库所有的数据表,用户只需从"字段列表"窗口中把字段拖到窗体中即可,这些字段可以基于一个数据源也可以基于多个数据源,使用"空白窗体"按钮创建窗体是在"布局视图"中完成窗体的创建。

例 6.9 使用"空白窗体"按钮创建显示"订单 ID"、"产品"、"单价"、"数量"、"供应商"、"联系人姓名"和"电话"的窗体。

操作步骤如下。

(1) 单击"创建"选项卡的"窗体"组中的"空白窗体"按钮,打开空白窗体,同时单击"工具"组中的"添加现有字段"按钮打开"字段列表"窗格。"工具"组按钮如图 6.21 所示。

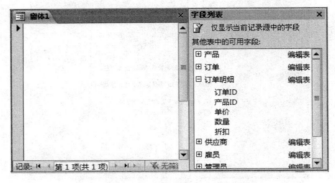

图 6.21 "工具"组按钮

(2) 单击"字段列表"窗格中的"显示所有表"链接,单击"订单明细"表左侧的"+",展开"订单明细"表所包含的字段,如图 6.22 所示。

图 6.22 空白窗体及"字段列表"

(3) 依次双击"订单明细"表中的"订单 ID"、"产品 ID"、"单价"和"数量"字段,这些字段被添加到空白窗体中,并立即显示"订单明细"表中的第一条记录,同时,"字段列表"变为上下两个窗格:"可用于此视图的字段"和"相关表中的可用字段",如图 6.23 所示。

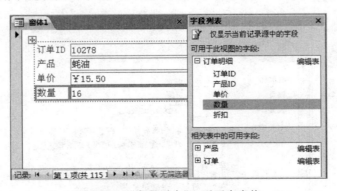

图 6.23 "字段列表"上下两个窗格

(4) 单击"相关表中的可用字段"窗格中的"产品"表左侧的"+",展开"产品"表所包含的字段,双击表中的"供应商 ID"。

（5）单击"相关表中的可用字段"窗格中的"供应商"表左侧的"＋",展开"供应商"表所包含的字段,双击表中的"联系人姓名"和"电话"。

（6）调整控件的布局,以"例 6.9 产品订单明细"为名保存窗体,如图 6.24 所示。

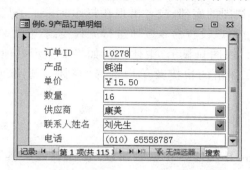

图 6.24 例 6.9 使用"空白窗体"按钮创建的窗体

6.4 使用"窗体设计"按钮创建窗体

前面介绍了自动创建窗体、"窗体向导"创建窗体、创建"空白窗体"等方法,使用这些方法完成窗体的创建后,往往要根据实际要求在设计视图中对窗体做进一步的调整,比如调整控件的布局、大小、美化窗体的外观,甚至需要添加一些控件完成各种计算等,这就需要在窗体的设计视图中完成。

6.4.1 窗体的组成

窗体的"设计视图"通常由 5 个节构成,分别是窗体页眉、页面页眉、主体、页面页脚和窗体页脚。在水平标尺左侧是"窗体选择器"按钮

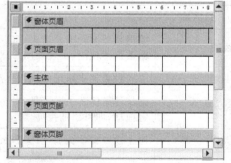

■,如图 6.25 所示。

1. 窗体页眉

窗体页眉出现在窗体视图的顶部,或者出现在打印时首页的顶部。通常使用标签控件来显示窗体的标题、窗体使用说明或者执行其他功能的命令按钮等。

2. 页面页眉

页面页眉出现在每张打印页的顶部(只出现在打印窗体中),它主要用于定义窗体打印时的页头信息,例如,标题、用户要在每一页上方显示的内容等。

图 6.25 窗体设计视图的 5 个节

3. 主体

主体节必须有。用于显示记录的详细内容,可以在屏幕或页面上只显示一条记录,也可以显示多条记录。

4. 页面页脚

页面页脚出现在每张打印页的底部(只出现在打印窗体中),一般用来设置窗体打印时的页脚信息,例如,日期、页码或用户要在每一页下方显示的内容。

5. 窗体页脚

窗体页脚出现在窗体视图的底部,或者出现在打印时末页的底部。一般用于显示对所有记录都要显示的内容,也可以设置命令按钮进行流程控制。

默认情况下,窗体设计视图只显示"主体"节,如果要显示其他4个节,可以在窗体"主体"节空白位置上右击,在弹出的快捷菜单中选择"窗体页眉/页脚"和"页面页眉/页脚"命令。

6.4.2 窗体设计视图

打开窗体设计视图后,在功能区中就会出现"窗体设计工具"选项卡,这个选项卡由"设计"、"排列"和"格式"3个子选项卡组成。其中,"设计"选项卡提供了设计窗体时用到的主要工具,包括"视图"、"主题"、"控件"、"页眉/页脚"以及"工具"5个按钮组,如图6.26所示。

图6.26 窗体设计工具

5个按钮组的基本功能如表6.1所示。

表6.1 5个按钮组的基本功能

组名称	功　　能
视图	单击其下方的下拉箭头,可以选择窗体视图、设计视图、布局视图、数据透视表视图或数据透视图视图,实现视图方式的切换
主题	可以设置整个系统的视觉外观,包括"主题"、"颜色"和"字体"3个按钮组
控件	是设计窗体的主要工具,由多个控件组成。单击某个控件,然后在窗体适当位置按下左键拖动,即可添加控件
页眉/页脚	用于设置窗体页眉/页脚和页面页眉/页脚
工具	包括"添加现有字段"、"属性表"、"Tab键序"等按钮

1. 控件

控件是设计窗体的主要工具,控件在窗体中起着显示数据、执行操作以及修饰窗体的作用。"控件"组中各个控件的名称及功能如表6.2所示。

2. 字段列表

单击图6.26"工具"组中的"添加现有字段"按钮打开"字段列表"窗格。系统会在"字段

表 6.2　常用控件名称及功能

按钮	名　称	功　能
	选择	用于选择控件、节、窗体。单击该按钮可以释放以前锁定的按钮
	使用控件向导	用于打开或关闭"使用控件向导"。要使用控件向导来创建控件,必须按下该按钮,使用控件向导的提示,可以完成控件属性的设置
ab|	文本框	用于显示、输入或编辑窗体的数据、显示计算结果
Aa	标签	用于显示描述性文字,如显示标题。Access 会自动为创建的控件附加标签
xxxx	按钮	用于完成各种操作,如查找记录、打开报表、切换窗体等
	选项卡	用于创建一个多页的选项卡窗体或选项卡对话框。可以在选项卡上添加其他控件,节省空间
XYZ	选项组	与复选框、选项按钮或切换按钮一起使用,可以显示一组可选值
	分页符	用于在窗体上开始新的一屏,或在打印窗体上开始一个新页
	组合框	具有列表框和文本框的特性,既可以在文本框中输入文字,也可以在列表框中选择输入项
/	直线	用于画直线,以突出相关的信息
	切换按钮	通常与"是/否"型字段绑定,也可以作为选项组的一部分
	列表框	用于从列表框中选择值输入到新记录中,或者更改现有记录中的值
	矩形	显示图形效果,例如在窗体中将一组相关的控件组织在一起
✓	复选框	通常与"是/否"型字段绑定,也可以作为选项组的一部分
	未绑定对象框	用于在窗体中显示未绑定 OLE 对象,例如 Excel 电子表格。当在记录间移动时,该对象保持不变
◉	选项按钮	通常与"是/否"型字段绑定,也可以作为选项组的一部分
	子窗体/子报表	用于显示相关表的数据
XYZ	绑定对象框	用于在窗体中显示绑定 OLE 对象,例如,一系列图片。当在记录间移动时,不同的对象将显示在窗体或报表上
	图像	用于在窗体中显示静态图片。由于静态图片并非 OLE 对象,所以一旦将图片添加到窗体或报表中,便不能在 Access 内进行图片编辑

列表"窗口显示出本数据库所有的数据表。单击表名左侧的"＋",可以展开该表所包含的字段,用户只需从"字段列表"窗口中把字段拖到窗体内,窗体就会根据字段的数据类型自动创建相应类型的控件,并与此字段关联。这些字段可以基于一个数据源,也可以基于多个数据源,如图 6.27 所示。

3. 属性表

单击图 6.26"工具"组中的"属性表"按钮打开"属性表"窗格,或者在窗体空白处右击,

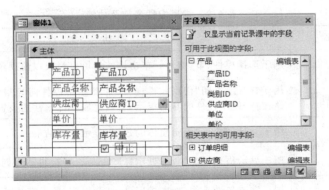

图 6.27 "字段列表"窗格

在快捷菜单中选择"属性",也可以打开"属性表"窗格。整个窗体有一组自己的属性,窗体的每一部分有一组属性,窗体中的每一个控件有一组自己的属性,这些属性的设置在各自的属性对话框中完成。

如图 6.28 所示,当单击不同的控件时(或者当双击"窗体选择器"按钮时),属性表上方的下拉列表框内显示的是当前窗体上所选控件的名称,属性表的内容也会随之变化。

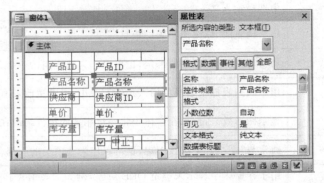

图 6.28 "属性表"窗格

"属性表"窗格包含 5 个选项卡,分别是"格式"、"数据"、"事件"、"其他"和"全部"。其中,"全部"选项卡中列出控件可用的所有属性。

(1)"格式"选项卡包含窗体或其他控件的外观属性。当移动控件或进行调整大小等操作时,格式中属性项的值会自动改变,也可以手工设置格式中属性项的值。

控件的"格式"属性主要包括宽度、高度、标题、字体名称、字号、字体粗细、对齐方式、前景色、背景色、特殊效果等。

窗体的"格式"属性包括标题、默认视图、滚动条、记录选择器、导航按钮、分隔线、自动居中、控制框、最大化最小化按钮、边框样式等。

(2)"数据"选项卡包含与数据源、数据操作相关的属性。例如,窗体的"记录源"是"产品"表;控件"产品名称"的控件来源是"产品名称"。

控件的"数据"属性主要包括控件来源、输入掩码、有效性规则、有效性文本、默认值、是否有效、是否锁定等。

窗体的"数据"属性主要包括记录源、筛选、排序依据、数据输入、允许添加、允许删除、允许编辑、允许筛选、记录锁定等。

（3）"事件"选项卡包含窗体或当前控件能够响应的事件。例如，按钮的"单击"事件引用一个"宏"，或者某个事件引用 VBA 的"事件过程"。

（4）"其他"选项卡包含控件名称等其他属性项。

控件的"其他"属性主要包括名称、Tab 键索引、状态栏文字等。

窗体的"其他"属性主要包括弹出方式、模式、快捷菜单等。

6.4.3 设计窗体布局

在窗体的布局阶段，需要调整控件的大小，排列或对齐控件，使窗体外观有序美观。

1. 选择控件

要调整控件首先要选定控件。在选定控件后，控件的四周出现 8 个控制柄，其中左上角的黑色控制柄作用特殊，因此比较大。使用控制柄可以调整控件的大小、移动控件的位置。选定控件的 5 种方法如表 6.3 所示。

表 6.3 选择控件的操作方法

选择控件	操作方法
选择一个控件	单击该控件
选择多个相邻控件	从空白处拖到鼠标左键拉出一个虚线框，虚线框包围的控件全部被选中
选择多个不相邻控件	按住 Shift 键，单击要选择的控件
选择所有控件	按 Ctrl+A
选择一组控件	在水平标尺或垂直标尺上，按下鼠标左键，这时出现一条水平线（或垂直线），松开鼠标后，水平线（或直线）所经过的控件全部选中

注意：如果要取消选中的控件，只要在窗体空白位置单击即可。

2. 移动控件

移动控件时，首先选定要移动的一个或多个控件，然后按住鼠标左键移动，这种移动是将相关联的两个控件同时移动。将鼠标放在控件的左上角（最大控制柄）的位置，然后按住鼠标左键移动，此时是单独移动一个控件。

3. 调整控件大小

调整控件的大小有两种方法：使用鼠标和"属性表"。

使用鼠标：将鼠标放在控件的控制柄上，当鼠标变成双箭头时，拖动鼠标可以改变控件的大小。当选中多个控件时，拖动鼠标可以同时改变多个控件的大小。

使用"属性表"：打开"属性表"窗格，在"格式"选项卡的"宽度"、"高度"、"上边距"和"左"中输入所需的值。

4. 对齐控件

当窗体中有多个控件时，控件的排列布局不仅影响窗体的美观，而且还影响工作效率。使用鼠标拖动控件的对齐是最常用的方法，但是这种方法效率低，很难达到理想的效果。对齐控件最快捷的方法是使用系统提供的"控件对齐方式"命令。具体操作步骤如下。

（1）选定需要对齐的多个控件。

（2）在"窗体设计工具"|"排列"选项卡中,单击"调整大小和排序"命令组中的"对齐"按钮,在打开的列表中根据需要选择相应的命令。

5．调整间距

调整多个控件之间水平间距或垂直间距的最简单最快捷的方法,是在"窗体设计工具"|"排列"选项卡中,单击"调整大小和排序"命令组中的"大小/空格"按钮,在打开的列表中根据需要选择相应的命令。

6．删除控件

要删除控件,先选择欲删除的控件,按 Del 键即可将其删除。

图 6.28 控件调整布局后如图 6.29 所示。

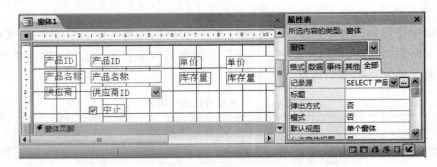

图 6.29　调整控件布局效果图

6.5　常用控件

窗体的常用控件包括标签、文本框、选项组、复选框、切换按钮、组合框、列表框、按钮、图像控件、绑定对象框、未绑定对象框、子窗体/子报表、插入分页符、线条和矩形等。各种控件都可以在"控件"组中访问到。在添加控件时,最好将"控件向导"开启,便于控件属性在向导中设置。

控件的类型分为绑定型控件、未绑定型控件和计算型控件。

1．绑定型控件

绑定型控件主要用于显示、输入、更新数据表中的字段,绑定型控件的"控件来源"绑定一个表或查询中的一个字段,如绑定"产品名称"的文本框。

2．未绑定型控件

未绑定型控件没有指定"控件来源",如标签、线条、矩形。

3．计算型控件

计算型控件以表达式作为"控件来源"。计算型控件的值不能编辑,只能显示。例如,引用本窗体中的数据源"单价"和"库存量"两个字段,在"金额"文本框"控件来源"属性中输入表达式:＝［单价］＊［库存量］。

6.5.1　标签

标签主要用于在窗体上显示描述性文字。标签不接受任何输入,是未绑定型控件。标签的主要属性如下。

（1）名称。用于在代码中识别的名称，各个控件的名称不能相同。例如，标签的默认名称是 Label1。

（2）标题。用于显示的文本。例如"产品名称"。

（3）除此之外，还有字体、字号、颜色、背景样式、大小、位置等。

在图 6.29 所示的设计视图中，在"窗体页眉"节添加"标签"控件，标签的标题为"产品信息"。操作步骤如下。

（1）在窗体空白区右击，选择快捷菜单中的"窗体页眉/页脚"，在窗体设计视图中添加"窗体页眉/页脚"节。确保"使用控件向导"按钮 ≈ 已按下。

（2）单击"控件"组中的"标签"按钮 Aa。在窗体页眉处要放置标签的位置按下鼠标左键拖动到一定大小，然后在标签内输入文本"产品信息"，如图 6.30 所示。

图 6.30　创建标签

（3）如果需要设置高度、宽度、字体、字号等属性，在"格式"选项卡或者在"全部"选项卡进行相应的设置即可。

6.5.2　文本框

文本框用于输入数据和编辑数据，也可以显示数据，它是一种交互式控件。文本框控件可以是绑定型、未绑定型或计算型。绑定型文本框能够从表、查询或 SQL 语言中获得需要的链接字段；未绑定型文本框并没有链接到某一字段，一般用来显示提示信息或用户输入的信息；计算型文本框可以显示表达式的结果，当表达式发生变化时，数值就会重新计算。

文本框的主要属性是"控件来源"，在新建文本框后，对绑定型文本框和计算型文本框首先要在其属性窗格中指定控件来源。其他属性包括输入掩码、默认值、有效性规则、有效性文本、可用、筛选查找等。

图 6.30 窗体中的文本框都是绑定型控件，它们的"控件来源"分别与某一字段绑定。例如"产品名称"文本框，其"控件来源"是"产品名称"字段。每一个文本框通常都有一个标签对其进行说明，提示用户输入或者显示的数据是什么数据。例如"产品名称"文本框左侧的标签，其名称为 Label1，其标题为"产品名称"。

在图 6.30 的窗体中添加一个文本框，该文本框能够显示每一种产品库存量的价值。操作步骤如下。

（1）单击"控件"组中的文本框按钮 ab，确保"使用控件向导"按钮 已按下。然后在主体节要放置文本框的位置按下鼠标左键拖动到一定大小,释放鼠标左键,在向导提示的"请输入文本框名称"中输入"库存价值"。

(2)选中"库存价值"文本框,单击"属性表"的"全部"选项卡,设置"控件来源"为表达式"=[单价]*[库存量]",如图 6.31 所示。

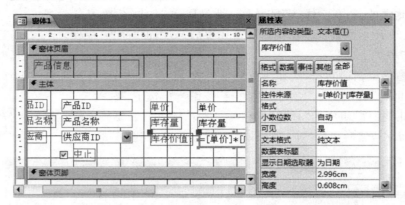

图 6.31 创建计算型文本框

注意:

① 也可以选中"库存价值"文本框,在文本框中直接输入公式"=[单价]*[库存量]"。

② 表达式中的字段通常使用中括号"[]"将字段名括起来。

6.5.3 命令按钮

在一般情况下,对窗体的操作用导航按钮即可满足简单的要求。如果用户想改变控制的风格,可以自定义与导航按钮功能相同的命令按钮;如果想定制操作,可以使用命令按钮来完成,例如,在当前窗体中打开另一个窗体、打开相关的报表等。

命令按钮的主要属性有"标题"、"图片"和"单击"事件。"标题"是命令按钮上的提示性信息,提示用户所做操作的内容。"图片"则以图片作为提示性信息。"单击"事件是指单击此命令按钮时所执行的命令序列。

下面介绍在图 6.31 中创建"上一条记录"、"下一条记录""添加记录"、"保存记录"、"退出"命令按钮的操作方法。操作步骤如下。

(1)单击"控件"组中的命令按钮,确保"使用控件向导"按钮 🖝 已按下。在"窗体页脚"节要放置命令按钮的位置按下鼠标左键并拖动,释放鼠标左键,打开"命令按钮向导"的第一个对话框。在对话框的"类别"列表框中,列出来可供选择的操作类别,每个类别在"操作"列表框中均对应着多种不同的操作。先在"类别"框内选择"记录导航",然后在"操作"框中选择"转至前一项记录",如图 6.32 所示。

(2)单击"下一步"按钮,打开"命令按钮向导"的第二个对话框。为使在按钮上显示文本,单击"文本"单选按钮,并在其后的文本框中输入"上一条记录",如图 6.33 所示。

(3)单击"下一步"按钮,在打开的对话框中为命令按钮指定名称 CmdBefore,以便以后引用,如图 6.34 所示。单击"完成"按钮。

至此第一个命令按钮创建完成,其他按钮的创建方法相似,其中"添加记录"和"保存记

图 6.32　选择按钮类别和操作

图 6.33　选择按钮形式

图 6.34　指定按钮的名称

录"选择的"类别"是"记录操作";"退出"选择的"类别"是"窗体操作"。

（4）双击"窗体选择器"按钮 ■，在"属性表"窗格中单击"全部"选项卡，设置窗体的"弹出方式"为"是"。

（5）切换到"窗体视图"方式，显示结果如图 6.35 所示。如果满意，则可保存该窗体。

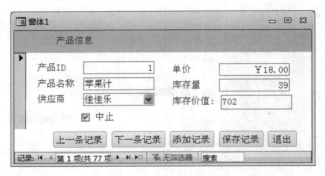

图 6.35   在窗体上添加按钮

6.5.4   组合框

如果在窗体上输入的数据总是取自某个表或查询中的数据，或者取自某些固定内容的数据，可以使用组合框控件来完成。"组合框"能够将一些内容罗列出来供用户选择，这样既可以保证输入数据的正确性，也可以提高输入数据的效率。组合框的列表由多行数据组成，但平时只显示一行，使用组合框，既可以选择数据，也可以输入数据。

组合框也分为绑定型和未绑定型两种。如果要保存在组合框中选择的值，创建绑定型组合框；如果要使用"组合框"中选择的值来决定其他控件的内容，就可以建立一个未绑定型"组合框"。

创建绑定型组合框之前，需要确保窗体源包含相应的字段，因此需要先将创建组合框的字段添加到窗体中，待组合框创建完毕后再将其删除。

下面以在图 6.35 中创建"产品名称"组合框为例，介绍创建一个绑定型组合框的过程。操作步骤如下。

（1）在图 6.35 所示的设计视图中，单击"控件"组中的"组合框"按钮，确保"使用控件向导"按钮已按下。在窗体"主体"节要放置组合框的位置按下鼠标左键并拖动，释放鼠标左键，打开"组合框向导"的第 1 个对话框，如果选择"使用组合框获取其他表或查询中的值"单选按钮，则在所建组合框中显示所选表的相关值；如果选择"自行输入所需的值"单选按钮，则在所建组合框中自行输入值；此例选择"自行输入所需的值"。如图 6.36 所示。

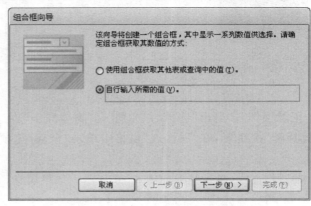

图 6.36   确定组合框获取数据的方式

（2）单击"下一步"按钮，打开"组合框向导"第 2 个对话框。在"第 1 列"列表中依次输入"苹果汁"、"牛奶"、"盐"、"番茄酱"等数值，每输完一个数值，按 Tab 键，如图 6.37 所示。

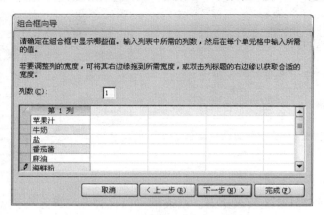

图 6.37　确定组合框中显示的数值

（3）单击"下一步"按钮，打开"组合框向导"第 3 个对话框。选择"将该数值保存在这个字段中"单选按钮，并单击右侧下拉箭头按钮，从打开的下拉列表框中选择"产品名称"，如图 6.38 所示。

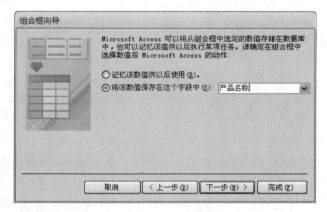

图 6.38　选择保存的字段

（4）单击"下一步"按钮，打开"组合框向导"第 4 个对话框。为组合框指定标签"产品名称"。单击"完成"按钮。至此，绑定型组合框创建完成。

（5）删除窗体上已经放置的"产品名称"文本框，然后对所创建的组合框调整。得到如图 6.39 所示的窗体设计视图。

注意：在窗体设计视图下，在某控件上右击，选择快捷菜单中"更改为"的下一级菜单也可以更改控件的类型，使用这种方式将控件的类型进行更改，并且控件只绑定当前数据记录的一个数值。

6.5.5　列表框

列表框与组合框相似，能够将一些内容罗列出来供用户选择，用户只需通过单击就可以

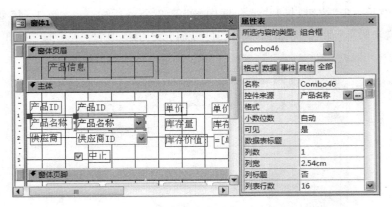

图 6.39 创建绑定型"组合框"

完成数据输入,这样可以避免输入错误。列表框可以包含一列或几列数据,用户只能从列表中选择值,而不能输入值,使用组合框,既可以选择数据,也可以输入数据,这就是列表框与组合框的区别。

下面以在图 6.39 中创建"供应商 ID"列表框为例,介绍创建一个绑定型列表框的过程。操纵步骤如下。

(1)在图 6.39 所示的设计视图中,单击"控件"组中的"列表框"按钮 ,确保"使用控件向导"按钮 已按下。在窗体"主体"节要放置列表框的位置按下鼠标左键并拖动,释放鼠标左键,打开"列表框向导"的第 1 个对话框,选择"使用列表框获取其他表或查询中的值"单选按钮。

(2)单击"下一步"按钮,打开"列表框向导"第 2 个对话框,在"请选择为列表框提供数值的表或查询"下拉列表框中选择"表:供应商"。

(3)单击"下一步"按钮,打开"列表框向导"第 3 个对话框,为列表框选择可用字段,选定字段为"供应商 ID"、"公司名称"。

(4)单击"下一步"按钮,打开"列表框向导"第 4 个对话框,为列表框指定排序字段为"供应商 ID"。

(5)单击"下一步"按钮,打开"列表框向导"第 5 个对话框,为列表框指定列的宽度(可以使用默认值),并选中"隐藏键列"复选框。

(6)单击"下一步"按钮,打开"列表框向导"第 6 个对话框,选择"将该数值保存在这个字段中"单选按钮,并单击右侧下拉箭头按钮,从打开的下拉列表框中选择"供应商 ID"。

(7)单击"下一步"按钮,为列表框指定标签"供应商"。

(8)单击"完成"按钮。至此,绑定型列表框创建完成。

(9)删除窗体上已经放置的"供应商 ID"组合框,然后对所创建的列表框进行调整,得到如图 6.40 所示的窗体设计视图。

6.5.6 复选框、选项按钮和切换按钮

对于"是/否"型数据,可使用多种控件来输入数据,包括复选框、单选按钮和切换按钮,这 3 种控件比较简单,没有生成向导。

这 3 种控件主要属性包括控件来源和选项值,其中"控件来源"绑定一个字段;选项值

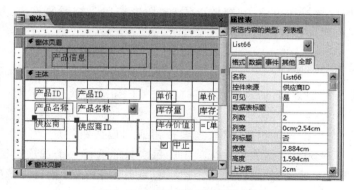

图 6.40 创建绑定型"列表框"

"是"对应的值是 -1，"否"对应的值是 0。这 3 种控件对于"是/否"型数值的外观表现形式如表 6.4 所示。

表 6.4 复选框、选项按钮和切换按钮的外观

控件类型	值 是(-1)	否(0)
复选框	✔	☐
单选按钮	◉	○
切换按钮	▭ (凹下)	▭ (凸起)

例如，图 6.40 中"中止"字段使用的是"复选框"。下面将"中止"字段改为"单选按钮"，操作过程如下。

（1）在图 6.40 所示的设计视图中，单击"控件"组中的"单选按钮"◉，在窗体"主体"节要放置选项按钮的位置按下鼠标左键并拖动。

（2）选择"单选按钮"，设置其"名称"属性为"中止 2"，设置其"控件来源"属性为"中止"字段。

（3）选择"中止 2"单选按钮对应的标签，设置其"标题"属性为"中止"。

（4）调整"中止 2"单选按钮的位置。切换到窗体视图，查看"单选按钮"和"复选框"的结果，如图 6.41 所示。

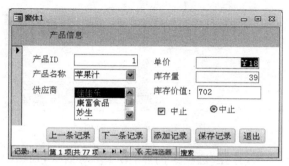

图 6.41 创建"单选按钮"

读者可以按照上述操作方法,在窗体上添加"切换按钮",查看复选框、单选按钮和切换按钮对于"是/否"值的表现外观的不同。

6.5.7　选项组

二选一的"是/否"型数据,通常使用复选框、选项按钮或切换按钮。对于多选一的数据,通常采用列表框/组合框。

选项组是由一个组框及一组复选框、选项按钮或切换按钮组成。只要单击选项组中所需的值,就可以为字段选定数据值。在选项组中每次只能选择一个选项。很显然,选项组用于"是/否"型,主要属性是"控件来源",整个选项组只需指定一个"控件来源",选项组里的每个成员要分别指定"选项值","是"对应的值为-1,"否"对应的值为0。

下面在图6.41所示的窗体中创建"中止"选项组。操作步骤如下。

(1) 在图6.41所示的设计视图中,单击"控件"组中的"选项组"按钮 ,确保"使用控件向导"按钮 已按下。在窗体"主体"节要放置选项组的位置按下鼠标左键并拖动。释放鼠标左键,打开"选项组向导"第1个对话框。在该对话框的"指定标签名称"框中分别输入"已中止"、"未中止",结果如图6.42所示。

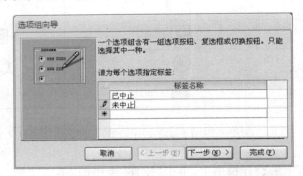

图6.42　设置选项组标签名称

(2) 单击"下一步"按钮,打开"选项组向导"第2个对话框,在该对话框中为选项组设置默认值,选择"是,默认选项是"单选按钮,并指定"未中止"为默认选项,如图6.43所示。

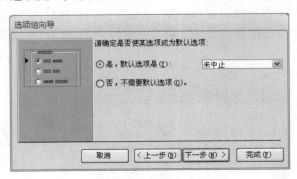

图6.43　设置默认选项

(3) 单击"下一步"按钮,打开"选项组向导"第3个对话框,在该对话框中设置"已中止"选项值为-1,"未中止"选项值为0,如图6.44所示。

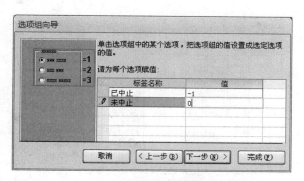

图 6.44 设置选项值

（4）单击"下一步"按钮，打开"选项组向导"第 4 个对话框，选中"在此字段中保存该值"，并在右侧的下拉列表中选择"中止"字段，如图 6.45 所示。

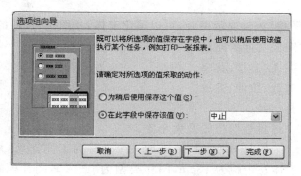

图 6.45 设置保存的字段

（5）单击"下一步"按钮，打开"选项组向导"第 5 个对话框，选择"选项按钮"及"蚀刻"按钮样式，如图 6.46 所示。

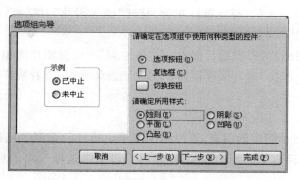

图 6.46 选择选项组中使用的控件类型

（6）单击"下一步"按钮，打开"选项组向导"最后一个对话框，在"请为选项组指定标题"文本框中输入选项组的标题"中止"，然后单击"完成"按钮。

（7）删除已放置的"中止"单选按钮和复选框，然后调整选项组的位置，结果如图 6.47所示。切换到窗体视图，查看选项组的效果。

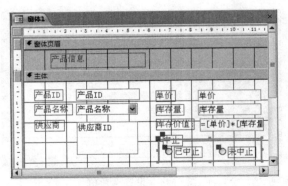

图 6.47　创建"选项组"

6.5.8　图像

在窗体中使用"图像"控件显示图片,可以美化窗体。"图像"控件的主要属性包括如下。

(1) 图片。指定图像文件的路径。

(2) 图片类型。嵌入、链接、共享。

(3) 缩放模式。剪裁、拉伸、缩放。

(4) 图片平铺。是/否。

(5)"超级链接"、"可见性"、位置及大小等。

例 6.10　在图 6.47 的"窗体页眉"节添加一个名称为 INFO.ICO 的图片,图片高度为 1cm,宽度为 1cm,距窗体左边距为 10cm,图片类型为"嵌入",图片模式为"缩放"。将窗体以"例 6.10 产品"为名保存。

操作步骤如下。

(1) 在图 6.47 的设计视图方式下,单击"控件"组中的"图像"按钮 ,在"窗体页眉"节处按下鼠标左键并拖动鼠标,释放鼠标左键,打开"插入图片"对话框,在对话框中找到并选中所需图片文件,单击"确定"按钮。

(2) 选中插入的图片,根据题目要求,在"属性表"中设置图片的相关属性。

(3) 以"例 6.10 产品"为名保存窗体。切换到窗体视图,查看最终结果。

6.5.9　选项卡

为了在窗体上显示更多的信息,可以采用选项卡控件。选项卡包含多页,每一页是一个容器,可以像窗体一样容纳其他的控件,操作时只需单击选项卡上的标签,就可以在多个页面之间进行切换。

例 6.11　创建"订单明细"窗体,在窗体上添加一个选项卡,选项卡两个页标题分别为"订单"和"订单明细",每个页内使用列表框显示"订单明细"表和"订单"表中的数据。操作步骤如下。

(1) 单击"创建"选项卡里"窗体"组中的"窗体设计"按钮。单击"控件"组中的"选项卡"按钮 ,在窗体"主体"适当位置按下鼠标左键拖动鼠标,释放鼠标左键,调整其大小。

(2) 单击选项卡"页 1",单击"属性表"窗格中的"全部"选项卡,设置其"标题"属性为"订单"。单击选项卡"页 2",单击"属性表"窗格中的"全部"选项卡,设置其"标题"属性为"订单明细",如图 6.48 所示。

图 6.48　创建"选项卡"

（3）在图 6.48 的设计视图中,单击"控件"组中的"列表框"按钮 ，确保"使用控件向导"按钮 已按下。在选项卡"订单"中要放置列表框的位置按下鼠标左键并拖动,释放鼠标左键,打开"列表框向导"的第 1 个对话框,选择"使用列表框获取其他表或查询中的值"单选按钮。

（4）单击"下一步"按钮,打开"列表框向导"第 2 个对话框,在"请选择为列表框提供数值的表或查询"下拉列表框中选择"表:订单"。

（5）单击"下一步"按钮,打开"列表框向导"第 3 个对话框,为列表框选择可用字段,在此选定前 6 个字段。

（6）单击"下一步"按钮,打开"列表框向导"第 4 个对话框,为列表框指定排序字段为"订单 ID"。

（7）单击"下一步"按钮,打开"列表框向导"第 5 个对话框,为列表框指定列的宽度（可以使用默认值）,并选中"隐藏键列"复选框。

（8）单击"下一步"按钮,打开"列表框向导"第 6 个对话框,为列表框指定标签"客户 ID"。单击"完成"按钮。至此,"订单"选项卡内的列表框创建完成。

"订单明细"选项卡内的列表框创建过程同"订单"选项卡。

（9）选中"订单"选项卡内的列表框,在属性表中设置"列标题"属性为"是"。选中"订单明细"选项卡内的列表框,在属性表中设置"列标题"属性为"是"。调整"订单"和"订单明细"选项卡的位置及大小。设置窗体的"弹出方式"为"是"。

（10）以"例 6.11 订单明细"为名保存窗体。

切换到窗体视图,效果如图 6.49 所示。

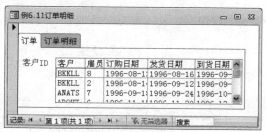

图 6.49　例 6.11 效果图

6.6 修饰窗体

窗体设计完成后,要使窗体界面看起来更加友好,布局更加合理,使用起来更加方便,除了设置窗体和控件"格式"属性,调整控件布局外,还要通过应用主题和条件格式等功能进行格式设置。

6.6.1 主题的应用

"主题"是修饰和美化窗体的一种快捷方法,它是一套统一的设计元素和配色方案,可以使数据库中的所有窗体具有统一的色调。在"窗体设计工具"|"设计"选项卡中的"主题"组包括"主题"、"颜色"和"字体"3个按钮。Access 2010提供了44套主题供用户选择。

例如,对sales.accdb数据库应用主题,操作步骤如下。

(1) 打开sales.accdb数据库,用设计视图打开某一个窗体。

(2) 在"窗体设计工具"|"设计"选项卡中,单击"主题"组中的"主题"按钮,打开主题列表,在列表中单击所需的主题。

如果需要更改颜色,则单击"主题"组中的"颜色"按钮,在打开的颜色列表中单击所需的颜色。如果需要更改字体,则单击"主题"组中的"字体"按钮,在打开的字体列表中单击所需的字体。可以看到窗体的外观发生了变化,此时打开其他窗体,其他窗体的外观均发生了相同的变化。

6.6.2 条件格式的应用

使用"条件格式",可以使得某些满足条件的数据以特殊格式显示,比较直观明显。

例6.12 在例6.2创建的窗体中使用条件格式,将单价小于¥15的数据用红色、粗体显示。操作步骤如下。

(1) 打开例6.2的设计窗体,选中"主体"节内的"单价"文本框。

(2) 在"窗体设计工具"|"格式"选项卡中,单击"控件格式"组中的"条件格式"按钮,打开"条件规则管理器"对话框。单价"新建规则"按钮,打开"新建规则格式"对话框,设置"字段值""小于"15、粗体、红色。新建格式规则如图6.50所示。

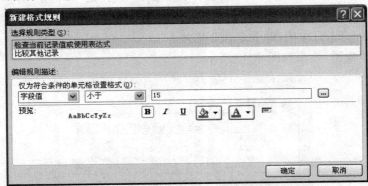

图6.50 "新建格式规则"对话框

（3）单击"确定"按钮，返回"条件规则管理器"对话框，在该对话框中，可以"新建规则"、"编辑规则"、"删除规则"，如图6.51所示。

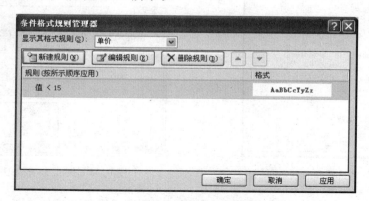

图6.51 "条件格式规则管理器"对话框

（4）单击"确定"按钮，至此，完成"单价"条件格式的设置。切换到窗体视图，查看"单价"数据的显示格式。

6.6.3 添加标题和日期时间

使用"窗体设计"按钮创建的窗体，通常需要用手工方式在窗体页眉节添加一个标签来设置窗体标题，通过添加一个文本框来设置日期/时间，设置过程比较烦琐。使用"窗体设计工具"|"设计"选项卡中"页眉/页脚"组中的"标题"按钮和"日期/时间"按钮，可以快速地添加标题及日期时间。

例6.13 使用"窗体设计"按钮创建"雇员信息"窗体，窗体中包含"雇员ID"、"姓名"、"联系电话"和"照片"4个字段，并使用"标题"按钮为窗体添加标题"雇员信息"，使用"日期/时间"按钮给窗体添加系统当前日期/时间。

具体操作步骤如下。

（1）单击"创建"选项卡中"窗体"组中的"窗体设计"按钮，用前面介绍的方法将"雇员"表中的"雇员ID"、"姓名"、"联系电话"和"照片"4个字段添加到窗体主体节。

（2）单击"窗体设计工具"|"设计"选项卡中"页眉/页脚"组中的"标题"按钮，系统自动在"窗体页眉"节添加标题，并在其内输入"雇员信息"。单击"日期/时间"按钮，打开如图6.52所示的"日期和时间"对话框，设置日期和时间格式。

（3）单击"确定"按钮。至此，标题、日期和时间设置完成。在窗体设计视图，调整标题、日期和时间控件的大小及位置。

（4）双击"窗体选择器"按钮■，设置窗体属性："弹出方式"为"是"，"分隔线"为"是"，"最大化最小化按钮"为"无"。

（5）以"例6.13雇员信息"为名保存窗体。切换到窗体视图，最终效果如图6.53所示。

6.6.4 设置窗体背景图像

设置窗体背景图像不需要控件，直接在窗体的属性表中设置一些参数即可，窗体中的其他控件位于图像之上。

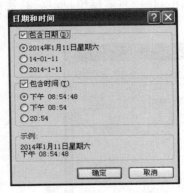

图 6.52 "日期和时间"对话框

图 6.53 例 6.13 效果图

下面以例 6.13 的窗体为例,说明给窗体添加一副背景图像的操作步骤。

(1) 在设计视图中打开窗体。

(2) 双击"窗体选择器"按钮 ▣ ,打开窗体的属性表。

(3) 单击"格式"选项卡的"图片"属性框中的"生成"按钮 … ,打开"插入图片"对话框,在对话框中找到并选中所需图片文件,单击"确定"按钮。

(4) 在"图片类型"属性框中指定"嵌入"方式;在"图片平铺"属性框中指定"是";在"图片缩放模式"属性框中指定"缩放"。

(5) 保存窗体。切换到窗体视图,查看窗体效果。

6.6.5 添加提示信息

给窗体中的某些字段添加状态栏的提示信息,可以使窗体界面更加友好清晰。

例如,在例 6.13 的窗体中,为"雇员 ID"文本框添加提示信息。操作步骤如下。

(1) 打开"例 6.13 雇员信息"窗体的设计视图,选中要添加状态栏提示信息的字段"雇员 ID"文本框。

(2) 在"属性表"窗格中单击"其他"选项卡,在"状态栏文字"属性行中输入"自动赋予新雇员的编号,值不能重复"。

(3) 保存窗体。切换到窗体视图,当焦点定在"雇员 ID"文本框中就会在状态栏显示出提示信息"自动赋予新雇员的编号,值不能重复"。

6.7 使用窗体操作数据

可以把在窗体控件中输入的数据作为查询参数进行查询,这种形式类似于参数查询,非常灵活多变。

使用窗体操作查询时,会引用窗体或相关控件值,可以使用如下格式。

引用窗体:[Forms]![窗体名]

引用窗体控件:[Forms]![窗体名]![控件名]

例 6.14 创建一个名称为"查询产品"的窗体,如图 6.54 所示。创建一个名称为"订购产品"的查询。当运行"查询产品"窗体后,在窗体文本框中输入产品名称,单击"运行查询"按钮后,能够执行"订购产品"查询并显示订购这种产品的数据信息。

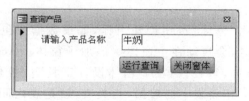

图 6.54 "查询产品"窗体

操作步骤如下。

(1) 创建窗体,窗体中各个控件名称及属性如表 6.5 所示。

表 6.5 窗体及控件属性

对 象	对 象 名	属 性
窗体	查询产品	弹出方式:是
		滚动条:两者均无
		导航按钮:否
		最大化最小化按钮:无
标签	Label1	标题:请输入产品名称
命令按钮	CmdQuery	标题:运行查询
		说明:命令按钮向导|杂项|运行查询|订购产品
	CmdClose	标题:关闭窗体
		说明:命令按钮向导|窗体操作|关闭窗体
文本框	txtGoods	名称:txtGoods

(2) 以"查询产品"为名保存窗体。

(3) 以"产品"表和"订单明细"表为数据源,创建如图 6.55 所示的"订购产品"查询。在"产品名称"字段的条件网格中输入"[Forms]![查询产品]![txtGoods]"。

图 6.55 选择按钮类别和操作

(4) 以"订购产品"为名保存查询。

在窗体视图打开"查询产品"窗体,在文本框中输入待查询的产品名称,单击"运行查询"按钮,查看查询结果。窗体如图 6.54 所示。

6.8 创建主/子窗体

在 6.1 节介绍了使用"窗体"按钮创建窗体,如果数据源包含有子数据表,那么在使用这种方法创建窗体时,会自动在主窗体中添加子窗体。Access 还提供了创建子窗体的"子窗体/子报表"控件,该控件位于"窗体设计工具"|"控件"组中。主/子窗体用于在窗体中显示来自多个相关表中的数据,相关表,就是表之间设置了关系,存在关联字段,子窗体嵌入在主窗体中,主/子窗体不仅用于显示数据,还可以输入数据、编辑数据和查询数据。

例 6.15 以"供应商"表为主窗体,以"产品"表为子窗体,创建名称为"供应商/产品"的主/子窗体。操作步骤如下。

(1) 单击"窗体设计工具"|"窗体"组中的"窗体设计"按钮,进入窗体设计视图。

(2) 单击"工具"组中的"添加现有字段"按钮,把"供应商"表中的"供应商 ID"、"公司名称"、"联系人姓名"、"地址"和"电话"5 个字段添加到窗体主体节。

(3) 单击"控件"组中的"子窗体/子报表"按钮 ▣,在窗体主体节要添加子窗体的位置按下鼠标左键并拖动到一定大小。释放鼠标左键,显示"子窗体向导"的第 1 个对话框,为子窗体选择数据源,在此选中"使用现有的表和查询",如图 6.56 所示。

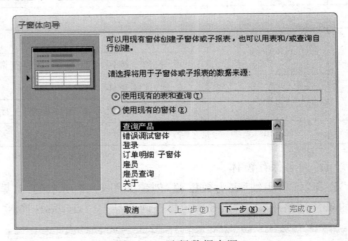

图 6.56 选择数据来源

(4) 单击"下一步"按钮,打开"子窗体向导"的第 2 个对话框。在"表/查询"下拉列表框中选择"产品"表,并将全部字段作为"选定字段",如图 7.57 所示。

(5) 单击"下一步"按钮,打开"子窗体向导"的第 3 个对话框,确定主/子窗体的链接字段。在此选中"从列表中选择"单选按钮,如图 7.58 所示。

(6) 单击"下一步"按钮,打开"子窗体向导"第 4 个对话框,指定子窗体名称为"产品子窗体",如图 7.59 所示。

(7) 单击"完成"按钮。调整"产品子报表"的大小、位置及控件的布局,设计视图如

图 6.57 选择表及选定字段

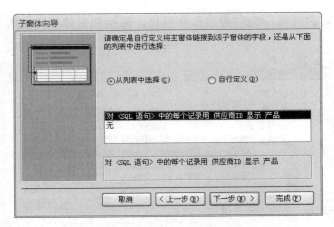

图 6.58 选择主/子窗体链接字段

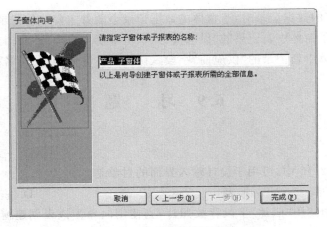

图 6.59 为子窗体指定名称

图 6.60 所示。

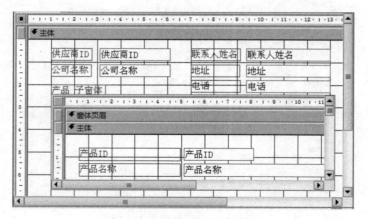

图 6.60 窗体设计视图的结果

（8）以"例 6.14 供应商/产品"为名保存窗体。切换到窗体视图查看效果，最终结果如图 6.61 所示。

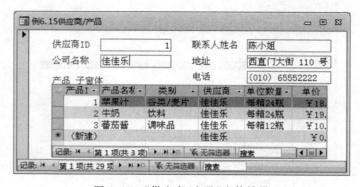

图 6.61 "供应商/产品"窗体结果

当移动主窗体的数据记录时，子窗体的数据记录会随着主窗体的记录移动而变化；在子窗体添加新记录，子窗体中新记录的"供应商"默认值等于主窗体的"公司名称"；在主窗体中添加新记录，子窗体中新记录的"供应商"字段默认值是主窗体的"公司名称"。

6.9 习 题

选择题

1. 在 Access 2010 中，可用于设计输入界面的对象是_____。

    A. 窗体   B. 报表   C. 表   D. 查询

2. 在雇员表中使用"照片"字段存放照片，当使用向导为该表创建窗体时，照片字段使用的默认控件是_____。

    A. 图像   B. 图形   C. 绑定对象框   D. 未绑定对象框

3. 在窗体中，用来输入和编辑字段数据的交互控件是_____。

A. 文本框　　　　B. 标签　　　　C. 列表框　　　　D. 复选框

4. 用来显示与窗体关联的表或查询中字段值的控件类型是_____。

A. 绑定型　　　　B. 未绑定型　　　　C. 计算型　　　　D. 关联型

5. 为窗体中的命令按钮设置单击时发生的动作,应设置其属性对话框的_____。

A. "格式"选项卡　　　　　　　　B. "数据"选项卡

C. "事件"选项卡　　　　　　　　D. "其他"选项卡

6. 要改变窗体上文本框控件的数据源,应设置的属性是_____。

A. 记录源　　　　B. 控件来源　　　　C. 筛选查阅　　　　D. 默认值

7. 在 Access 数据库中,若要求在窗体上输入的数据取自某一个表或查询中的记录数据,或者取自某些固定内容的数据,可以使用的控件是_____。

A. 选项组控件　　　　　　　　　B. 列表框或组合框控件

C. 文本框控件　　　　　　　　　D. 复选框、切换按钮、选项按钮控件

8. 能够接受数值型数据输入的窗体控件是_____。

A. 文本框　　　　B. 标签　　　　C. 列表框　　　　D. 复选框

9. 窗体 Caption 属性的作用是_____。

A. 确定窗体的标题　　　　　　　B. 确定窗体的名称

C. 确定窗体的边框样式　　　　　D. 确定窗体的字体

10. 若在"销售总数"窗体中有"订货总数"文本框控件,能够正确引用控件值的是_____。

A. Forms[销售总数]![订货总数]　　B. Forms.[销售总数].[订货总数]

C. Forms![销售总数].[订货总数]　　D. Forms![销售总数]![订货总数]

11. 在教师窗体中,为职称字段提供"教授"、"副教授"、"讲师"等选项供用户直接选择,应使用的控件是_____。

A. 文本框　　　　B. 标签　　　　C. 组合框　　　　D. 复选框

12. 下列属性中,属于窗体的"数据"类属性的是_____。

A. 记录源　　　　B. 获得焦点　　　　C. 自动居中　　　　D. 记录选择器

13. 在 Access 中为窗体上的控件设置 Tab 键的顺序,应选择"属性表"的_____。

A. "格式"选项卡　　　　　　　　B. "数据"选项卡

C. "事件"选项卡　　　　　　　　D. "其他"选项卡

14. 在窗体中为了更新数据表中的字段,要选择相关的控件,正确的控件是_____。

A. 只能选择绑定型控件　　　　　B. 只能选择计算型控件

C. 可以选择绑定型或计算型控件　　D. 任何控件都可以

15. 若要求在窗体视图中显示的窗体没有记录选择器,应将窗体的"记录选择器"属性设置为_____。

A. 是　　　　B. 否　　　　C. 有　　　　D. 无

16. 假设"销售"表中包含"书名"、"单价"、"数量"等字段,以该表为数据源创建的窗体中,有一个计算销售总金额的文本框,其"控件来源"应为_____。

A. [单价]*[数量]

B. =[单价]*[数量]

  C. [销售]![单价]＊[销售]![数量]

  D. ＝[销售]![单价]＊[销售]![数量]

17. 能够唯一标识某一控件的属性是_____。

  A. 名称   B. 标题   C. 控件来源   D. 无

18. 使用"窗体"按钮、"窗体设计"按钮、"分割窗体"和"多个项目"按钮创建的窗体,将窗体最大化后显示记录最多的窗体是_____。

  A. 窗体   B. 窗体设计   C. 分割窗体   D. 多个项目

19. 在创建主/子窗体之前,必须设置主/子数据表之间的_____。

  A. "主键/外键"关系   B. 链接字段

  C. 表间关系   D. 有相同的字段

20. "选项组"控件通常用于"是/否"型字段,整个选项组只需指定一个"控件来源","选项组"内通常使用的控件是_____。

  A. 标签   B. 文本框

  C. 选项卡   D. 复选框、选项按钮或切换按钮

第7章 报　　表

报表是一种 Access 数据库对象,报表可以将数据库中的数据以格式化的形式显示和打印输出,也可以对数据进行分组、统计汇总等操作。报表的数据来源与窗体相同,可以是已经存在的表、查询或 SQL 语句,但报表只能查看数据,不能用来输入和修改数据。本章主要介绍报表的各种创建方法。

7.1　报　表　概　述

7.1.1　报表的基本概念

报表是 Access 2010 的重要对象之一,在报表中可以控制每个对象的大小和显示方式,并可按照用户所需的方式来显示相应的内容,如果要以打印格式来显示数据,使用报表是极其有效的一种方法。

报表中的大部分内容是从数据表、查询或 SQL 语句中获得的,它们是报表的数据来源。报表的作用主要包括以格式化形式输出数据;对数据分组,进行汇总;包含子报表及图表数据;输出标签、发票、订单等多种样式的报表;进行计数、求平均值、求和等统计计算;嵌入图像或图片来丰富数据表现形式。

如果掌握了窗体的创建和设计方法,学习报表设计将是一件容易实现的事情。尽管多种多样的报表形式与数据库的窗体、数据表十分相似,但是它的功能却与窗体、数据表根本不同,它的作用只能用来数据输出。

Access 2010 的报表有 4 种视图:"报表视图"、"打印预览"、"布局视图"和"设计视图"。其中,"报表视图"用于显示报表;"打印预览"视图是让用户提前观察报表的打印效果;"布局视图"用于调整报表上各个控件的位置,可以重新进行控件布局;"设计视图"用于设计和修改报表的结构,添加控件和表达式,设置控件的各种属性、美化报表等。

图 7.1　报表的 4 种视图

报表 4 种视图方式的切换方法有两种。

方法一:打开任意报表的设计视图,单击屏幕左上角"视图"按钮下面的小箭头,可以弹出如图 7.1 所示的视图选择菜单。

方法二:打开任意报表,在报表标题栏上右击,在弹出的快捷菜单中选择视图方式。

7.1.2　报表的组成

图 7.2 是打开的"订单"报表的设计视图。报表通常由报表页眉、页面页眉、组页眉、主体、组页脚、页面页脚、报表页脚 7 个节组成,每个节都有其特定的功能。

1．报表页眉

报表页眉仅仅在报表的首页打印输出。报表页眉主要用于打印报表的标题、制作单位、日期时间、图形图片等信息。标题和制作单位等文字信息通常放在一个标签控件中；日期时间通常放在文本框控件中；图形图片通常放在图像控件中。

2．页面页眉

页面页眉的内容在报表每页头部打印输出，它主要用于定义报表输出的每一列的标题。通常使用标签控件来显示列标题。在报表的首页，这些列标题输出在报表页眉的下方；在报表的非首页，页面页眉输出在报表的第一行。

3．组页眉

在图7.2中，"货主名称页眉"就是组页眉，在报表每组的头部打印输出。使用"排序和分组"命令可以添加"组页眉"，以实现报表的分组输出和分组统计。其中组页眉内通常使用标签控件定义组标题，使用文本框或其他类型控件输出分组统计数据。

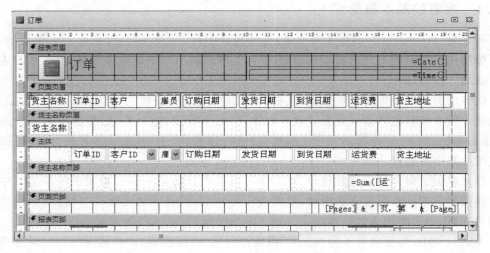

图7.2　报表的组成

4．主体

主体是报表打印数据的主体部分，可以将数据源中的字段直接拖到主体节中，或者将报表控件放到主体节中用来显示数据。主体节中通常使用文本框或其他控件（主要是复选框和绑定对象框）绑定显示，可以包含通过计算得到的字段数据。

5．组页脚

在图7.2中，"货主名称页脚"就是组页脚。使用"排序和分组"命令添加"组页眉"之后，可以根据需要选择是否添加"组页脚"，组页脚在报表每组的底部打印输出，以实现报表的分组统计。通常使用文本框或其他类型控件输出分组统计数据。组页眉和组页脚可以根据需要单独设置使用。

6．页面页脚

页面页脚的内容在报表每页底部打印输出，它主要用于定义报表的页码、日期时间、页面摘要等信息。通常使用文本框控件输出页码和日期时间，使用标签控件来显示页面摘要。

7. 报表页脚

报表页脚在整个报表的最后一页打印输出,通常使用文本框控件来打印输出整个报表的计算汇总数据。

7.2 创 建 报 表

Access 2010 提供了 5 种创建报表的命令按钮:"报表"、"报表设计"、"空报表"、"报表向导"和"标签"。其中"报表"是利用当前选定(或者打开)的数据表(或查询、窗体)自动创建一个报表;"报表设计"是进入"报表设计视图",通过添加各种控件建立一个报表;"空报表"是创建一个空白报表,通过将选定的数据表字段添加到报表中建立报表;"报表向导"是借助向导的提示功能创建一个报表;"标签"是使用标签向导创建一组有机标签报表。

创建报表的命令按钮如图 7.3 所示。

在实际应用过程中,为了提高创建报表的效率,对于一些简单的报表,通常使用系统提供的创建报表命令按钮自动快速生成报表,然后再根据需要进行修改。

图 7.3 创建报表命令按钮

7.2.1 使用"报表"按钮创建报表

使用"报表"命令按钮创建报表,能够将数据源中的所有字段添加到报表中,生成报表后自动进入报表"布局视图"方式。

例 7.1 使用"报表"按钮创建如图 7.4 所示的"产品"报表。

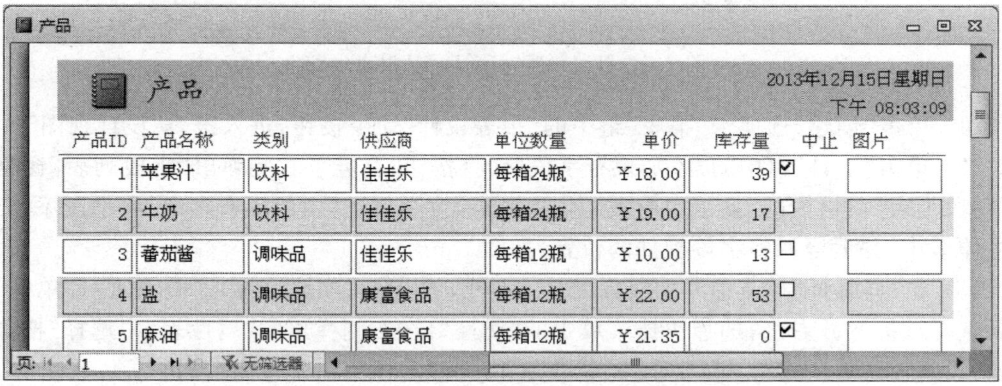

产品ID	产品名称	类别	供应商	单位数量	单价	库存量	中止	图片
1	苹果汁	饮料	佳佳乐	每箱24瓶	￥18.00	39	☑	
2	牛奶	饮料	佳佳乐	每箱24瓶	￥19.00	17	☐	
3	蕃茄酱	调味品	佳佳乐	每箱12瓶	￥10.00	13	☐	
4	盐	调味品	康富食品	每箱12瓶	￥22.00	53	☐	
5	麻油	调味品	康富食品	每箱12瓶	￥21.35	0	☑	

产品 2013年12月15日星期日 下午 08:03:09

图 7.4 预览"产品"报表

操作步骤如下。

(1) 打开 sales. accdb 数据库,在导航窗格中选中(或者打开)"产品"表作为报表数据源。

(2) 单击"创建"选项卡下"报表"组中的"报表"命令按钮,屏幕显示系统自动创建的报表。

(3) 此时 Access 自动进入"布局视图",主窗口上面功能区切换为"报表布局工具",使用这些工具可以对报表进行简单的编辑和调整控件布局。由于生成的报表一行中显示的信息过多，可能会跨页显示，因此需要调整报表布局，调整的方法是单击需要调整列宽的字段，将光标定位到分隔线上，当鼠标变成"↔"后按住左键拖动鼠标，即可根据需要调整字段的列宽。

（4）保存报表。在打开的"另存为"对话框中输入报表名称"产品"，单击"确定"按钮。

（5）在导航窗格中双击"产品"报表，即以"报表视图"方式打开"产品"报表；在"产品"报表标题栏上右击，在快捷菜单中选择"打印预览"，即以"打印预览"视图方式打开报表，如图7.4所示。

7.2.2 使用"报表设计"按钮创建报表

使用"报表设计"命令按钮创建的报表，可以以多个数据表为数据源灵活创建报表和修改报表，所以掌握"设计报表"可以提高报表设计的效率。

例7.2 使用"报表设计"按钮创建如图7.5所示的"订单明细"报表。操作步骤如下。

图7.5 打印预览"订单明细"报表（局部）

（1）单击"创建"选项卡"报表"组中的"报表设计"命令按钮，进入报表"设计视图"方式。

（2）单击"工具"组中的"添加现有字段"命令按钮，在屏幕右侧弹出"字段列表"窗格，单击"字段列表"窗格内的"显示所有表"，依次双击"订单明细"内的所有字段，将字段添加到报表主体节中，并适当调整字段控件的位置，如图7.6所示。

（3）在"页面页眉"节中添加报表设计工具中的"标签"控件，在标签中输入"订单明细"。然后选择该标签并右击，选择快捷菜单中的"属性"，在右侧弹出的"属性表"中选择"格式"选项卡，设置该标签的字号为24号、文本对齐方式为"居中"、前景色为"黑色"。

（4）以"订单明细"为名保存报表。切换到"打印预览"视图，报表效果如图7.5所示。

例7.3 使用"报表设计"按钮创建如图7.7所示的"产品订单明细"报表。

操作步骤如下。

（1）单击"创建"选项卡"报表"组中的"报表设计"命令按钮，进入报表"设计视图"方式。

（2）单击"工具"组中的"属性表"命令按钮，在屏幕右侧弹出"属性表"窗格，如图7.8所示。

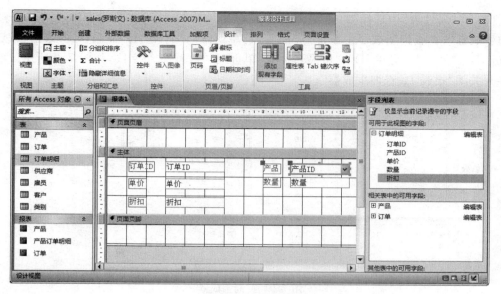

图 7.6 "订单明细"报表设计视图

图 7.7 "产品订单明细"报表(局部)

图 7.8 报表设计视图

（3）在"属性表"中选择"数据"选项卡，单击"记录源"右侧的省略号按钮，打开"报表1：查询生成器"，在查询生成器中添加"产品"、"订单明细"、"订单"和"雇员"4个数据表，选择"雇员ID"、"姓名"、"订单ID"、"产品名称"、"单价"和"数量"6个字段，如图7.9所示。然后保存并关闭"报表1：查询生成器"。

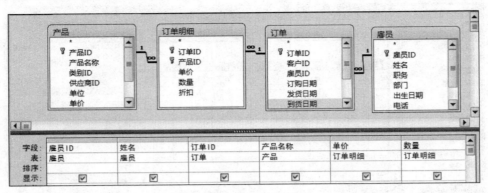

图7.9 查询生成器

（4）返回图7.8所示的"报表设计"视图。单击"工具"组中的"添加现有字段"按钮，在屏幕右侧打开"字段列表"窗口，依次双击字段列表中的字段，将字段添加到报表主体节中，删除字段前用于显示字段名称的标签，并适当调整字段控件的位置。

（5）在"页面页眉"节中添加6个标签，分别输入"雇员ID"、"姓名"、"订单ID"、"产品名称"、"单价"和"数量"，同时设置6个标签的相关属性，调整文字的颜色和字体的大小。

（6）单击功能区"页眉/页脚"组中的页码按钮，打开如图7.10所示的对话框，格式选择"第N页，共M页"，位置选择"页面底端（页脚）"，对齐选择"居中"，单击"确定"按钮。

（7）调整相关控件的位置，调整主体节、页面页眉节、页面页脚节的高度和宽度，完成设计后的"设计视图"如图7.11所示。

图7.10 "页码"设置对话框

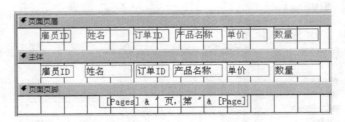

图7.11 "产品订单明细"报表设计视图

（8）以"产品订单明细"为名保存报表。切换到"打印预览"视图，得到如图7.7所示的报表。

7.2.3 使用“空报表”按钮创建报表

“空报表”按钮是创建报表的另一种灵活快捷的方式，其数据源可以是一个表或者多个相关表。

例 7.4 使用“空报表”按钮创建如图 7.12 所示的“雇员”报表。

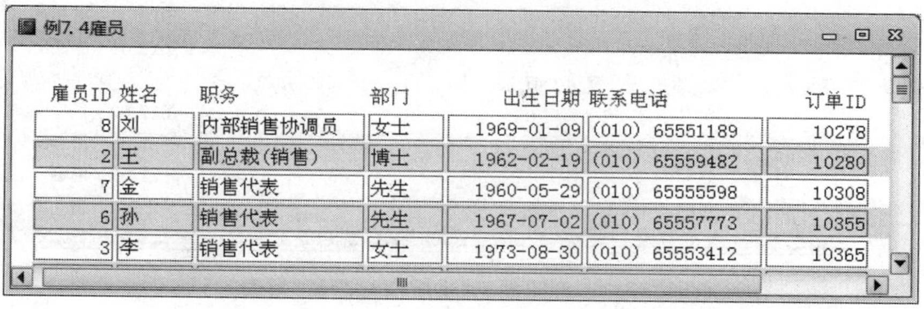

雇员ID	姓名	职务	部门	出生日期	联系电话	订单ID
8	刘	内部销售协调员	女士	1969-01-09	(010) 65551189	10278
2	王	副总裁(销售)	博士	1962-02-19	(010) 65559482	10280
7	金	销售代表	先生	1960-05-29	(010) 65555598	10308
6	孙	销售代表	先生	1967-07-02	(010) 65557773	10355
3	李	销售代表	女士	1973-08-30	(010) 65553412	10365

图 7.12 打印预览“雇员”报表

操作步骤如下。

(1) 单击“创建”选项卡“报表”组中的“空报表”命令按钮，进入报表“布局视图”方式，屏幕右侧自动显示“字段列表”窗格。

(2) 单击“字段列表”窗格内的“显示所有表”，依次双击“雇员”内的“雇员 ID”、“姓名”、“职务”、“部门”、“出生日期”和“联系电话”字段。

(3) 在“相关表的可用字段”中单击“订单”表前面的“+”号，显示出表中包含的所有字段，然后双击“订单 ID”。并适当调整字段控件的列宽。

(4) 以“雇员”为名保存报表。切换到“打印预览”视图方式，报表输出效果如图 7.12 所示。

7.2.4 使用“报表向导”按钮创建报表

使用“报表向导”按钮创建报表，可以根据向导的提示，快速创建报表，其数据源可以是查询，也可以是一个表或者多个相关表。

例 7.5 以“供应商”和“产品”表为数据源，使用“报表向导”创建名称为“供应商与产品”的报表，报表中包含“供应商 ID”、“公司名称”、“联系人姓名”、“地址”、“电话”、“产品名称”和“产品单价”7 个字段。报表如图 7.13 所示。

操作步骤如下。

(1) 单击“创建”选项卡“报表”组中的“报表向导”命令按钮，弹出“报表向导”对话框，单击“表/查询”下拉列表框右侧的向下按钮，从中选择“表：供应商”，然后在“可用字段”列表框中双击所需字段，如图 7.14 所示。

(2) 再次单击“表/查询”下拉列表框右侧的向下按钮，从中选择“表：产品”，然后在“可用字段”列表框中双击所需字段。

(3) 单击“下一步”按钮，进入图 7.15。

(4) 单击“下一步”按钮，进入“报表向导”之“确定分组级别”。

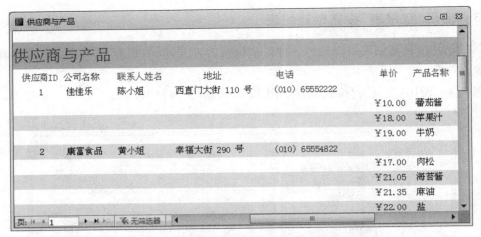

图 7.13　打印预览"供应商与产品"报表

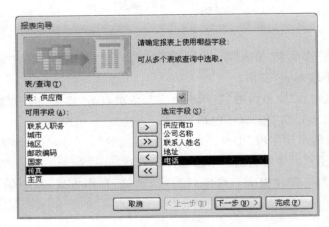

图 7.14　"报表向导"对话框

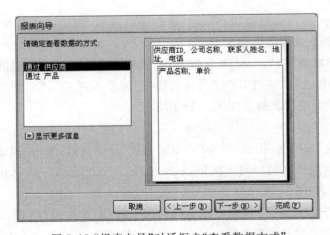

图 7.15 "报表向导"对话框之"查看数据方式"

（5）单击"下一步"按钮，进入图 7.16。

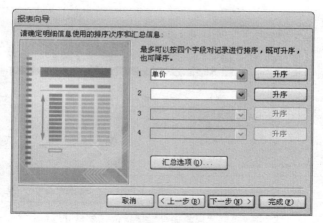

图 7.16　"报表向导"对话框之"确定排序次序"

（6）单击"下一步"按钮，进入"报表向导"之"布局方式"。

（7）单击"下一步"按钮，进入图 7.17。

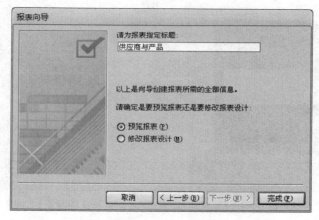

图 7.17　"报表向导"对话框之"报表命名"

（8）单击"完成"按钮，预览报表，然后切换到"设计视图"，调整报表布局，最终效果如图 7.13 所示。

7.2.5　使用"标签"按钮创建报表

"标签"向导主要用于快速制作物品标签、个人基本信息卡片等标签报表。其数据源可以是表，也可以是报表。

例 7.6　使用"标签"向导创建"标签-雇员"报表，标签报表包含每个雇员的"姓名"、"职务"、"部门"和"联系电话"。

操作步骤如下。

（1）打开 sales.accdb 数据库，在屏幕左侧的导航窗格中选中"雇员"表。

（2）单击"创建"选项卡"报表"组中的"标签"命令按钮，打开"标签向导"第 1 个对话框之"指定标签尺寸"，如图 7.18 所示。

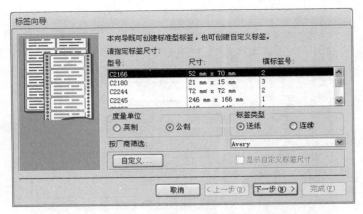

图 7.18 "标签向导"之"指定标签尺寸"

（3）单击"下一步"按钮，打开"标签向导"第 2 个对话框之"选择文本字体和颜色"，如图 7.19 所示。

图 7.19 "标签向导"之"选择文本字体和颜色"

（4）单击"下一步"按钮，打开"标签向导"第 3 个对话框之"指定原型标签"。单击">"按钮，将字段添加到"原型标签"文本框中，按下 Enter 键换行，如图 7.20 所示。

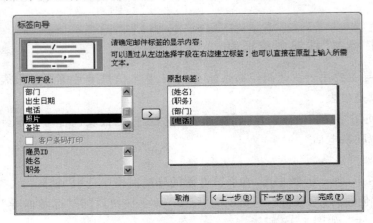

图 7.20 "标签向导"之"指定原型标签"

（5）单击"下一步"按钮，打开"标签向导"第 4 个对话框之"指定排序依据"为按照"姓名"排序，如图 7.21 所示。

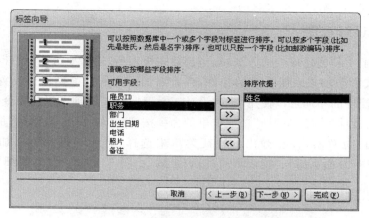

图 7.21 "标签向导"之"指定排序依据"

（6）单击"下一步"按钮，打开"标签向导"第 5 个对话框之"指定报表名称"为"标签 雇员"，如图 7.22 所示。

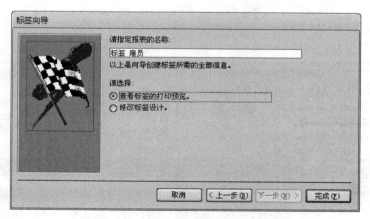

图 7.22 "标签向导"之"指定报表名称"

（7）单击"完成"按钮，打印预览"标签 雇员"标签，最终效果图如图 7.23 所示。

图 7.23 打印预览"标签 雇员"报表（局部）

7.3　编　辑　报　表

7.3.1　报表设计视图

前面介绍了4种创建报表的方法,每当创建完报表后,通常要进入"设计视图"进行控件布局的调整,或者添加报表所需要的控件,或者添加需要的节等操作来设置报表的外观格式。其中调整控件的布局可以使用"报表设计工具"|"排列"选项卡里的命令按钮;添加控件可以使用"报表设计工具"|"设计"选项卡里的命令按钮,如图7.24所示;添加节可以在报表设计网格的空白位置右击,在弹出的快捷菜单中选择"分组和排序"(添加"组页眉/组页脚")、"页面页眉/页面页脚"、"报表页眉/报表页脚"。图7.25是"订单明细"报表的设计视图及快捷菜单。

图 7.24　"控件"组

图 7.25　报表设计视图及快捷菜单命令

7.3.2 设计报表

设计一个报表通常会用到数据源、控件、属性设置、添加标题、添加日期/时间、添加页码/分页符、添加节、设计报表布局、报表页面设计等。

1. 数据源

报表的数据源通常是一个查询、一个表或者相关表。单击图 7.25"工具"组中的"添加现有字段"按钮,可以向报表主体节添加字段及相关表字段。

2. 报表设计中使用的控件

设计报表主要使用标签、文本框、图像、线条、矩形等控件。

3. 报表属性

单击图 7.25"工具"组中的"属性表"按钮,弹出"属性表"窗格,如图 7.26 所示。单击"属性表"窗格上方的"所选内容的类型"下拉列表框,选择需要设置属性的控件对象,在"格式"、"数据"、"事件"、"其他"或"全部"选项卡里设置相应的属性。

4. 添加日期/时间

在报表设计视图添加日期/时间有两种方法。

方法一:单击图 7.25"页眉/页脚"组中的"日期/时间"按钮,默认添加到"报表页眉"区。

方法二:在页眉或者页脚节,添加一个文本框,在该文本框的"控件来源"属性框中输入 "=Now()"、"=Date()"。

图 7.26 "属性表"窗格

5. 添加分页符

在报表中,可以使用分页符来标志要另起一页的位置。操作步骤如下。

(1) 在"报表设计"视图方式下,单击"控件"组中的"插入分页符"按钮。

(2) 选择报表中需要设置分页符的位置,然后单击,分页符会以短虚线标志在报表的左边界上。

注意:分页符应设置在某控件之上或之下,以免拆分了控件中的数据。如果报表中的数据有分组,希望每一组数据另起一页,通常使用分页符。

6. 添加页码

添加页码有两种方法。

方法一:单击图 7.25"页眉/页脚"组中的"页码"按钮,可在"页面页眉/页脚"处插入页码。

方法二:在页眉或页脚节添加一个文本框,在该文本框的"控件来源"属性框中输入表 7.1 的一个公式 。公式中[Page]和[Pages]是内置变量,[Page]代表当前页号,[Pages]代表总页数。常用的页码公式如表 7.1 所示。

表 7.1 页码常用公式

公 式	说 明
="第" & [Page] & "页"	第 N 页
=[page] "/" [Pages]	N/M
="共" & [Pages] & "页,第" & [Page] & "页"	共 M 页,第 N 页
="第 " & [Page] & " 页/共 " & [Pages] & " 页"	第 N 页/共 M 页

7. 使用节

报表共有 7 个节,这些节中主体是必须有的节。

1)添加"页眉/页脚"

在"报表设计"视图,在报表上右击,选择快捷菜单命令"报表页眉页脚"、"页面页眉/页脚"。

2)删除"页眉/页脚"

页眉和页脚只能作为一对同时添加,如果不需要页眉或者页脚,可以使用下列方法删除,如果删除"页眉"或者"页脚",将同时删除其内的所有控件。

方法一:设置"页眉"(或"页脚")"可见"属性为"否"。

方法二:删除"页眉"(或"页脚")内部的所有控件,然后设置其"高度"属性为 0。

3)设置节的宽度和高度

报表虽然有 7 个节,但是改变一个节的宽度将改变整个报表的宽度。将鼠标放在某个节的右侧边缘处,当鼠标变成双向箭头时,按下鼠标左键左右拖动鼠标即可改变节的宽度。

将鼠标放在某个节的底端边缘处,当鼠标变成双向箭头时,按下鼠标左键上下拖动鼠标即可改变节的高度。

8. 报表格式

单击图 7.25 中的"格式"选项卡,使用其内部的"字体"、"数字"、"背景"和"控件格式"命令组,可以设置报表的字体、字型、字号、数字、条件格式等。

9. 报表页面设计

单击图 7.25 中的"页面设置"选项卡,使用其内部的"页面大小"和"页面布局"命令组,可以设置"纸张大小"、"页边距"、"纸张方向"等。

例 7.7 打开例 7.2"订单明细"报表,并切换到设计视图,然后做如下操作。

(1)添加"报表页眉/页脚",使"报表页眉"不可见。然后在"报表页脚"节添加一个文本框,在文本框里显示当前日期,文本框距左边 1cm,距上边 0cm。

(2)在页面页眉左侧添加一个图像控件,图像文件自定。

(3)在"页面页脚"节插入页码,页码格式为"第 N 页,共 M 页"。

(4)在"页面页眉"底端添加一条水平线,在"主体"底端添加一条水平线。

(5)设置主体节内所有的文本框字体粗细为"加粗",字体名称为"黑体"。设置报表弹出方式为"是"。

(6)将"单价"大于 40 的数据用"红色"、"斜体"加"下划线"显示。

(7)设置报表纸张大小为 Executive。

（8）调整节的高度与宽度。报表的打印预览局部图如图 7.27 所示。

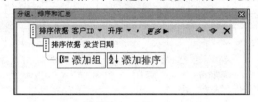

图 7.27 打印预览例 7.7 报表（局部）

7.4 报表排序与分组

在默认情况下，报表中的数据是按照数据输入的先后顺序来显示的。但是有时候需要按某种顺序来排列数据，或者按照某个字段进行分组统计，排序与分组就能够完成上面的功能，排序是将数据按照一定的规则进行排序，分组是将具有相同类型的数据排列在一起，并且可以对同组数据进行统计汇总。

7.4.1 记录排序

在 Access 中，用户可以按照一定规则对其中的报表数据进行排序。报表不仅能对字段排序，也可以对表达式排序。一个报表最多可以对 10 个字段或表达式进行排序。

例 7.8 使用"报表"按钮创建"订单"报表，在报表中按照"客户 ID"进行升序排序，如果"客户 ID"相同，按照"发货日期"进行升序排序。

操作步骤如下。

（1）打开 sales.accdb 数据库，在左侧导航窗格中选择"订单"表，然后单击"创建"选项卡的"报表"组中的"报表"按钮。

（2）切换到"设计视图"。在网格空白位置右击，在弹出的快捷菜单中选择"排序与分组"，在设计视图下方弹出"分组、排序和汇总"窗格。

（3）单击"添加排序"按钮，弹出"字段列表"窗格，单击选择"客户 ID"字段；再次单击"添加排序"按钮，弹出"字段列表"窗格，单击选择"发货日期"字段，如图 7.28 所示。

图 7.28 "分组、排序和汇总"窗格

(4) 保存报表。切换到打印预览视图查看结果。

7.4.2 记录分组

分组是指报表设计时按照选定的某个(或几个)字段值是否相等而将数据记录划分成组的过程,并可以对同组中指定的字段进行统计汇总。

例7.9 创建并打开"产品"报表,按"供应商ID"分组,统计各供应商产品"库存量"总计。要求分页显示各供应商的产品信息。

操作步骤如下。

(1) 打开 sales.accdb 数据库,在左侧导航窗格中选择"产品"表,然后单击"创建"选项卡里"报表"功能组的"报表"按钮。

(2) 在"布局视图"调整报表布局。然后切换到"设计视图"。在网格空白位置右击,在弹出的快捷菜单中选择"排序与分组"。

(3) 单击"分组、排序和汇总"窗格内的"添加组"按钮,弹出"字段列表"窗格,单击选择"供应商ID"字段;单击"更多►"按钮,将"无页脚节"改为"有页脚节";单击"无汇总▼",在弹出的"汇总"窗格中汇总方式选择"库存量",类型选择"合计",选中"在组页脚中显示小计"复选框,如图7.29所示。

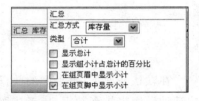

图7.29 分组"汇总"窗格

(4) 将原来"页面页眉"节中的"供应商"标签移到"供应商ID页眉"节中;将主体节中的"供应商ID"文本框移到"供应商ID页眉"节中。

(5) 在"供应商ID页脚"节底部插入"控件"组中的分页符控件 ▤。

(6) 调整各节控件的布局。调整报表的宽度和高度,保存报表。

报表设计视图如图7.30所示;切换到打印预览视图,报表第一页效果图如图7.31所示。

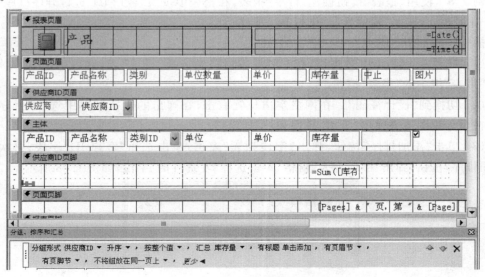

图7.30 例7.9 报表设计视图

图 7.31 打印预览"产品"报表第一页

7.5 使用计算控件

报表设计过程中,报表上的控件主要分三大类:非绑定控件、绑定控件和计算控件。例如,标签通常作为非绑定控件;文本框可以作为非绑定控件,也可以作为绑定控件,还可以作为计算控件。非绑定控件没有"控件来源"属性或者没有指定"控件来源"属性;绑定控件的"控件来源"指定为一个字段;计算控件的"控件来源"指定为计算表达式,当表达式的值发生变化时,会重新计算结果并输出。

7.5.1 报表中添加计算控件

例 7.10 以"订单明细"表为数据源,创建"订单明细(金额)"报表,根据报表中的"单价"、"数量"和"折扣",计算订购每种产品的金额。

操作步骤如下。

(1) 打开 sales.acdb 数据库,创建"订单明细"报表。

(2) 切换到"设计视图"。在"页面页眉"节的最后添加一个标签,标题为"金额",名称为"lbl 金额"。

(3) 在主体节的最后添加一个文本框,在"属性表"窗格中选择"全部"选项卡,设置名称为"金额",设置"控件来源"属性为"=[单价]*[数量]*(1-[折扣]/100)"。删除文本框对应的标签。

注意:计算控件的"控件来源"计算表达式必须以"="号开头。

(4) 设计视图如图 7.32 所示。

(5) 设置报表弹出方式"是"。切换到报表布局视图,根据实际数据调整控件的布局。

(6) 以"例 7.10 订单明细(金额)"为名保存报表。

切换到打印预览视图,查看报表数据如图 7.33 所示。

7.5.2 报表汇总计算

例 7.10 的计算是在主体节内添加计算控件,指定计算控件的"控件来源"属性为一个表

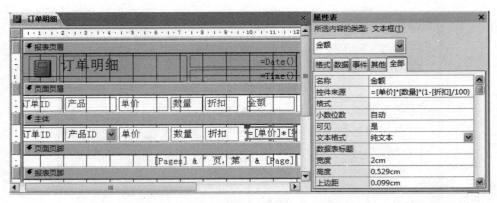

图 7.32　例 7.10 设计视图

图 7.33　打印预览"订单明细(金额)"

达式即可。

　　在报表中还可以对已有的数据源按某一字段值分组,对分组中指定的字段进行统计汇总。对于分组统计,统计计算控件应该添加在"组页眉/组页脚"节内相应位置,然后使用统计函数设置"控件来源"即可。

　　也可以对报表中的全部记录进行统计汇总。对于全部数据的统计计算,计算控件应该添加在"报表页眉/报表页脚"节内相应位置,然后使用统计函数设置"控件来源"即可。

　　对报表进行汇总是依据系统提供的计算函数来完成的。表 7.2 列出了报表统计汇总的计算函数。

表 7.2　常用的统计计算函数

函　数	功　能
Avg	计算指定范围内的指定字段值的平均值
Sum	计算指定范围内的指定字段值的总和
Count	计算指定范围内的记录个数
Max	返回指定范围内的多个记录的最大值
Min	返回指定范围内的多个记录的最小值

续表

函 数	功 能
First	返回指定范围内的多个记录中,第一个记录指定的字段值
Last	返回指定范围内的多个记录中,最后一个记录指定的字段值
Date	当前日期
Time	当前时间
Year	当前年份

7.11 计算"例 7.10 订单明细(金额)"报表中订购产品总数量。

操作步骤如下。

(1) 打开例 7.10 创建的报表,切换到设计视图。

(2) 在"报表页脚"节对应主体节"数量"的下方添加一个文本框,在文本框对应的标签内输入"总订购数量:",在文本框内输入"=Sum([数量])"。

(3) 以原名保存报表。切换到打印预览视图,查看计算结果。

7.6 创建复杂报表

7.6.1 创建子报表

子报表是包含在其他报表中的报表。创建子报表时,两个报表中的一个必须是主报表,主报表可以是绑定的也可以是非绑定的,即报表可基于数据表、查询或 SQL 语句,也可以基于其他数据对象。非绑定的主报表可作为容纳要合并的无关联子报表的容器。要创建子报表,主报表和子报表之间必须有关联关系,即有相关联的字段。

主报表可以包含子报表,也可以包含子窗体。一个主报表最多只能包含 2 级子窗体或子报表。本节介绍主报表内包含子报表的两种情况。

1. 在已有的报表中创建子报表

例 7.12 创建"订单"报表,向"订单"报表中添加"订单明细"表。将"订单明细"表作为"订单"报表的子报表,以"订单-订单明细"为名保存报表。

操作步骤如下。

(1) 以"订单"表为数据源创建报表,将报表以"订单-订单明细"为名保存。

(2) 切换到设计视图,调整控件的布局,并在主体节预留子报表的位置。

(3) 在主体节插入"子窗体/子报表"控件,打开"子报表向导"之"选择数据来源"对话框。单击"使用现有的表或查询"单选钮,如图 7.34 所示。

(4) 单击"下一步"按钮,打开"子报表向导"之"选择表和字段"对话框。在"表/查询"下拉列表框中选择"订单明细"表,选择如图 7.35 所示的"选定字段"。

(5) 单击"下一步"按钮,打开"子报表向导"之"选择链接字段"对话框,单击"从列表中选择"单选钮,如图 7.36 所示。

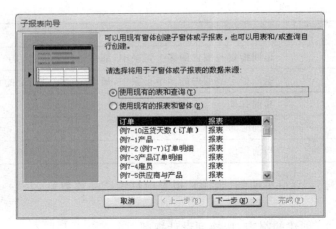

图 7.34　选择数据来源

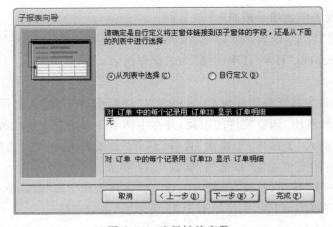

图 7.35　选定字段

图 7.36　选择链接字段

（6）单击"下一步"按钮，打开"子报表向导"之"子报表命名"对话框，给子报表命名为
"订单明细子报表"，如图 7.37 所示。

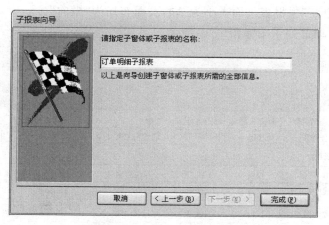

图 7.37　指定子报表名称

（7）单击"完成"按钮。调整"订单明细子报表"的大小、位置及控件的布局。

（8）报表纸张大小设置为 A3。

切换到打印预览视图，查看报表数据，如图 7.38 所示。

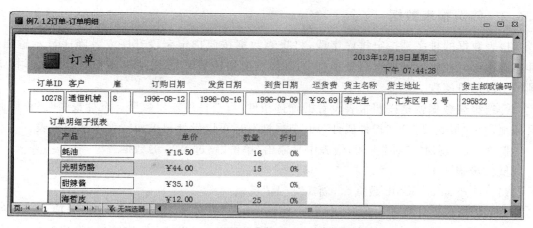

图 7.38　打印预览"雇员-订单"报表

2. 创建子报表并插入已有报表中

例 7.13　创建"产品子报表"报表，创建"供应商"报表。将"供应商"报表作为主表，将
"产品子报表"报表作为其子报表。

操作步骤如下。

（1）创建名称为"产品子报表"的报表。切换到设计视图，取消"报表页眉/报表页脚"
节，取消" 页眉页脚"节。切换到布局视图，调整控件的布局。

（2）创建名称为"供应商"的报表。切换到布局视图，调整控件的布局。切换到设计视
图，在主体节预留出子报表的位置。

（3）将"产品子报表"拖动到主体节，调整"产品子报表"的大小和位置。在"属性表"窗格设置"产品子报表"的"显示页面页眉/显示页面页脚"为"是"。

（4）设置"供应商"主报表页面大小为 A4，页面布局为"横向"。

打印预览报表局部效果图如图 7.39 所示。

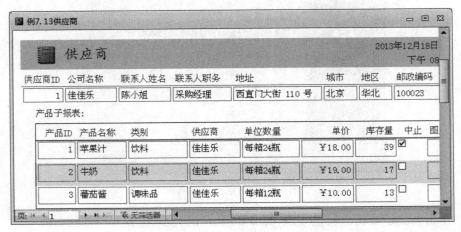

图 7.39　例 7.13 效果图（局部）

7.6.2　筛选报表数据

报表数据的排序是指定排序字段，将报表数据按照指定字段升序或者降序显示输出。排序操作可以在报表网格空白位置右击，在弹出的快捷菜单中选择"排序和分组"命令，指定排序字段即可实现。

筛选报表数据就是按照报表设置的筛选条件，有选择地输出数据。设计报表时，正确而灵活地使用"报表属性"、"控件属性"和"节属性"等，可以设计出更加精美丰富的报表。

例 7.14　创建"产品"报表，报表中只输出"单价"超过￥30 的数据。

操作步骤如下。

（1）打开 sales. accdb 数据库，创建"产品"报表。

（2）切换到设计视图，打开"属性表"窗格，单击"属性表"窗格的"数据"选项卡，将"筛选"设置为"[单价]＞30"；将"加载时的筛选器"设置为"是"；将"允许筛选"设置为"是"，如图 7.40 所示。

图 7.40　在"属性表"中设置筛选条件

（3）切换到布局视图,调整控件的布局。

（4）切换到"打印预览"视图,查看报表的输出数据情况。

7.7　打 印 报 表

1. 页面设置

如果要打印预览报表,或者要打印输出报表,一定要对报表进行页面设置。"页面设置"按钮组如图 7.41 所示。

图 7.41　"页面设置"按钮组

在报表的设计视图方式,单击"报表设计工具"里的"页面设置"选项卡,使用其内部的"页面大小"按钮组,可以设置纸张大小、页边距等;使用"页面布局"按钮组,可以设置纸张放置的方向、每张纸打印数据的列数。这些操作也可以单击"页面设置"按钮,打开"页面设置"对话框进行设置。

2. 预览和打印报表

如果要打印预览报表,通常将报表的"弹出方式"设置为"是",然后再切换到"打印预览"视图方式,可以查看报表中各个控件的布局是否合理、上下左右页边距是否合适、纸张设置是否合适(是否有跨页的数据)。

如果要打印报表,首先打开报表,然后使用"文件"菜单里的"打印"命令,选择"打印"命令的"打印"子命令按钮,可将打开的报表数据传输到默认打印机打印输出。

7.8　习　　题

7.8.1　选择题

1. 若要在报表每一页底部都输出信息,需要设置的是_____。

　　A. 页面页脚　　　　B. 页面页眉　　　　C. 报表页眉　　　　D. 报表页脚

2. 在报表设计时,如果只在报表最后一页的主体内容之后输出规定的内容,则需要设置的是_____。

　　A. 页面页脚　　　　B. 页面页眉　　　　C. 报表页眉　　　　D. 报表页脚

3. 如果要在整个报表的最后输出信息,需要设置的是_____。

　　A. 页面页脚　　　　B. 页面页眉　　　　C. 报表页眉　　　　D. 报表页脚

4. Access 报表对象的数据源可以是_____。

    A. 表、查询和窗体   B. 报表和查询

    C. 表、查询和 SQL 语句   D. 表、查询和报表

5. 在关于报表数据源设置的叙述中,以下正确的是_____。

    A. 可以是任意对象   B. 只能是表对象

    C. 只能是查询对象   D. 可以是表对象或查询对象

6. 可作为报表记录源的是_____。

    A. 表   B. 查询   C. Select 语句   D. 以上都可以

7. 以下关于报表的叙述中,正确的是_____。

    A. 报表只能输入数据

    B. 报表只能输出数据

    C. 报表可以输入数据,也可以输出数据

    D. 报表不能输入和输出数据

8. 在报表设计过程中,不适合添加的控件是_____。

    A. 选项组控件   B. 标签控件   C. 图像控件   D. 文本框控件

9. 在报表设计的工具栏中,用于修饰版面以达到更好显示效果的控件是_____。

    A. 直线和矩形   B. 直线和圆形   C. 直线和多边形   D. 矩形和圆形

10. 要实现报表的分组统计,正确的操作区域是_____。

    A. 页面页眉/页面页脚   B. 报表页眉/报表页脚

    C. 组页眉/组页脚   D. 主体节

11. 在报表设计中,以下可以做绑定控件显示字段数据的是_____。

    A. 命令按钮   B. 标签控件   C. 图像控件   D. 文本框控件

12. 图 7.42 所示是报表设计视图,由此可判断该报表的分组字段是_____。

    A. 货主名称   B. 订单 ID   C. 客户   D. 客户 ID

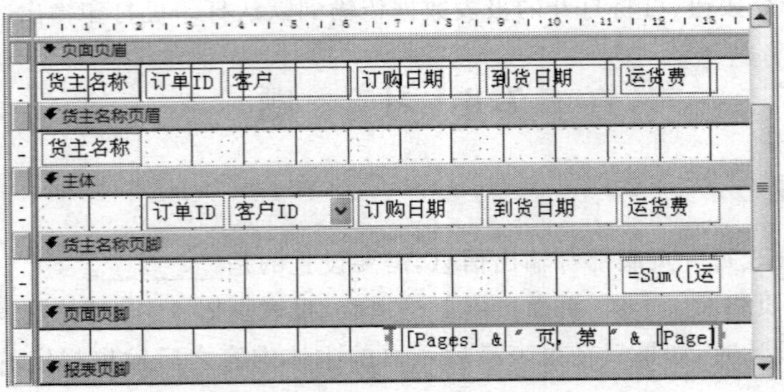

图 7.42 报表设计视图

13. 要在报表页眉中输出系统当前日期,应该在报表页眉节添加一个文本框,然后将 "=Date()"表达式设置在该文本框属性表的属性是_____。

    A. 名称   B. 标题   C. 控件来源   D. 输入掩码

14. 如果要统计报表中某个字段的全部数据,应将计算表达式放在_____。

    A. 页面页眉/页面页脚　　　　　　　　B. 报表页眉/报表页脚

    C. 主体　　　　　　　　　　　　　　　D. 组页眉/组页脚

15. 在报表中,要计算"单价"的最大值,应将控件的"控件来源"属性设置为_____。

    A. Max(［单价］)　　　　　　　　　　B. ＝Max(单价)

    C. ＝Max(［单价］)　　　　　　　　　D. ＝Max［单价］

16. 在报表中,要计算"运货费用"的平均值,应将控件的"控件来源"属性设置为_____。

    A. Avg(［运货费用］)　　　　　　　　B. ＝Avg(运货费用)

    C. ＝Avg(［运货费用］)　　　　　　　D. ＝Avg［运货费用］

17. 在报表中,要显示页码的格式为"第 N 页/共 M 页",正确的页码格式设置为_____。

    A. ＝"共" & ［Pages］ & "页,第" & ［Page］ & "页"

    B. ＝"共" & Pages & "页,第" & Page & "页"

    C. ＝"第 " & ［Page］ & " 页/共 " & ［Pages］ & " 页"

    D. ＝"第 " & Page & " 页/共 " & Pages & " 页"

18. 要在报表只能够输出时间,设计报表时要添加一个控件,且需要将该控件的"控件来源"属性设置为时间表达式,最合适的控件是_____。

    A. 命令按钮　　　　B. 标签控件　　　　C. 图像控件　　　　D. 文本框控件

19. 在报表中将大量数据按照不同的类型分别集中在一起,称为_____。

    A. 数据筛选　　　　B. 合计　　　　　　C. 分组　　　　　　D. 排序

20. 如果报表中只显示运货费用大于￥50 的数据,需要筛选报表中的数据。筛选数据需要设置报表的属性是_____。

    A. 记录源　　　　　B. 排序依据　　　　C. 筛选　　　　　　D. 加载时的排序依据

7.8.2　填空题

1. 报表设计视图通常由 7 个节组成,它们分别是报表页眉、_____、_____、_____、_____、_____和组页脚。

2. Access 的报表对象数据源可以设置为数据表、_____、_____或_____。

3. 报表数据输出不可缺少的是_____内容。

4. 计算控件的控件来源属性一般设置为以_____开头的计算表达式。

5. 若要对某个报表创建子报表,主报表和子报表之间一定要有_____字段。

6. 分页控件可以将报表数据强制分页输出,它通常设置在组页脚的某个控件的_____。

7. 要在报表上显示格式为"4/总 12 页"的页码,则计算控件的控件来源应设置为_____。

8. 要设计出带表格线的报表,需要向报表中添加_____控件完成表格线的显示。

9. Access 的报表要实现排序和分组统计,应通过_____命令来实现。

10. 若设计了图 7.43 所示的排序，"客户 ID"和"发货日期"都是升序,它们排序的正确描述是_____。

图 7.43　排序结果

第8章 宏

在 Access 2010 中,除了表、查询、窗体和报表之外,还有一个"宏与代码"对象。"代码"的详细内容将在第9章介绍。宏是用于执行特定任务的操作或操作集合,利用宏可以自动完成大量重复性操作。本章主要介绍宏、宏的设计方法及宏的运行和使用。

8.1 宏 的 概 述

宏是一种特定的编码,是一个或多个操作命令的集合。

Access 2010 为用户提供了70种宏操作,例如,打开或者关闭窗体、打开或者打印报表、显示或者隐藏工具栏等。每一个宏命令由动作名称和操作参数组成。宏比模块更容易掌握,使用宏可以不用编写程序代码,也不必记住各种复杂的语法格式,只要了解有哪些宏命令,这些宏命令能够实现什么操作,完成什么操作任务。因为有了宏,在 Access 2010 中,用户甚至可以不用编程就能够完成数据库管理系统开发的过程,实现数据库管理系统软件的设计。

Access 中宏可以分为操作序列宏、宏组、含有条件的条件宏和特殊宏。

操作序列宏是指包含几个操作动作的宏;宏组是指内部包含多个宏的宏,其中的每个宏有各自的宏名,宏组中的宏调用格式为<宏组名>.<宏名>;使用条件表达式的宏就是条件宏,当条件满足时才执行宏动作。

表 8.1 是 Access 常用的宏操作命令。

表 8.1　常用的宏操作命令

类　　型	命令名称	功 能 描 述
筛选/定位	FindRecord	查找符合条件的第一条或下一条记录
	FindNextRecord	根据符合 FindRecord 操作,查找下一条满足条件的记录
	Refresh	刷新视图中的记录
	GoToRecord	使指定的记录成为打开的表(窗体、查询结果)的当前记录
	GoToControl	将焦点移到被激活的数据表(窗体)的指定字段或控件上
数据库对象	OpenTable	打开数据表(设计视图、数据表视图、打印预览)
	OpenForm	打开窗体(窗体视图、设计视图、数据表视图、打印预览)
	OpenReport	打开数据表(设计视图、报表视图、布局视图、打印预览)
	OpenQuery	打开查询(数据表视图、设计视图、打印预览)
系统命令	CloseDatabase	关闭当前数据库
	Beep	使计算机发出"嘟嘟"声
	QuitAccess	退出 Access
	MessageBox	显示包含警示信息或提示信息的消息框

续表

类　型	命令名称	功能描述
宏命令	RunMacro	运行宏
	RunCode	运行 VB 的函数过程
窗口管理	MaximizeWindow	活动窗口最大化
	MinimizeWindow	活动窗口最小化
	CloseWindow	关闭指定的窗口,如果没有指定窗口,则关闭当前窗口

8.2　宏的设计

8.2.1　宏的设计方法

图 8.1 是进行宏设计时使用的宏设计窗口。

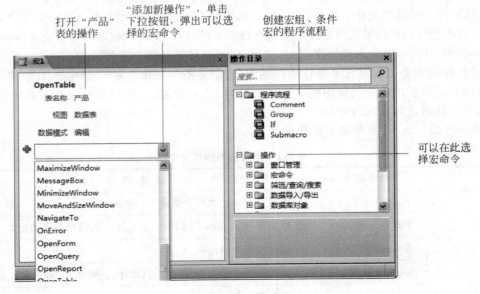

图 8.1　宏设计窗口

　　每一个宏命令都是由宏名称和操作参数组成的。设计宏时,单击宏设计窗口中的"添加新操作"下拉按钮,在下拉列表框中选择宏命令,随即显示出与该命令对应的参数窗格,在参数窗格里设置宏的各个参数。如果一个宏中定义了多个操作命令,在运行时按先后次序执行。

　　与宏设计窗口相关的工具栏如图 8.2 所示。工具栏各个按钮的含义见表 8.2 所示。

图 8.2　宏设计工具栏

表 8.2　宏设计工具栏按钮的功能

按　　钮	名　　称	功　　能
!	运行	执行当前宏
	单步	单步运行，一次执行一条宏命令
	宏转换	将当前宏转换为 Visual Basic 代码
	展开操作	展开宏设计器所选的宏操作
	折叠操作	折叠宏设计器所选的宏操作
	全部展开	展开宏设计器全部的宏操作
	全部折叠	折叠宏设计器全部的宏操作
	目录操作	显示或隐藏宏设计器的操作目录
	显示所有操作	显示或隐藏操作列所有操作

8.2.2　建立独立的宏

例 8.1　定义一个名为 macro1 的宏，运行宏 macro1，能够打开"雇员"窗体，窗体中的数据为只读。

操作步骤如下。

(1) 单击"创建"选项卡中的"宏"命令按钮，将打开图 8.1 所示的宏设计窗口。

(2) 在"添加新操作"列表中选择 OpenForm。

(3) 在参数设置窗格中设置所需参数，如图 8.3 所示。

(4) 在宏 1 选项卡上右击，在快捷菜单中选择"保存"，以 macro1 为名保存宏。

(5) 单击宏设计工具栏上的 ! ，查看宏 macro1 的运行。

图 8.3　宏参数设置窗口

宏 macro1 里包含一个操作，如果一个宏里包含多个操作，只要重复上述步骤(2)和(3)即可。执行时，按照设置操作的先后次序依次执行。

8.2.3　建立宏组

把相关的操作分为一组就是宏组，宏组不能单独调试和运行，分组的主要目的是标识一组操作，帮助用户一目了然地了解宏的功能。

创建宏组的基本步骤如下。

(1) 将图 8.4"程序流程"下的 Group 拖到"添加新操作"列表框里。

(2) 在生成的 Group 块顶部的框中输入宏名称。

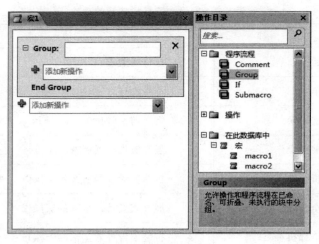

图 8.4 宏组设计窗口

（3）在"添加新操作"下拉列表框中选择宏操作命令。

（4）重复步骤（1）、（2）和（3），为宏组添加各个宏命令。

（5）保存宏组并给宏组命名。

说明：如果宏组里的宏已经定义，则从右边"操作目录"窗格"宏"中拖动宏到"添加新操作"中即可。Group 块可以包含其他 Group 块，最多可以嵌套 9 级。

例 8.2 定义名为 macro2 的宏组，macro2 宏组包含名称为 macro2-1 和 macro2-2 的两个宏。Macro2-1 能够打开"雇员"数据表，给出提示信息"雇员数据表已打开！"。macro2-2 能够使计算机发出"嘟嘟"声，然后打开"产品"报表，并使报表窗体最大化。

宏组设计视图如图 8.5 所示。

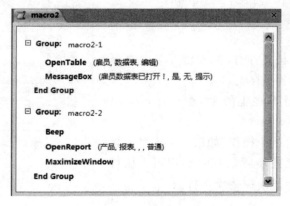

图 8.5 宏组设计窗口

8.2.4 建立条件宏

条件宏就是在创建宏时，设定一个运行宏的条件。当满足设定的条件时才运行宏，如果不满足设定的条件，则不运行宏。

创建条件宏的基本步骤如下。

（1）将图8.4"程序流程"下的 if 拖到"添加新操作"列表框里。

（2）在生成的 if 块顶部的框中，输入"条件表达式"。

该表达式必须是布尔表达式，即表达式的运算结果应该是 True 或者 False。if 块的含义是当条件表达式为 True 时，执行宏操作；当条件表达式的值为 False 时，则忽略其后的宏操作。

（3）在"添加新操作"下拉列表框中选择宏操作命令。

（4）保存条件宏并给宏命名。

注意：在输入"条件表达式"时，可能会引用窗体、报表或相关控件值，可以使用如下格式。

引用窗体：[Forms]![窗体名]

引用窗体属性：[Forms]![窗体名].[属性]

引用窗体控件：[Forms]![窗体名]![控件名]

引用窗体控件属性：[Forms]![窗体名]![控件名].[属性]

引用报表：[Reports]![报表名]

引用报表属性：[Reports]![报表名].[属性]

引用报表控件：[Reports]![报表名]![控件名].[属性]

例8.3 创建如图8.6所示的"条件宏窗体"，窗体上有2个文本框，名称分别为 txtName 和 txtPassWord；有2个命令按钮，标题分别为"确定"（名称为 CmdOK）和"关闭"（名称为 CmdClose）。要求当在 txtName 文本框里输入 admin，并且在 txtPassWord 文本框里输入 123 时，单击"确定"按钮，能够执行名称为"条件宏"的宏。

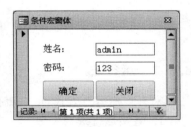

图8.6 条件宏窗体

"条件宏"的设计视图如图8.7所示。"条件宏"的含义是如果条件满足，则以编辑方式打开"雇员"窗体。如果条件不满足，则弹出相应的提示框。

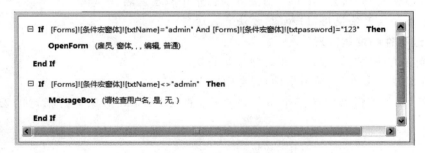

图8.7 条件宏设计窗口

8.2.5 AutoExec 宏

如果在首次打开数据库时执行指定的操作，可以使用一个名为 AutoExec 的特殊宏。该宏可在首次打开数据库时执行一个或一系列的操作。打开数据库时，Access 将查找一个名为 AutoExec 的宏，如果找到，就自动运行它。

创建 AutoExec 宏的基本步骤如下。

(1) 创建一个宏,其中包含在打开数据库时要运行的操作。

(2) 以 AutoExec 为宏名保存该宏。

下次打开数据库时,Access 将自动运行 AutoExec 宏。如果不想在打开数据库时运行 AutoExec 宏,可在打开数据库时按住 Shift 键。

例 8.4 建立一个 AutoExec 宏,宏设计视图如图 8.8 所示。当打开 sales. accdb 数据库时出现一个如图 8.9 所示的欢迎消息框,然后打开"条件宏窗体"。

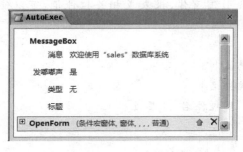

图 8.8 AutoExec 宏设计窗口

图 8.9 消息框

8.3 宏的运行与调试

8.3.1 运行宏

宏有多种运行方式,可以直接运行宏,还可以通过窗体、报表或控件的事件运行宏。

1. 直接运行宏

下列操作方法之一可以直接运行宏。

(1) 在宏设计视图,单击工具栏上的 ▮ 按钮。

(2) 在屏幕左侧"所有 Access"对象导航窗格中双击宏名。

注意:条件宏无法使用(1)和(2)方法直接运行。

2. 通过事件触发运行宏

下列操作方法之一可以通过事件触发运行宏。

(1) 在对象的事件(如单击事件)属性中输入宏名。

(2) 在 VBA 编辑器中的某个事件过程中,使用 DoCmd 对象运行指定的宏。命令格式为

```
DoCmd.RunMacro  宏名,重复执行次数
```

直接运行宏的目的是为了验证宏设计的正确性。在确保宏设计无误后,宏的使用一般通过窗体、报表或控件的事件来运行宏。操作步骤如下。

(1) 打开窗体或报表,切换到"设计视图"。

(2) 设置窗体、报表或控件的有关事件属性为宏的名称或事件过程。

(3) 在打开窗体、报表后,如果发生相应的事件,则会自动运行设置的宏或事件过程。

例 8.5 创建如图 8.10 的窗体,当单击"打开"按钮,能够自动执行例 8.1 创建的名为

macro1 的宏,打开"雇员"窗体;单击"关闭"按钮,能够自动调用名为"Close 宏",关闭打开的"雇员"窗体。

图 8.10 是窗体的设计视图,通过"关闭"按钮调用宏的设计方法是选择"事件"选项卡,单击"单击"右侧的省略号按钮,在下拉列表框中选择要调用的宏名"Close 宏",或者直接输入要调用的宏名。

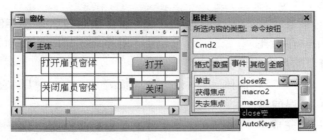

图 8.10　命令按钮的"单击"触发宏设计视图

8.3.2　调试宏

在运行宏时,经常会停止操作,出现一个"操作失败"的对话框。如果一个宏有多个操作,而它包含一个错误,则可以采用"单步"方式来逐步检查宏中的错误。使用单步调试,可以跟踪宏的执行流程和每个操作的结果,从中发现并排除出现的问题或错误的操作。

以例 8.2 创建的 macro2 宏组为例,使用"单步"调试的操作步骤如下。

(1) 打开 macro2 宏组。

(2) 单击工具栏上的"单步"按钮，使其处于凹陷状态。

(3) 单击工具栏上的"执行"按钮，系统将出现"单步执行宏"对话框,如图 8.11 所示。

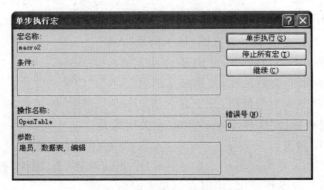

图 8.11　"单步执行宏"对话框

(4) 单击对话框内的"单步执行"按钮,执行其中的操作。如果宏操作有错误,则会出现"操作失败"对话框;单击"停止所有宏"按钮,将停止宏的执行并关闭对话框;单击"继续"按钮,将会关闭"单步执行宏"对话框,能够执行宏的下一个操作命令。

8.4 习　　题

8.4.1　选择题

1. 使用宏组的目的是_____。
   A. 设计出功能复杂的宏　　　　　　B. 设计出包含大量操作的宏
   C. 减少程序内存消耗　　　　　　　D. 对多个宏进行组织和管理

2. 不能够使用宏的数据库对象是_____。
   A. 数据表　　　　B. 窗体　　　　C. 报表　　　　D. 宏

3. 下列叙述中,错误的是_____。
   A. 宏能够一次完成多个操作　　　　B. 可以将多个宏组成一个宏组
   C. 可以用编程的方法来实现宏　　　D. 宏命令一般由动作名和操作参数组成

4. 宏操作不能处理的是_____。
   A. 打开报表　　　B. 打开窗体　　　C. 显示提示信息　　D. 对错误进行处理

5. 在宏的调试中,可配合使用设计器上的工具按钮,下列_____不是调试按钮。
   A. 调试　　　　　B. 单步　　　　C. 运行　　　　　D. 展开操作

6. 以下是宏 m 的操作序列设计:

条　件	操作序列	操作参数
	MsgBox	消息为"AA"
[tt]>1	MsgBox	消息为"BB"
	MsgBox	消息为"CC"

现设置宏 m 为窗体 fTest 上名为 bTest 命令按钮的单击事件属性,打开窗体 fTest 运行后,在窗体上名为 tt 的文本框内输入数字 1,然后单击命令按钮 bTest,则_____。
   A. 屏幕上先后弹出 1 个消息框,显示消息"AA"
   B. 屏幕上弹出 2 个消息框,分别显示消息"AA"、"BB"
   C. 屏幕上弹出 2 个消息框,分别显示消息"AA"、"CC"
   D. 屏幕上弹出 3 个消息框,分别显示消息"AA"、"BB"和"CC"

7. 如果不指定对象,宏操作 CloseWindow 关闭的是_____。
   A. 正在使用的表　　　　　　　　　B. 正在使用的报表
   C. 当前窗体　　　　　　　　　　　D. 当前对象(表、窗体、查询、报表)

8. 要限制宏命令的操作范围,可以在创建宏时定义_____。
   A. 宏操作对象　　B. 宏条件　　　C. 宏操作参数　　D. 宏操作目标

9. 在运行宏的过程中,宏不能修改的是_____。
   A. 窗体　　　　　B. 宏本身　　　C. 表　　　　　D. 数据库

10. 宏操作 Quit 的功能是_____。
    A. 关闭表　　　　B. 退出宏　　　C. 退出窗体　　　D. 退出 Access

11. 某窗体上有一个命令按钮,要求单击该命令按钮后调用宏打开应用程序 Word,则设计该宏时应选择的宏命令是_____。

A. RunApp　　　B. RunCode　　　C. RunMacro　　　D. RunCommand

12. 在宏表达式中要引用 Form1 窗体中的 txt1 控件的值,正确的引用方法是_____。

A. [Form1!][txt1]　　　　　　　B. txt1

C. [Forms]![Form1]![txt1]　　　D. [Forms]![txt1]

13. 为窗体或报表上的控件设置属性值,正确的宏操作命令是_____。

A. Set　　　B. SetData　　　C. Data　　　D. SetValue

14. 在一个数据库中已经设置了自动宏 AutoExec,如果在打开数据库的时候不想执行这个自动宏,正确的操作是打开数据库时按_____。

A. Enter 键　　　B. Shift 键　　　C. Ctrl 键　　　D. Alt 键

15. 在宏表达式中要引用 TEST 报表上的 txtName 控件的值,正确的引用方法是_____。

A. [TEST!][txt1]　　　　　　　B. txtName

C. [Reports]![TEST]![txt1]　　　D. [Reports]![txtName]

16. 打开查询的宏操作是_____。

A. OpenForm　　　B. OpenTable　　　C. OpenQuery　　　D. OpenReport

8.4.2　填空题

1. 宏是一个或多个_____集合。

2. 如果要建立一个宏,希望执行该宏后,首先打开一个表,然后打开一个窗体,那么在该宏中应该使用_____和_____两个命令。

3. 在宏的条件表达式中可能会引用到窗体或报表上的控件值,引用窗体控件的值,可以用式子_____,引用报表控件的值,可以用式子_____。

4. 实际上,所有宏操作都可以转换为相应的模块代码,它可以通过宏工具栏上的_____按钮来完成。

5. 有多个操作构成的宏,执行时是按_____依次执行的。

6. 定义_____有利于数据库中宏对象的组织和管理。

7. VBA 的自动运行宏,必须命名为_____。

第9章 模块与VBA编程

VBA(Visual Basic for Application)是一种由Viusal Baisc简化而来的编程语言。作为一种嵌入式语言,它与Access配套使用,主要用于设计数据库中的模块对象,扩展数据管理功能。本章主要介绍模块的基本概念、VBA语言基础以及VBA编程的基本方法。

9.1 模　　块

在Access 2010中,代码是以模块的形式组织和管理的,模块通过嵌入在Access中的VBA程序设计语言编辑器,实现与Access的完美结合。通过模块的组织和VBA代码设计,可以实现对Access数据库各个对象操作,完成应用系统程序的开发。

9.1.1　VBA编辑器

在Access 2010中,进入VBA编程环境有3种方式。

1. 直接进入VBA

在数据库中,单击"数据库工具"选项卡,然后在"宏"组中单击Visual Basic按钮,如图9.1所示。

图9.1　"数据库工具"选项卡

2. 创建模块进入VBA

在数据库中,单击"创建"选项卡,然后在"宏与代码"组中单击Visual Basic按钮,如图9.2所示。

图9.2　"创建"选项卡

3. 通过窗体和报表等对象的设计视图进入VBA

通过窗体和报表等对象的设计视图进入VBA通常有两种方法。

方法一：在窗体或报表的设计视图方式,通过控件的事件响应进入 VBA。如图 9.3 所示,单击事件右侧的"省略号"按钮,弹出如图 9.4 所示的"选择生成器"对话框,在对话框中选择"代码生成器",然后单击"确定"按钮。

方法二：在窗体或报表的设计视图方式,通过单击"设计"选项卡的"工具"中的"查看代码"按钮进入 VBA,如图 9.5 所示。

图 9.3　通过事件响应进入 VBA

图 9.4　"选择生成器"对话框

图 9.5　单击"查看代码"进入 VBA

如果希望从 VBA 编辑器切换回 Access 的窗体(或报表)设计视图,可以按 Alt＋F11;也可以单击任务栏的 Access 窗口按钮切换。

9.1.2　模块

1. 模块的类型

模块分为标准模块和类模块。

标准模块通常存放一些公共变量或过程供类模块里的过程调用。在标准模块里的变量和函数默认为是 Public 类型,它们具有全局性,作用范围在整个应用程序里。不同的标准模块里,可以定义相同的变量名和过程方法名,外部引用时使用"模块名.变量"、"模块名.过程"或"模块名.方法名"的形式。例如,标准模块 Module1 里定义了一个公共变量 PI 和一个公共过程 MySub,那么外部引用的形式为

```
Module1.PI,Module1.mySub
```

窗体模块和报表模块属于类模块。在窗体模块或报表模块里,可以使用 Private 关键词编写属于自己的过程和函数,定义属于自己模块的变量,供本模块内部使用,这些过程和函数的运行用于响应窗体或报表上的事件,使事件过程控制窗体或报表的行为以及它们对用户操作的响应。窗体模块和报表模块具有局部特性,其作用范围局限在窗体或报表内部。

图 9.6 给出标准模块和窗体模块代码,其中 Module1 为标准模块,"Form_模块介绍"为

窗体模块。通过演示操作,可以体会各个对象的作用范围。

2. 模块组成

通过图 9.6 可以看出,模块由一些变量、Sub 过程和 Function 函数过程组成。一个模块包含一个声明区域,声明区域用来声明模块使用的变量等项目。每个 Sub 过程或 Function 函数过程由若干代码行组成,这些代码按照一定的规则编写,当触发包含这些代码的事件后,这些代码就会被执行。

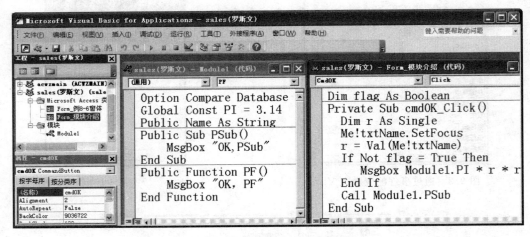

图 9.6 "标准模块"和"窗体模块"

3. 将宏转换为模块

窗体和报表控件的事件经常会引用已经设计好的宏,如果希望将引用的宏转换为代码,可以单击图 9.5 中的"将窗体的宏转换为 Visual Basic 代码"按钮实现转换,然后切换到 VBA 就可以看到宏操作转换为 VB 代码。

9.2 VBA 语言基础

本节介绍 Visual Basic 应用的基本内容,包括数据类型、常量与变量、运算符与表达式、标准函数和语句书写原则。

9.2.1 数据类型

1. 标准数据类型

标准数据类型也称为基本数据类型。表 9.1 列出 VBA 提供的几种标准数据类型。

表 9.1 VBA 的标准数据类型

数据类型	类型符	前缀	取 值 范 围
Byte(字节型)	无	byt	0~255
Boolean(逻辑型)	无	bln	False 和 True
Integer(整型)	%	int	−32 768~32 767

续表

数据类型	类型符	前缀	取 值 范 围
Long(长整型)	&	lng	−2 147 483 648～2 147 483 647
Single(单精度型)	!	sng	负数：−3.402823E38～−1.401298E−45 正数：1.401298E−45～3.402823E38
Double(双精度型)	♯	dbl	负数：−1.79769313486232D308～−4.94065645841247D−324 正数：4.94065645841247D−324～1.79769313486232D308
Currency(货币型)	@	cur	−922 337 203 685 477.580 0～922 337 203 685 477.580 7
Date(Time)(日期型)	无	dtm	公元 100 年 1 月 1 日～9999 年 12 月 31 日
String(字符型)	$	str	
Variant(变体型)	无	vnt	

说明：

(1) Boolean(逻辑型)。布尔型数据是一个逻辑值，用两个字节存储，只有 True 和 False 两个值。True 为−1，False 为 0。

(2) Variant(变体型)。如果不指定变量类型，VB 自动默认为是变体型。它的最终数据类型完全决定于程序上下文的需要。如果声明了 Variant 变量而未赋值，则其值为空。

例如，435、−435、+435、435％，均表示整型数。

435&、−435452&，均表示长整型数。

435.678、435.678!、4.35678E+2，均表示单精度数。

435.678♯、0.435678D+3、4.35678E+2♯，均表示双精度数。

435.678@、435@，均表示货币型。

♯2011 年 5 月 16 日♯、♯05/16/2011 21:44:20 PM♯，均是合法日期。

"435.678"、"中国，上海"、"A+B="，均是合法的字符串。

2. 用户定义数据类型

用户可以利用 Type 语句定义自己的数据类型。自定义数据类型的格式如下：

```
Type   自定义数据类型名
      元素名 1  As   类型名
      元素名 2  As   类型名
      ⋮
End Type
```

例如，在窗体模块中定义名称为 MyStudent 的自定义数据类型如下：

```
Private Type myStudent
    name As String
    sex As String
    score As Integer
End Type
```

给 myStudent 数据的 3 个元素赋值，可以使用下面的格式：

```
Dim stu As myStudent
With stu
    stu.name="李斯"
    stu.sex="男"
    stu.score=87
End With
```

9.2.2 常量、变量与数组

1. 常量

VBA 中的常量分为 3 种：直接常量、符号常量和系统常量。

1）直接常量

例如，"长江"、"123.4545"、＋78352&、1234.567!、1234.567@等属于直接常量。

2）符号常量

符号常量可以提高代码的可读性和可维护性。符号常量一般格式如下：

```
Const 常量名 [As 类型]=表达式 [,常量名 [As 类型]=表达式]…
```

例如：

```
Global Const PI=3.14159        '声明了全局常量 PI,代表 3.14159,单精度
Const MStr As String=" Help "  '声明了 MStr,代表" Help ",字符型
```

3）系统常量

系统定义的常量位于对象库中，单击 VBA 的菜单"视图"|"对象浏览器"打开"对象浏览器"窗格。图 9.7 所示的窗口列举了 AcCommand 对象包含的系统常量，这些常量都使用了前缀 Ac。

图 9.7 "对象浏览器"中显示的系统常量

2. 变量

在 VBA 中，变量的声明有显式声明和隐式声明两种，通常建议使用显示声明。

（1）显示声明格式：

```
[Dim| Public| Private| Static] 变量名 [As 类型]
```

例如：

```
Dim G As Integer
Dim ss As String * 10
Dim intX% , intY! , dblZW As Double
```

（2）隐式声明。所有的隐式声明的变量都是 Variant 类型的，变体型变量的类型将随着存放数据类型的变化而变化，VBA 将自动完成各种类型的转换。

例如：

```
Dim SomeValue As Variant
SomeValue="ABC"              ' SomeValue 的数据类型是字符型
SomeValue=#6/12/2011#        ' SomeValue 的数据类型是日期型
```

3. 数组

数组并不是一种数据类型，而是一组相同类型的变量的集合。在程序中使用数组的最大的好处是用一个数组名代表逻辑上相关的一批数据，用下标表示该数组中的各个元素，和循环语句结合使用，使得程序书写简洁。

1）一维数组及声明

一维数组是指只有一个下标的数组。一维数组声明格式如下。

```
Dim 数组名(下标上界) [As 类型]
Dim 数组名(下标下界 To 下标上界) [As 类型]
```

2）二维数组及声明

二维数组是指含有 2 个下标的数组。二维数组声明格式如下。

```
Dim 数组名(下标上界 1,下标上界 2) [As 类型]
Dim 数组名(下标下界 1 To 下标上界 1,下标下界 2 To 下标上界 2) [As 类型]
```

例如：

```
Dim A(10) As Integer
```

声明了名称为 A 的一维数组，数组元素为整型，共有 A(0)～A(10) 11 个元素。如果在程序中使用 A(12)，则系统会显示"下标越界"。

```
Dim ArrX(1 to 3,0 to 4) As Long
```

声明了名称为 ArrX 的二维数组，数组元素为长整型，第一维下标范围是 1～3，第二维下标范围是 0～4，数组共有 3×5＝15 个元素。

9.2.3　运算符与表达式

VBA 具有丰富的运算符，包括算术运算符、字符串运算符、关系运算符和逻辑运算符 4 类。通过运算符和操作数组合成表达式，实现程序中的大量操作，而且不同类型的数据具有不同的运算符，可以参与不同的运算，这 4 种运算符分别构成数值表达式、字符串表达式、关系表达式和逻辑表达式。

1. 算术运算符与算术表达式

VBA 提供 8 种算术运算符,表 9.2 按照优先级列出了这些运算符及它们的功能。

表 9.2　算术运算符

运算符	含义	优先级	实例	结果
^	幂运算	1	4^3	64
—	负号	2	—10	—10
*	乘法	3	10 * 2	20
/	浮点除法	3	10/3	3.333333333
\	整数除法	4	10\3	3
Mod	取模(取余数)	5	10 Mod 3	1
+	加法	6	10+3	13
—	减法	6	10—3	7

说明:

(1) /(浮点除法):执行除法运算,得到的结果为浮点数。

\(整数除法):执行运算后,得到的结果为整型。如果操作数带有小数,首先被四舍五入,然后进行整除运算。

(2) Mod(取模):是求余数运算。如果参与运算的操作数含有小数,首先被四舍五入,然后被整除。

2. 连接运算符与字符串表达式

字符串运算符有 2 个,分别是"+"和 &,它们都能将两个字符串连接起来。

例如:

```
"欢迎使用 Access"+"数据库"          '结果是"欢迎使用 Access 数据库"
"My Name is  "  &  "Rose"          '结果是"My Name is Rose "
```

说明:

连接符"+"与 & 的区别如下。

① &:连接符两边的操作数不管是数值型还是字符型,进行连接前系统自动将数值型转换成字符型,运算结果一律是字符型。

② +:只有当连接符两边的操作数是字符型,运算结果是字符型;其余情况的运算结果都是数值型。

3. 关系运算符与关系表达式

关系运算符用来比较两个操作数的大小。如果关系成立,则返回 True(真);如果关系不成立,则返回 False(假)。关系运算符的优先级相同。由操作数和关系运算符连接起来的式子称为关系表达式。表 9.3 列出了关系运算符。

4. 逻辑运算符与逻辑表达式

逻辑运算也称为布尔运算。用逻辑运算符连接两个或多个逻辑量组成的式子称为逻辑表达式。表 9.4 给出 VBA 中的逻辑运算符和运算优先级。

表 9.3　关系运算符

运算符	含　义	例　子	结　果
=	等于	"ABC"="ABC123"	False
>	大于	"ABC">"ABC123"	False
>=	大于或等于	50>=20	True
<	小于	"A"<"a"	True
<=	小于或等于	"BC"<="abc"	True
<>	不等于	"BC"<>"abc"	True

表 9.4　逻辑运算符

运算符	含　义	优先级	说　明
Not	取反	1	当操作数为 True 时,结果为 False 当操作数为 False 时,结果为 True
And	与	2	当两个操作数均为 True 时,结果才为 True
Or	或	3	当两个操作数有一个为 True 时,结果为 True
Xor	异或(求异)	3	当两个操作数不相同时,即一个为 True 一个为 False 时,结果才为 True,否则为 False
Eqv	等价(求同)	4	当两个操作数相同时,结果才为 True
Imp	蕴含	5	当第一个操作数为 True,第二个操作数为 False 时,结果才为 False;其余情况结果都为 True

例如:

```
Not (3>12)                          '结果为 True
23>=20+3  And "bc "<"BC "           '结果为 False
23>=20+3  Or  "bc "<"BC "           '结果为 True
```

9.2.4　常用标准函数

VBA 提供了大量的内部函数,大体上可以分 5 大类:数学函数、转换函数、字符串函数、随机函数和日期时间函数。这些函数都带有一个或几个参数,函数对这些参数进行运算,返回一个结果值。函数的一般调用格式如下:

```
<函数名>([<参数 1>][,参数 2][,参数 3]…)
```

说明:

(1)如果有多个参数,各个参数之间用逗号分隔。

(2)参数有不同的数据类型,为了统一标识,用 N 表示数值型,C 表示字符串型,D 表示日期型。

1. 数学函数

VBA 中常用的数学函数如表 9.5 所示。

表9.5　常用的数学函数

函 数 名	含　义	实　例	结　果
Abs(N)	取绝对值	Abs(−12.6)	12.6
Cos(N)	余弦函数	Cos(0)	1
Sin(N)	正弦函数	Sin(10^0 * 3.14/180)	0.174
Int(N)	取不大于 N 的最大整数	Int(3.6) Int(−3.6)	3 −4
Fix(N)	取整函数(不四舍五入)	Fix(3.8) Fix(−3.8)	3 −3
Exp(N)	以 e 为底的指数函数,即 e^N	Exp(2)	7.38905
Round(N)	四舍五入取整函数	Round(5.8)	6
Rnd	产生[0,1]之间的随机数	Rnd	0.127643
Sqr(N)	平方根函数	Sqr(9)	3

2. 转换函数

转换函数用于数据类型或形式的转换,包括整型、浮点型、字符串型之间以及 ASCII 码字符之间的转换。常用的转换函数如表9.6 所示。

表9.6　常用转换函数

函 数 名	含　义	实　例	结　果
Asc(C)	字符串首字母转换成 ASCII 码值	Asc("AB")	65
Chr $ (N)	ASCII 码值转换成字符	Chr $ (65)	"A"
Lcase $ (N)	字母转化为小写字母	Lcase $ ("ABcdE")	"abcde"
Ucase $ (N)	字母转化为大写字母	Ucase $ ("ABcdE")	"ABCDE"
Str $ (N)	数值转化为字符串	Str $ (369.45)	"369.45"
Val(C)	字符串转化为数值	Val("−123.163") Val("−123.1AB6") Val("M123.1AB6")	−123.163 −123.1 0
Ccur(N)	把 N 的小数部分四舍五入,转化为货币型	Ccur(−123.45)	−123.45
CDbl(N)	转化为双精度型	CDbl(−123.45)	−123.45
CLng(N)	转化为长整型	CLng(−123.45)	−123

说明:

(1) Str $ (N)函数将非负数值转换成字符型值后,会在转换后的字符串左边增加空格,即数值的符号位。

例如,Str $ (123.45)的结果是" 123.45",在 1 的前面有一个空格,代表符号位。

(2) Val(C)函数在将字符串转化为数值时,当字符串中出现数值类型规定的数字字符以外的字符时,就停止转换,函数返回的是停止转换前的结果。

例如,表达式 Val("-341.34U87")的结果为-341.34。

3. 字符串函数

字符串函数大都以类型符$结尾,表示函数的返回值为字符串。本节介绍的字符串函数都加上类型符$,在实际应用中可以省略$。常用的字符串函数如表 9.7 所示。

表 9.7　常用字符串函数

函 数 名	含　　义	实　　例	结　　果
Mid $（C，N1 [，N2]）	从字符串 C 的 N1 位开始向右截取 N2 个字符,如果 N2 省略,则截取到字符串的末尾	Mid $ ("ABCDEFG",2,3)	"BCD"
Left $（C，N）	截取字符串 C 左边 N 个字符	Left $ ("ABCDEFG",3)	"ABC"
Right $（C，N）	截取字符串 C 右边 N 个字符	Right $ ("ABCDEFG",3)	"EFG"
String(N,C) String(N,Asc)	返回由 C 串首字符组成的 N 个字符 返回由该 Asc 码对应的 N 个字符	String(3,"ABCDE") String(3,90)	"AAA" "ZZZ"
Len(C)	返回字符串 C 的长度	Len("VB 程序设计")	6
Ltrim $（C）	去掉字符串左边的空格	Ltrim $ (" ABCDE")	"ABCDE"
Rtrim $（C）	去掉字符串右边的空格	Ltrim $ (" ABCDE ")	"ABCDE"
Trim $（C）	去掉字符串左右边的空格	Ltrim $ (" ABCDE ")	"ABCDE"
Space $（N）	产生 N 个空格	Space(4)	" "
InStr(C1,C2)	在 C1 中查找 C2 是否存在,若存在,则返回起始位置;若不存在,则返回 0	InStr("ABCDECD","CD")	3
Replace(C,C1, C2)	在 C 字符串中用 C2 代替 C1	Replace("ACEGCEBC", "CE","8")	"A8G8BC"
Split(C,D)	将字符串 C 按分隔符 D 分隔成字符数组。与 Join 的作用相反	S＝Split("123,ab,cd",",")	S(0)＝ "123" S(1)="ab" S(2)＝ "cd"

4. 日期/时间函数

日期与时间函数提供日期和时间信息,常用的日期/时间函数如表 9.8 所示。

表 9.8　常用的日期/时间函数

函 数 名	含　　义	实　　例	结　　果
Date	返回系统日期	Date	2013-12-22
Day(C|D)	返回日期代号(1～31)	Day(＃2013/125/22＃)	22
Month(C|D)	返回月份代号(1～12)	Month(＃2013/12/22＃)	12
Year(C|D)	返回年份号(1753～2078)	Year("2013/12/22")	2013
MonthName(N)	返回月份名称	MonthName(Month(＃2013/05/20＃))	五月
Now	返回系统日期和时间	Now	2013-12-22 16：35：47

函 数 名	含 义	实 例	结 果
Time	返回系统当前时间	Time	16:34:47
WeekDay(C|N)	返回星期代号(1～7) 星期日为1,星期二为3	WeekDay("2012/12/22")	1
WeekDayName(N)	把星期代号(1～7)转化为星期名称	WeekDayName(6)	星期五
DateSerial(N1,N2,N3)	返回由 N1 为年,N2 为月,N3 为日的日期值	DateSerial(2012,05,20)	2012-05-20

说明:

除上述日期函数外,还有两个函数比较有用,介绍如下。

(1) DateAdd 增减日期函数。

格式如下:

```
DateAdd(要增减日期形式,增减量,要增减的日期变量)
```

作用:对要增减的日期变量按日期形式做增减。要增减日期形式如表 9.9 所示。

表 9.9 日期形式

日期形式	yyyy	q	m	y	d	w	ww	h	n	s
意义	年	季	月	一年的天数	日	一周的日数	星期	时	分	秒

例如:

```
DateAdd ("WW",2,#1989/10/31#)
```

上面的公式表示对日期 #1989/10/31# 增加 2 个周,结果是 1989-11-14。

(2) DateDiff 函数。

格式如下:

```
DateDiff(要间隔日期形式,日期1,日期2)
```

作用:对于两个指定的日期按日期形式求其相差的日期。要间隔日期形式如表 9.9 所示。

例如,要计算现在距离 2014 年新年还有多少天。

```
DateDiff ("d", now, #2014/1/1#)
```

9.2.5 语句书写原则

在 VBA 编辑器中输入代码时,应遵循编写代码的规则,掌握这些规则,能够快速、准确地编写代码,使代码具有良好的可读性。

1. 标点符号的要求

所有标点符号一律使用英文标点。

2. VB 代码大小写不敏感,对关键字自动进行转换

(1) 对于单关键字,VB 自动将首字母转换为大写,其余字母被转化为小写。

（2）对于由多个英文单词组成的关键字，VB 自动将每个单词的首字母转换为大写。

（3）对于用户自定义的变量、过程名、函数名，VB 以第一次定义的为准，以后输入的自动向首次定义转换。

3. 语句书写自由

（1）原则上一行书写一个语句。

（2）如果在同一行上书写多条语句，语句间用英文冒号分隔。

（3）如果一行代码太长，需要分多行显示，则应在行末加上续行符（空格＋"_"（下划线））。

（4）一行代码最多 255 个字符。

4. 代码中加行注释和块注释

（1）行注释就是在行末对代码行进行文字注释说明，以撇号"'"引导注释内容。

（2）块注释就是在程序的开头或者过程的开头对多行代码进行文字注释说明，以 Rem 引导。

9.3 程序基本结构

结构化程序设计有 3 种基本结构，即顺序结构、选择结构和循环结构，由这 3 种结构又派生出"多分支结构"。结构化程序具有以下优点。

（1）结构清晰。

（2）程序的正确性、易验证性、可靠性高。

（3）便于自顶向下逐步求精设计程序。

（4）易于理解和维护。

本节重点介绍这 3 种结构的流程控制语句以及多分支结构的控制语句。

9.3.1 顺序结构

顺序结构最常用的是赋值语句、输入数据函数 InputBox 和输出数据函数 MsgBox。

1. 赋值语句

赋值语句是程序中最基本的语句，其作用就是对内存单元进行写操作，即把一个表达式的值赋给一个变量或控件。赋值语句有下面两种格式。

```
变量名=表达式
[控件名.]属性名=表达式
```

例如：

```
Dim A As Double          '声明一个双精度变量
A=5 ^ 2+4                '先计算表达式的值 29,然后再将值赋给变量 A
Text1.Text=""            '清除文本框的内容
Text1.Text="VB 6.0程序设计"  '给文本框的 Text 属性赋值
```

2. InputBox 函数

InputBox 函数可以产生一个对话框，这个对话框作为输入数据的界面，等待用户输入数据,并返回所输入的内容。在默认情况下,InputBox 返回的是一个字符串,因此当需要得到数值型数据时,应当使用 Val 函数(或其他函数)把它转换为相应的类型。其格式如下:

```
InputBox(Prompt [,title][,default][,xpos,ypos])
```

该函数有 5 个参数,各个参数的含义如下。

(1) Prompt。必选项。字符串表达式。如果要多行显示,必须在每行行末加回车控制符 Chr(13) 和换行控制符 Chr(10)。

(2) title。字符串表达式,在对话框的标题区域显示,它是对话框的标题。如果缺省,则把应用程序名放入标题栏中。

(3) default。字符串表达式,在输入框中设置的初始值。如果不指定该项,InputBox 对话框中的文本输入框为空。

(4) xpos、ypos。数值表达式,用来指定弹出对话框的左上角相对于屏幕左上角的 x 坐标位置和 y 坐标位置。如果缺省,对话框出现在屏幕水平中间和垂直中间的位置。

各项参数次序必须一一对应,除了 Prompt 是必选项,其余各项均可省略。处于中间的默认部分要用逗号占位符跳过。执行下面的 InputBox 语句,可以得到图 9.8 所示的输入框。

图 9.8　InputBox 函数对话框

```
strName=InputBox("请输入姓名","输入框","您的姓名")
```

3. MsgBox 函数

MsgBox 函数的格式如下:

```
MsgBox(Prompt [,Buttons][,Title])
```

有关参数说明如下。

(1) Prompt。字符串表达式,作为在对话框中的消息。

(2) Buttons。用来控制在对话框内显示的按钮、图标的种类等。Buttons 参数值及其含义如表 9.10 所示。

表 9.10　Buttons 参数设置表

分　组	常　　　数	值	描　　　述
按钮数目	vbOKOnly	0	只显示 OK(确定)按钮
	vbOKCancel	1	显示 OK(确定)及 Cancel(取消)按钮
	vbAbortRetryIgnore	2	显示 Abort(终止)、Retry(重试)及 Ignore(忽略)按钮
	vbYesNoCancel	3	显示 Yes(是)、No(否)及 Cancel(取消)按钮
	vbYesNo	4	显示 Yes(是)及 No(否)按钮
	vbRetryCancel	5	显示 Retry(重试)及 Cancel(取消)按钮

续表

分　组	常　　数	值	描　　述
图标类型	vbCritical	16	显示 Critical Message 图标
	vbQuestion	32	显示 Warning Query 图标
	vbExclamation	48	显示 warning Message 图标
	vbInformation	64	显示 Information Message 图标
默认按钮	vbDefaultButton1	0	第 1 个按钮是默认值
	vbDefaultButton2	256	第 2 个按钮是默认值
	vbDefaultButton3	512	第 3 个按钮是默认值
	vbDefaultButton4	768	第 4 个按钮是默认值

　　MsgBox 函数的返回值是一个整数,这个整数与所选择的按钮有关。按钮的返回值决定了程序执行的流程。如前所述,MsgBox 函数显示的对话框共有 7 种按钮,返回值与这 7 种按钮相对应,分别为 1~7 的整数,如表 9.11 所示。

表 9.11　MsgBox 函数返回所选按钮数值的意义

常　　数	值	描　　述	常　　数	值	描　　述
vbOK	1	单击"确定"按钮	vbIgnore	5	单击"忽略"按钮
vbCancel	2	单击"取消"按钮	vbYes	6	单击"是"按钮
vbAbort	3	单击"终止"按钮	vbNo	7	单击"否"按钮
vbRetry	4	单击"重试"按钮			

　　执行下面的 MsgBox 语句,能够得到图 9.9 所示的提示框。

```
MsgBox "要继续吗?", vbYesNoCancel +vbQuestion, "提示框"
```

图 9.9　MsgBox 函数提示框

9.3.2　选择结构

　　选择结构就是对给出的条件进行分析、比较和判断,并根据判断结果采取不同的操作。选择结构通过条件语句和多分支结构语句来实现。主要有以下一些结构。

1. If 单分支结构条件语句

　　单分支结构条件语句的格式如下:

```
If 条件表达式 Then 语句序列
```

说明：

（1）“条件表达式”可以是关系表达式、逻辑表达式或数值表达式。如果是数字表达式作为条件，则非 0 值为真，0 值为假。

（2）执行过程：如果条件为真，则执行 Then 后面的语句序列，否则不做任何操作。

其流程图如图 9.10(a)所示。

2. If 双分支结构条件语句

双分支结构条件语句的格式如下：

```
If  条件表达式  Then  语句序列1  Else  语句序列2
```

或

```
If  条件表达式  Then
    语句序列1
Else
    语句序列2
End If
```

说明： 执行过程：如果条件为真，则执行 Then 后面的语句序列 1；如果条件为假，则执行 Else 后面的语句序列 2。其流程图如图 9.10(b)所示。

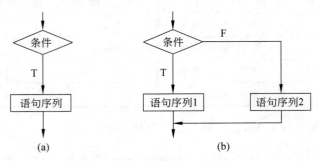

图 9.10　分支结构流程图

例 9.1　计算分段函数 $y=\begin{cases} Sinx+\sqrt{x^2+1} & x\neq 0 \\ Cosx=x^3+3x & x=0 \end{cases}$

分析：

本题目可以用双分支 If 实现。x 数值的提供使用 InputBox 函数。

下面给出用其中的一种结构实现的代码。

```
Private Sub Command2_Click ()
    Dim x!, y!
    x=Val (InputBox ("请输入数据:", "输入框"))
    If x <>0 Then
        y=Sin(x)+Sqr(x ^ 2+1)
    Else
        y=Cos(x) -x ^ 3+3 * x
    End If
```

```
    Print "y="; y
End Sub
```

3．If…Then…ElseIf 结构（多分支结构）

其语句格式如下：

```
If   条件表达式 1   Then
     语句序列 1
ElseIf   条件表达式 2   Then
     语句序列 2
        ⋮
[Else
     语句序列 n+1]
End If
```

其流程图如图 9.11 所示。

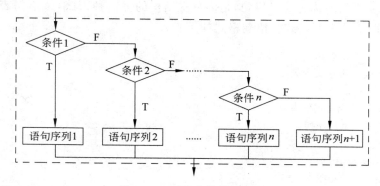

图 9.11   多分支结构流程图

该语句的作用是根据条件的值确定执行哪个语句序列，VBA 测试条件的顺序是条件1、条件 2、条件 3……，一旦遇到条件为 True(非 0 值)，则执行该条件下的语句块，然后执行 End If 后的语句。

例 9.2   设计一个程序，从键盘上输入学生的成绩 Score，然后判断该学生成绩属于哪个等级，并在屏幕上显示出等级评语。分数等级的划分及评语如表 9.12 所示。

表 9.12   分数等级评语

分　　数	评　语	分　　数	评　语
Score≥90	优	60≤Score＜70	及格
80≤Score＜90	良	Score＜60	不及格
70≤Score＜80	中		

下面给出实现代码中的一种：

```
Private Sub Command2_Click ()
  Dim Score!, str1$
  str1="请输入 0~100 之间的成绩"
```

```
Score=Val(InputBox(str1, "输入框"))
If Score >=90 Then
    Debug.Print "优"
ElseIf Score >=80 And Score <90 Then
    Debug.Print "良"
ElseIf Score >=70 And Score <80 Then
    Debug.Print "中"
ElseIf Score >=60 And Score <70 Then
    Debug.Print "及格"
Else
    Debug.Print "不及格"
End If
End Sub
```

4. Select Case 多分支结构

Select Case 语句又称为情况语句,是多分支结构的另一种形式,该语句表现直观,但必须符合其规定的语法书写格式。语句格式如下:

```
Select Case 测试表达式
        Case   表达式列表 1
               语句序列 1
        Case   表达式列表 2
               语句序列 2
      ⋮
        [Case Else
               语句序列 n+1]
End Select
```

说明:

(1)"测试表达式":可以是数值型或字符串型表达式。

(2)"表达式列表":表达式列表必须与测试表达式的类型相同,表达式列表具有以下 4 种格式。

① 表达式。

例如:

```
Case  "A"                '即表达式的值是字符 A
```

② 一组用逗号分隔的枚举值。

例如:

```
Case 1,3,5,7             '即变量的值可以是 1、3、5 或者是 7
```

③ 表达式 1 To 表达式 2。

例如:

```
Case  10  To  50        '即变量的值在 10 到 50 之间
```

④ Is 关系运算表达式。

例如：

```
Case  Is<10 , Is>50   '即变量的值比 10 小或者比 50 大
```

（3）Case 语句的执行流程图如图 9.12 所示。

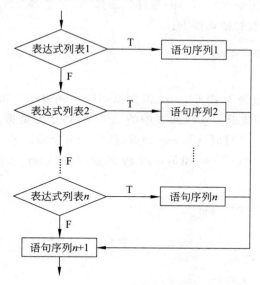

图 9.12 Case 语句流程图

例 9.3 将例 9.2 用 Select Case 语句实现。代码如下：

```
Private Sub Command2_Click()
    Dim Score!, str1$ ,y As String
    str1="请输入 0~100 之间的成绩"
    Score=Val(InputBox(str1, "输入框"))
     Select  Case  Score
         Case Is>=90
               y="优"
         Case 80  To  89
               y="良"
         Case  70 To 79
               y="中"
         Case  60 To 69
               y="及格"
         Case  Is<60
               y="不及格"
    End Select
    MsgBox  y
End Sub
```

5. IIF 条件函数

IIF 条件函数可用来执行简单的条件判断操作，它是 If…Then…Else 结构的简写版本。IIF 函数的格式如下：

IIF(条件表达式,当条件表达式为 True 的值,当条件表达式为 False 的值)

例如,假设变量 A=10,B=5。则执行 F=IIF(A<B,10,-2)后,F 的值为-2。

6. Choose 函数

Choose 函数也可以用来执行简单的条件判断操作,它是 Select Case…End Select 结构的简写版本。Choose 函数的格式如下:

Choose(整数表达式,选项列表)

说明:

如果整数表达式的值是 1,则 Choose 函数返回选项列表中的第 1 个值;如果整数表达式的值是 2,则 Choose 函数返回选项列表中的第 2 个值;依此类推。如果整数表达式的值小于 1 或者大于选项列表数目时,Choose 函数返回 Null(空值)。

例如,根据当前日期函数 Now 和 WeekDay 函数,利用 Choose 函数显示今日是星期几。程序代码如下:

```
Private Sub Command1_Click()
    Dim T As String
    T=Choose(Weekday(Now),"星期日","星期一","星期二","星期三","星期四","星期
            五","星期六")
    MsgBox "今天是:" & Now & "是" & T
End Sub
```

上面程序代码运行效果图如图 9.13 所示。

图 9.13 运行效果图

7. Switch 函数

Switch 函数格式如下:

Switch(条件 1,值 1[,条件 2,值 2,…])

说明:

若"条件 1"为"真",返回"条件 1"对应的"值 1";若"条件 2"为"真",返回"条件 2"对应的"值 2";依此类推。

例如,若 X=-18,那么执行 Y=Switch(x>0,1,x=0,0,x<0,-1),Y 的值是-1。

9.3.3 循环结构

循环结构可以实现重复执行一行或几行程序代码。VBA 提供了 3 种风格的循环结构,包括计数循环(For…Next 循环)、当循环(While…Wend 循环)和 Do 循环(Do…Loop 循环)。其中 For…Next 循环按规定的次数执行循环体,而 While…Wend 循环和 Do 循环则是在给定的条件满足时执行循环体。

1. For…Next 循环语句

For…Next 用于控制循环次数预知的循环结构。语句的格式如下：

```
For   循环变量 =初值   To   终值   [Step   步长]
      语句序列 1
      [Exit For]
      [语句序列 2]
Next   循环变量
```

说明：

（1）For…Next 循环语句的执行过程：首先把"初值"赋给"循环变量"，然后检查"循环变量"的值是否超过终值（如果步长为正，超过的含义是"循环变量"＞终值；如果步长为负，超过的含义是"循环变量"＜终值），如果"循环变量"的值超过"终值"就停止执行"循环体"，跳出循环，执行 Next 后面的语句；如果"循环变量"的值没有超过"终值"，则执行循环体，然后把"循环变量＋步长"的值赋给循环变量，重复上述操作过程。

（2）循环次数：n＝int((终值－初值)/步长＋1)。

For 循环语句的执行流程图如图 9.14 所示。

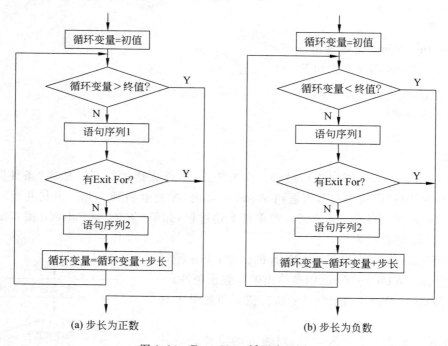

(a) 步长为正数　　　　　　　　(b) 步长为负数

图 9.14　For…Next 循环流程图

下面的例子很好地诠释了循环变量的变化对循环次数的影响。

例 9.4 运行下面一段程序，注意最终输出结果，仔细分析当在循环体中循环变量发生变化时所出现的结果。运行结果如图 9.15 所示。

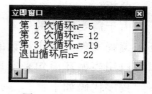

图 9.15　运行效果图

```
Private Sub Command1_Click ()
    Dim m As Integer, n%, i%
    For n=1 To 20 Step 3
        m=m+1
        n=n+4
        Debug.Print "第"; m; "次循环 n="; n
    Next n
    Debug.Print "退出循环后 n="; n
End Sub
```

例 9.5   计算 1~100 的奇数和。编写代码如下：

```
Private Sub Form_Click ()
    Dim Sum%, I%
    Sum=0                    '设置累加和变量的初始值
    For I=1 To 100 Step 2
        Sum=Sum+I
    Next I
    MsgBox   Sum
End Sub
```

2. While…Wend 循环语句

While…Wend 语句格式如下：

```
While 条件表达式
    [语句序列]
Wend
```

说明：

（1）While…Wend 语句执行过程：首先计算"条件表达式"的值，如果"条件"为 True（非 0 值），则执行"语句序列"，当遇到 Wend 语句时，控制返回到 While 语句并对"条件"进行测试，如果仍然为 True（非 0 值），则重复上述过程；如果"条件"为 False（0 值），则退出循环，执行 Wend 后面的语句。

（2）While…Wend 与 For…Next 的区别：For 循环给出循环次数，While…Wend 则是给出循环终止条件。

（3）While…Wend 当型循环的执行流程图如图 9.16 所示。

例 9.6   从键盘上输入字符，对输入的字符进行计数，当输入的字符为"?"时，停止计数，并输出结果。

分析：

由于需要输入的字符个数没有指定，无法用 For 循环来编程实现。停止计数的条件是输入的字符为"?"，所以可以用当循环语句来实现。

程序代码如下：

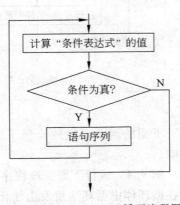

图 9.16   While…Wend 循环流程图

```
Private Sub Form_Click ()
    Dim Char As String, msg As String, n%
    Const strCh="?"              '声明一个符号常量
    msg="请输入一个字符:"
    Char=InputBox (msg)
    While Char <>strCh
        n=n+1
        Char=InputBox (msg)     '输入字符,当输入"?"时,循环终止
    Wend
    MsgBox "输入的字符个数是:" & n
End Sub
```

3. Do While…Loop 循环

Do While…Loop 循环结构语句格式如下:

```
Do While [条件表达式]
    语句序列 1
    [Exit Do]
    [语句序列 2]
Loop
```

说明:

Do While…Loop 是前测型当型循环语句,当"条件"为真(True)时执行循环体,当"条件"为假(False)时终止循环。

4. Do Until…Loop 循环

Do Until…Loop 循环结构语句格式如下:

```
Do Until [条件表达式]
    语句序列 1
    [Exit Do]
    [语句序列 2]
Loop
```

说明:

Do Until…Loop 也是前测型当型循环语句,当"条件"为假(False)时执行循环体,直到"条件"为真(True)时,终止循环。

前测型 Do…Loop 循环流程图如图 9.17 所示。

例 9.7 目前世界人口约为 60 亿,如果每年以 1.4% 的速度增长,多少年后世界人口达到或超过 70 亿。

分析:

假设人口用 P 表示,年数用 N 表示,人口增长率用 R 表示。

今年:$P=60$,$N=0$

明年:$P=P*(1+R)$,$N=N+1$

后年:$P=P*(1+R)$,$N=N+1$

依此类推,直到人口 P 的值等于或大于 70 为止,N 的值就是要求得的年数。

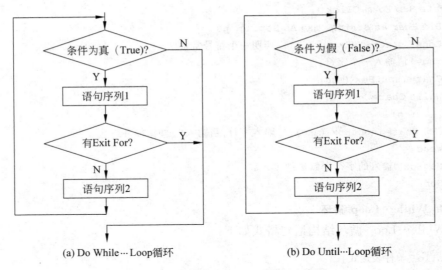

(a) Do While···Loop循环　　　　　　　(b) Do Until···Loop循环

图 9.17　前测型 Do···Loop 循环流程图

用 Do While···Loop 代码实现如下：

```
Private Sub Form_Click ()
  Dim P As Single, N%, r!
  P=60: N=0: r=0.014
  Do While P<70
     P=P * (1+r)
     N=N+1
  Loop
  Debug.Print N; "年后,世界人口将达到"; P
End Sub
```

大家可以试着将本例代码修改为 Do Until···Loop。

5. Do···Loop While 循环结构语句

Do···Loop While 循环结构语句格式如下：

```
Do
    语句序列 1
    [Exit Do]
    [语句序列 2]
Loop While 条件表达式
```

说明：

Do···Loop While 是后测型当型循环语句,当"条件"为真(True)时执行循环体,当"条件"为假(False)时终止循环。

6. Do···Loop Untile 循环结构语句

Do···Loop Untile 循环结构语句格式如下：

```
Do
```

```
    语句序列 1
    [Exit Do]
    [语句序列 2]
Loop Untile 条件表达式
```

说明：

Do…Loop Until 也是后测型当型循环语句，但"条件"为假（False）时执行循环体，直到"条件"为真（True）时，终止循环。

后测型 Do…Loop 循环流程图如图 9.18 所示。

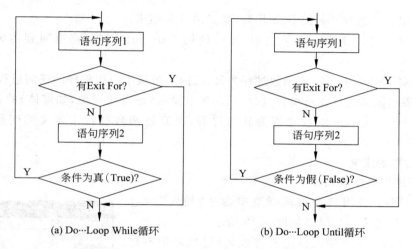

图 9.18　后测型 Do…Loop 循环流程图

例 9.8　将例 9.7 用 Do…Loop Untile 实现。代码如下：

```
Private Sub Form_Click ()
    Dim P As Single, N%, r!
    P=60: N=0: r=0.014
    Do
        P=P * (1+r)
        N=N+1
    Loop Until P >=70
    Debug.Print N; "年后,世界人口将达到"; P
End Sub
```

9.4　过程与自定义函数

在程序中，有一些程序段落往往要被反复使用，通常将这些程序段定义成子过程或函数过程。在程序中引用子过程，可以有效地改善程序的结构，从而把复杂问题分解成若干个简单问题进行设计，达到程序重用的目的。本节介绍以 Sub 关键字开始的子过程和以 Function 关键字开始的函数过程。

9.4.1 过程

1. 子过程的格式

```
[Static][Public][Private] Sub 子过程名 [(形式参数列表)]
    过程体
    [Exit Sub]
End Sub
```

说明：

(1) 自定义子过程必须以 Sub 开头，以 End Sub 结束。

(2) 若要在过程体中退出子过程，可以使用 Exit Sub 语句，将返回到主调过程的调用处。

(3) 关键字 Public 表示该函数过程为公共过程，可被本应用程序的任何过程调用；关键字 Private 表示该函数过程是私有过程，只能被本模块（或所属对象，如窗体）的其他过程调用；关键字 Static 表示该函数过程为静态过程，所有该函数过程中定义的变量都是静态变量。

2. 子过程的定义

定义子过程操作步骤如下。

(1) 在 VBA 编辑器窗口选择菜单命令"插入"|"过程"，弹出"添加过程"对话框，如图 9.19 所示。

(2) 在"名称"框中输入自定义过程名（过程名中不允许有空格）；在"类型"选项组中选取"子程序"；在"范围"选项组中选取"公共的"定义一个公共级的全过程，选取"私有的"定义一个标准模块级/窗体级的局部过程。

(3) 单击"确定"按钮，出现下列子过程模板，用户就可以在其中输入代码了。

```
Public Sub Swap()
    ⋮
End Sub
```

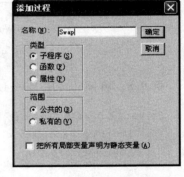

图 9.19 "添加过程"对话框

3. 子过程的调用

子过程的调用通过独立的调用语句调用，有以下两种格式。

(1) Call 子过程名[(实际参列表)]。

(2) 子过程名 [实际参列表]。

说明：

"实际参数列表"称为实际参数，简称实参，它必须与形参保持个数相同，位置与类型一一对应。实参可以是同类型的常数、变量、数组元素、表达式。

例 9.9 设计如图 9.20 所示的窗体。编写一个打开指定窗体的子过程 OpenForm()，在窗体上名称为 Text1 的文本框中输入要打开的窗体名，然后单击标题为"打开"（名称为 Command0）的按钮，能够将指定的窗体打开。

代码如下：

```
Private Sub Command0_Click()
    Text1.SetFocus
    frmName=Me!Text1.Text
    Call OpenForms(frmName)
End Sub
Private Sub OpenForms(strFormName As String)
    If strFormName="" Then
        MsgBox "窗体名称不能为空!请输入窗体名称。",vbCritical,"警告"
        Exit Sub
    End If
    DoCmd.OpenForm strFormName
End Sub
```

图 9.20 窗体

9.4.2 自定义函数

1. 自定义函数的格式

```
[Static][Public][Private]Function 函数过程名([形参列表]) [As 类型]
    过程体
    [函数名=表达式]
    [Exit Function]
    函数名=表达式              '此函数名赋值语句至少出现一次
End Function
```

说明：

（1）自定义函数过程必须以"Function"开头，以"End Function"结束。

（2）若要在过程体中退出函数过程，可以使用 Exit Functipn 语句。需要注意的是，在函数过程体中至少要对函数名赋值一次（是给"函数名"赋值，函数名后面不能加括号和参数）。

（3）"As 类型"表明自定义函数的返回类型，若省略，则默认为是变体型（Variant）。

（4）关键字的含义与子过程相同。函数过程无参数时，函数名后面的括号不能省略，这是函数过程的标志。

（5）函数的定义与子过程的定义相似，见图 9.19。

2. 自定义函数过程的调用

函数过程的调用与前面使用的标准函数调用相同，格式如下：

函数过程名([实参列表])

说明：

（1）实参必须与形参保持个数相同，位置与类型一一对应。实参可以是同类型的常数、变量、数组元素和表达式。

（2）调用时，把实参的值传递给形参，称为参数传递。

（3）由于函数过程名返回一个值，故函数过程不能作为单独的语句加以调用，必须作为

表达式或表达式的一部分,再配以其他的语法成分构成语句。例如:

```
变量名=函数过程名([实参列表])
```

例 9.10 窗体上有名称为"圆半径"和"圆面积"的 2 个文本框。在"圆半径"文本框中输入圆半径,单击 Command1 按钮,将计算圆的面积显示在"圆面积"文本框中。编写一个求圆面积的函数过程 Area()。代码如下:

```
Private Sub Command1_Click()
    Dim r As Single
    r=Val(Me.圆半径)
    圆面积.SetFocus
    Me.圆面积.Text=Area(r)
End Sub
Public Function Area(r As Single) As Single
    If r <= 0 Then
        MsgBox "圆的半径不能为负数", vbCritical, "警告"
        Area=0
        Exit Function
    Else
        Area=r * r * 3.14
    End If
End Function
```

9.4.3 参数传递

调用子过程或自定义函数过程时,把实参的值传递给形参称为参数传递。如果有多个形参(实参),则各个形参(实参)之间以逗号","分隔。其中每个形参的完整格式如下:

```
[ByVal|ByRef] 形参名 [As 类型] [,[ByVal|ByRef] 形参名 [As 类型]……]
```

形参只能是简单变量名或数组名(若为数组名则后加())。ByVal 表示当该过程被调用时,参数按值传递;ByRef 表示参数按地址(引用)传递。若省略,则默认为是按地址传递。

1. 地址的传递

在形参前加 ByRef,或省略形参前的说明前缀,称为地址传递。参数传递过程:当调用过程时,把实参的地址赋给对应的形参,执行过程体时,对形参的任何操作都变成了对相应实参的操作,实参的值会随着过程体内形参的改变而改变。

例 9.11 编程时经常用到两个数据交换,编写一个子过程实现两个数的交换,以备多次调用。程序代码如下:

```
Public Sub Swap1(x%, y%)               '定义 Swap1 子过程,参数为地址的传递
    Dim temp%
    temp=x: x=y: y=temp                '实现两个数的交换
End Sub
Private Sub Command1_Click ()
    Dim a%, b%
```

```
     a=10: b=36
     Debug.Print "交换数据前:a="; a; "b="; b
     Call Swap1(a, b)                    '调用 Swap1 子过程
     Debug.Print "交换数据后:a="; a; "b="; b
End Sub
```

在子过程 Swap1 中形参 x 和 y 没有说明前缀,所以系统默认为是地址的传递。因此执行子过程 Swap1 时,对形参 x 和 y 的操作就相当于对实参 a 和 b 的操作,当形参 x 和 y 的值发生改变,就相当于实参 a 和 b 发生变化。

2. 值的传递

在形参前有关键字 ByVal,称为值的传递。参数传递过程:当调用过程时,把实参的值赋给对应的形参,形参和实参就断开了联系。执行过程体时,对形参的任何操作都是在形参自己的存储单元中进行的,当调用过程结束,这些形参所占用的存储单元也同时被释放。因此在过程体中对形参的任何操作不会影响实参。

例 9.12 分析下面两段代码的执行结果,仔细体会值传递与地址传递的区别。

```
Private Sub Command0_Click()          Private Sub Command0_Click()
    Dim j As Integer                      Dim j As Integer
    j=5                                   j=5
    Call GetData(j)                       Call GetData(j)
    MsgBox j                              MsgBox j
End Sub                               End Sub
Private Sub GetData(ByVal f As Integer)   Private Sub GetData(ByRef f As Integer)
    f=f+2                                 f=f+2
End Sub                               End Sub
```

9.4.4 变量和过程的作用域

VBA 的一个应用程序也称为一个工程,它由若干个窗体模块、报表模块、标准模块、类模块(本书不做介绍)组成,每个模块又可以包含若干个过程,如图 9.21 所示。

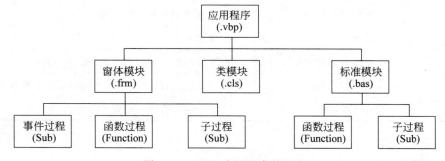

图 9.21 VBA 应用程序的组成

变量在程序中必不可少,它可以在不同模块、过程中声明,还可以用不同的关键字声明。变量由于声明的位置不同,可以被访问的范围不同,变量可被访问的范围通常称为变量的作用域;同样过程也可以用不同的关键字声明,从而有不同的作用域。

1. 变量的作用域

变量被声明后,就可以在它的有效作用域内使用。VBA 中变量的作用域分为局部变量(也称为过程级变量)、模块级变量和全局级变量。

1) 局部变量

在子过程或函数过程体内,用 Dim 或 Private 关键字声明的变量是局部变量。局部变量的作用域只能在其定义的过程或函数体内。不同过程或函数可以定义具有相同名字的局部变量,但它们之间是相互独立的。

2) 模块级变量

在窗体(Form)模块的通用声明段或标准模块(Module)使用 Private 或 Dim 关键字声明的变量称为模块级变量或私有变量。这里的 Private 和 Dim 关键字的作用是一样的,但有助于将模块级变量与 Public 定义的全局级变量区分开来。

模块级变量可被所声明的模块中的任何过程访问,其作用域是它们所在的模块。

模块级变量主要用于实现多个事件过程、过程之间数据的共享。

3) 全局级变量

全局级变量也称为公有的模块级变量,是用 Public 关键字声明的变量。

全局级变量的作用域是整个应用程序,即可被应用程序的任何过程访问。全局级变量的值在整个应用程序中始终不会消失或重新初始化,只有当整个应用程序执行结束时才会消失。

4) 静态变量

将 Dim 改为 Static,定义的变量就是静态变量。静态变量能够在程序运行过程中保留变量的值。这就是说,每次调用子过程或函数过程体后,静态变量的值仍然存在。在下次进入该子过程或函数过程时,其值不会被重置,仍然保留原来的结果。而用 Dim 声明的变量,每次调用过程时,变量会被重新初始化。

表 9.13 给出了变量声明关键字 Dim、Static、Private 和 Public 的区别。

表 9.13 变量声明关键字 Dim、Static、Private 和 Public 的区别

关 键 字	声明位置	作 用 域
Dim	在过程中	在本过程中有效
	在窗体通用段中	在本窗体的任何过程有效
Static	在过程中	在本过程中有效
Private	在窗体的通用段中	在本窗体的任何过程有效
Public	在窗体的通用段中	在整个应用程序中有效,访问时要加上窗体名称
	在标准模块中	在整个应用程序中有效

2. 过程的作用域

过程的作用域分为窗体/模块级和全局级。

1) 窗体/模块级

在某个窗体或标准模块内定义的过程,如果在关键字 Sub 或 Function 前加 Private 关键字,则该过程只能被本窗体(过程在本窗体内定义)或本标准模块(过程在本标准模块内定义)中的过程调用。

2）全局级

在窗体或标准模块中定义的过程，在关键字 Sub 或 Function 前加 Public 关键字（可以省略），则该过程可被整个应用程序的所有过程调用，即其作用域为整个应用程序。全局级过程根据所处的位置不同，其调用方式有所区别。

（1）在窗体中定义的过程，外部过程要调用时，必须在过程名前加上过程所处的窗体名。

（2）在标准模块中定义的过程，外部过程均可调用，调用时通常要加上标准模块名。

表 9.14 给出了过程声明关键字 Private 和 Public 的区别。

表 9.14　过程声明关键字 Private 和 Public 的区别

关 键 字	声 明 位 置	作 用 域
Private	在窗体的通用段中	可被本窗体的任何过程调用
	在标准模块中	可被本标准模块中的任何过程调用
Public	在窗体的通用段中	可被本窗体的任何过程调用。外部过程调用时，过程名前要加上窗体名
	在标准模块中	可被整个应用程序调用。若过程名不唯一，则要加上标准模块名

如图 9.22 所示，在 Module1 标准模块中定义了全局变量和全局过程。如图 9.23 所示，在"模块介绍"窗体模块定义了窗体级变量、局部变量、窗体级过程。

图 9.22　"标准模块"定义的全局变量和全局过程

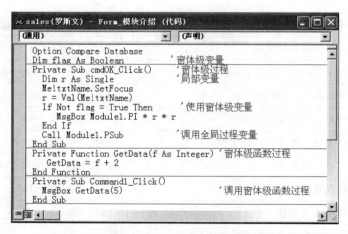

图 9.23　窗体级变量、局部变量和窗体级过程

9.5 VBA 常用操作

在 VBA 编程过程中会经常用到一些操作,例如,在 VBA 中设置控件的属性,打开或关闭某个窗体或报表,对控件输入的数据进行验证或实现一些"定时"功能等。本节将介绍 VBA 常用的 DoCmd 对象、计时器和数据验证函数等。

9.5.1 在 VBA 中设置控件属性

我们已经掌握了在窗体或报表的设计视图,使用"属性表"设置控件属性的方法。但是在实际程序开发过程中,往往需要根据程序执行的情况,来决定控件的属性值,这样就必须使用代码来完成属性的设置。代码中可能会引用窗体、报表或相关控件的值,可以使用如下格式。

1. 引用其他窗体或报表

引用窗体属性:[Forms]![窗体名].[属性]。

引用窗体控件:[Forms]![窗体名]![控件名].[属性]。

引用报表属性:[Reports]![报表名].[属性]。

引用报表控件:[Reports]![报表名]![控件名].[属性]。

2. 引用当前窗体或报表

引用当前窗体属性:Form.属性。

引用当前窗体控件:Me!控件名.属性。

引用当前报表属性:Report.属性。

引用当前报表控件:Me!控件名.属性。

说明:[]可以省略。如果是当前窗体或报表,Me!可以省略。

表 9.15 列出了窗体、报表或控件的常用属性。

表 9.15 控件的常用属性

属 性 名	含　　义	实　　例
Caption	窗体标题、报表标题或按钮控件上显示的文字	Cmd1.Caption＝"确定"
Text	文本框中显示的文本	Text1.Text＝"张三丰"
ForeColor	控件上文本的显示颜色(前景色)	Text1.ForeColor ＝ vbRed
BackColor	控件的颜色(背景色)	Text1.BackColor ＝ vbGreen
FontName	控件上显示文本的字体名	Text1.FontName ＝ "黑体"
FontSize	控件上显示文本的字体大小	Text1.FontSize ＝ 24
picture	给控件加载图片	Form.Picture ＝ "D:\圣诞.gif"
Visible	控件是否可见	Cmd2.Visible＝False
Enable	控件是否可操作	Cmd2.Enabled＝True
AllowEdits	窗体数据是否允许编辑	Form.AllowEdits ＝ True

续表

属性名	含　义	实　例
AllowDeletions	窗体数据是否允许删除	Form. AllowDeletions ＝ True
AllowAdditions	窗体数据是否允许增加	Form. AllowAdditions ＝ False
RecordSource	窗体或报表的数据源	Form. RecordSource ＝ "Select * From 雇员"

VBA 编辑器具有智能化的功能,如果前导内容输入正确,VBA 具有自动列出成员的功能,用户可以根据成员列表的提示完成属性和方法的输入。

例 9.13　创建并设计如图 9.24 所示的"雇员"窗体。

图 9.24　"雇员"窗体

(1) 当启动窗体后,窗体为"弹出方式"、只允许浏览数据、"修改确定"按钮(名称为 EditOK)不可用。

(2) 单击"修改"按钮(名称为 Edit),窗体数据变为可以编辑修改,并且单击"修改确定"按钮可用。

(3) 单击"修改确定"按钮,检查"职务"输入的正确性,如果不正确,给出提示信息。

(4) 单击"关闭按钮",给出提示信息,关闭当前窗体。

实现代码如下:

```
Private Sub Form_Load()
    Form.AllowEdits=False
    Form.AllowDeletions=False
    Form.AllowAdditions=False
    Me!EditOk.Enabled=False
End Sub
Private Sub Edit_Click()
```

```
        Form.AllowEdits=True
        Form.AllowDeletions=True
        Me!EditOk.Enabled=True
    End Sub
    Private Sub EditOk_Click()
        Dim job As Control
        Set job=Me![职务]
        If job="销售代表" Or job="销售经理" Or job="副总裁(销售)" Then
            MsgBox "保存成功!"
            Me!EditOk.Enabled=False
        Else
            MsgBox "职务输入有误,请修改!", vbOKOnly
            Me!职务.SetFocus
            Exit Sub
        End If
    End Sub
    Private Sub close_Click()
        Dim i As Integer
        i=MsgBox("你要退出吗?", vbOKCancel+vbQuestion, "提示框")
        If i=1 Then
            DoCmd.close acForm, "例 9.13雇员"
        Else
            Exit Sub
        End If
    End Sub
```

9.5.2 DoCmd 对象

DoCmd 对象是 VBA 非常重要的一个对象,其功能非常强大,使用它的一些方法,可以实现对数据表、查询、窗体、报表、宏、菜单、数据记录和数据库等对象的操作。

1. 打开窗体

(1) 命令格式如下:

DoCmd.OpenForm formName[,view][,,,datamode][,windowmode]

主要参数说明如表 9.16 所示。

表 9.16 OpenForm 的主要参数

参 数 名	参 数 值	参数含义
formName	字符串表达式	打开的窗体名
view	acNormal	以窗体视图打开窗体,默认值
	acDesign	以设计视图打开窗体
	acPreview	以预览视图打开窗体
	acFormDS	以数据表视图打开窗体

续表

参 数 名	参 数 值	参 数 含 义
dataMode	acFormAdd	窗体的模式为添加
	acFormEdit	窗体的模式为编辑
	acFormReadOnly	窗体的模式为只读
	acFormPropertySettings	窗体的模式为默认
windowmode	acWindowNormal	正常窗口模式,默认值
	acHidden	隐藏窗口模式
	acIcon	最小化窗口模式
	acDialog	对话框模式

(2)例如,以窗体视图的正常窗口模式打开名为"雇员"的窗体,窗体允许编辑。

```
Private Sub Command1_Click()
    Call DoOpenForm
End Sub
Public Sub DoOpenForm ()
    DoCmd.OpenForm "雇员", acNormal, , , acFormEdit, acWindowNormal
End Sub
```

注意:参数可以省略,取默认值,但分隔符",""不能省略。

2. 打开报表

(1)命令格式。

```
DoCmd.OpenReport ReportName[,View][,FilterName][,WhereCondition]
```

主要参数说明如表 9.17 所示。

表 9.17　OpenReport 主要参数

参 数 名	参 数 值	参 数 含 义
Reportname	字符串表达式	打开的报表名
View	acViewNormal	打印模式,默认值
	acViewDesign	设计模式
	acViewPerview	打印预览模式
Filtername	字符串表达式	过滤的数据库查询的有效名称
WhereCondition	字符串表达式	不包含 Where 关键字的有效 SQL Where 子句

(2)例如,打印预览名为"产品"的报表。

```
DoCmd.OpenReport "产品", acViewPerview
```

3. 打开数据表

(1)命令格式。

```
DoCmd.OpenTable TableName, View, DataMode
```

主要参数说明如表 9.18 所示。

表 9.18　OpenTable 主要参数

参 数 名	参 数 值	参 数 含 义
TableName	字符串表达式	打开的数据表名
View	acViewNormal	打印模式,默认值
	acViewDesign	设计模式
	acViewPerview	打印预览模式
DataMode	acAdd	增加模式
	acEdit	编辑模式
	acReadOnly	只读模式

(2) 例如,以预览模式打开"订单"表。

```
DoCmd.OpenTable "订单", acViewPreview, acReadOnly
DoCmd.OpenQuery(打开查询)可以参考 OpenTable。
```

4. 关闭操作

(1) 命令格式。

```
DoCmd.Close [ObjectType][,ObjectName][,Save]
```

主要参数说明如表 9.19 所示。

表 9.19　Close 主要参数

参 数 名	参 数 值	参 数 含 义
ObjectType	acForm	窗体
	acReport	报表
	acTable	数据表
	acQuery	查询
ObjectName	字符串表达式	要关闭的对象的名称
Save	acSaveNo	不保存
	acSavePrompt	保存提示
	acSaveYes	保存

(2) 例如:

```
DoCmd.Close                    '关闭当前对象
DoCmd.Close  acForm, "雇员"    '关闭雇员窗体
```

5. 运行宏

(1) 命令格式:

```
DoCmd.RunMacro MacroName, RepeatCount,RepeatExpression
```

主要参数说明如表 9.20 所示。

表 9.20 RunMacro 主要参数

参 数 名	参 数 值	参 数 含 义
MacroName	字符串表达式	宏名
RepeatCount	数值	宏被执行的次数

（2）例如：

```
DoCmd.RunMacro "Macro1",2
```

6. 运行 SQL

（1）命令格式。

```
DoCmd.RunSQL SQLStatement[,UseTransaction]
```

（2）例如，更新"雇员"表，将职务"销售代表"更改为"销售部长"。

```
Private Sub Command2_Click()
    Call DoSQL
End Sub
Public Sub DoSQL()
    Dim strSQL As String
    strSQL="Update 雇员  Set 雇员.职务='销售部长' Where 雇员.职务='销售代表'"
    DoCmd.RunSQL strSQL
End Sub
```

7. 其他操作

```
DoCmd.Minimize          '窗体最小化
DoCmd.Quit              '退出 Access
DoCmd.CloseDatabase     '退出当前数据库
```

9.5.3 VBA 验证函数

使用窗体对数据进行编辑之后，每当保存数据记录时，所做的更改便会保存到数据表中。通过创建窗体或控件的 BeforeUpdate 事件过程，可以实现对输入到窗体控件中的数据进行各种验证，以确保输入数据的正确性。

例 9.14 创建一个"产品"表的输入数据窗体，验证"单价"输入的合法性。"单价"文本框的名称为"单价"。

实现代码如下：

```
Private Sub 单价_BeforeUpdate(Cancel As Integer)
    If Me!单价="" Or IsNull(Me!单价) Then
        MsgBox "单价不能为空!", vbCritical, "警告"
        Cancel=True
```

```
    ElseIf IsNumeric(Me!单价)=False Then
        MsgBox "单价必须为数字", vbCritical, "警告"
    ElseIf Me!单价 <0 Or Me!单价 >2000 Then
        MsgBox "单价为 0~2000 范围的数据", vbCritical, "警告"
        Cancel=True
    Else
        MsgBox "数据验证 OK!", vbInformation, "通告"
    End If
End Sub
```

在对控件输入数据验证时,VBA 提供了一些相关验证函数。表 9.21 所示为几个常用的验证函数。

表 9.21　VBA 常用验证函数

函 数 名	返 回 值	函数说明
IsNumeric	Boolean	表达式的运算结果是否为数值。返回 True,为数值
IsDate	Boolean	表达式是否能够转化成日期。返回 True,可以转换
IsNull	Boolean	表达式是否为无效数据。返回 True,无效数据
IsEmpty	Boolean	变量是否已经初始化。返回 True,未初始化
IsError	Boolean	表达式是否为一个错误值。返回 True,有错误
IsObject	Boolean	标识符是否表示对象变量。返回 True,为对象

9.5.4　计时事件

VBA 通过窗体的"计时器间隔(TimerInterval)"属性和添加"计时器触发(Timer)"事件来完成窗体的定时功能。

其实现过程:每隔 TimerInterval 时间间隔,Form_Timer()事件就会被激发一次,并运行 Form_Timer()事件过程中的代码。

```
TimerInterval= 1000 '代表 1s
```

如果 TimerInterval＝0,则 Form_Timer()事件过程不会被触发。

例 9.15　创建如图 9.25 所示的计时窗体。窗体上计时的文本框名称为 INum,两个命令按钮的名称分别为 CmdStart 和 CmdStop。要求:

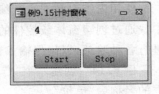

图 9.25　窗体

(1)启动窗体后,不计时。

(2)单击 Start 按钮后,开始计时。

(3)单击 Stop 按钮后,停止计时。

实现代码如下:

```
Dim flag As Boolean        '定义窗体级变量
Private Sub Form_Load()
    flag=False
```

```
    Form.TimerInterval=1000
End Sub
Private Sub CmdStart_Click()
    flag=True
End Sub
Private Sub CmdStop_Click()
    flag=False
End Sub
Private Sub Form_Timer()
    If flag=True Then
        Me!LblNum.Caption=Val(Me!LblNum.Caption)+1
    End If
End Sub
```

9.6　错误处理与调试

在应用程序中发现并排除错误的过程称为调试。随着程序复杂性的提高,程序中的错误也伴随而来。错误(Bug)和程序调试(Debug)是每个编程人员都必定遇到的,掌握查错和纠正错误的方法和能力也是每个编程人员必须掌握的基本技能之一。

9.6.1　错误类型

错误可以分为编辑错误、编译错误、运行错误和逻辑错误。

1. 编辑错误

当用户在代码窗口编辑代码时,VBA 会对程序直接进行语法检查,当发现语法错误时,如语句未输完、关键字书写错误、标点符号为中文格式等,会弹出一个对话框,并给出错误类型提示信息,出错的那一行以红色高亮字体显示,提示用户进行修改。

例如,在图 9.26 中,用户输入"Debug. Print＝3＋10",然后按 Enter 键,系统显示出错信息,表示 Print 方法表达式不符合语法规则,提醒用户改正。这时,用户必须单击"确定"按钮,关闭出错提示对话框,对出错行进行修改。

图 9.26　编译错误及提示框

2. 编译错误

编译错误是在进行程序的编译时发现的错误。此类错误往往是由于试图打开一个不存在的文件、用户未定义变量、遗漏关键字等原因而产生的,这时 VBA 会停止编译,弹出一个对话框,并给出错误类型提示信息,出错的部分以黄色高亮字体显示,提示用户进行修改。

例如,在图 9.26 中,就是编译之后,试图加载一个不存在的文件而出现的出错提示对话框。当用户单击"确定"按钮后,进入[Break](中断)模式,出错行以黄色高亮显示,这时用户可以对错误进行修改。

3. 运行错误

运行错误是指编译结束后,运行代码时发现的错误。这类错误往往是由指令代码执行了非法操作引起的。例如,类型不匹配、数组下标越界、窗体控件不存在等。当程序中出现这类错误时,程序会自动中断,并根据错误类型,给出有关的错误提示信息。

例如,在图 9.27 中,当用户启动窗体并单击窗体上的 Command2 按钮开始编译时,发现窗体上不存在 Label2 这个控件,这时系统会弹出一个对话框,提示出错信息,当用户单击"调试"按钮后,进入[Break](中断)模式,错误部分黄色高亮显示,这时用户可以对错误进行修改。

图 9.27　运行错误及提示框

4. 逻辑错误

逻辑错误是指程序运行后,没有得到预期的结果。通常逻辑错误是语句次序不对、使用公式不正确等引起的。这类错误不会给出错误提示信息,要排除逻辑错误,需要程序员仔细阅读分析程序,并且具有调试程序的经验。

9.6.2　程序调试

VBA 提供了各种调试工具,这里主要介绍插入断点、逐语句跟踪和调试窗口 3 种调试方法。

1. 插入断点和逐句跟踪

在中断模式或设计模式时设置或者删除断点。在 VBA 代码窗口中选择可能存在问题的语句,用两种方法可以设置断点。

(1) 在 VBA 代码窗口中选择怀疑存在问题的地方作为断点,按下 F9 键,即设置了断点。

(2) 单击代码行左边的指示器边距设置断点。

断点设置后,在指示器边距内会出现中断图标●,表示正确插入断点。程序执行时,每当遇到一个断点,都会中断程序的执行而转入中断模式。当把鼠标指向所关心的变量处,就会在鼠标下方显示该变量的值,如图 9.28 所示。若要继续跟踪断点以后语句的执行情况,只要按 F8 键或者单击菜单命令"调试"|"逐句调试"即可。

用鼠标单击断点图标●,可删除一个断点;也可单击菜单命令"调试"|"清除所有断点"清除所有断点。

图 9.28　插入断点和逐句跟踪

2. 调试窗口

除了可以通过设置断点、利用逐句跟踪的方法观察变量的值外,还可以通过"立即"窗口、"监视"窗口和"本地"窗口观察有关变量的值。可以单击"视图"菜单里的相应命令打开这些窗口。

1)"立即"窗口

在程序代码中利用 Debug.Print 方法,在"立即"窗口中显示用户所关心变量的值。

2)"本地"窗口

"本地"窗口显示当前过程中所有变量的值,当程序的执行从一个过程切换到另一个过程时,"本地"窗口的内容会自动发生改变,它只反映当前过程中可用的变量。

在运行阶段,选择菜单命令"视图"|"本地窗口",加载显示"本地"窗口。当按 F8 键运行到某断点处时,"本地"窗口将显示当前窗口中所有变量的值,如图 9.29 所示。

3)"监视"窗口

"监视"窗口可以显示当前的监视表达式。在设计阶段,利用菜单命令"调试"|"添加监视"命令添加监视表达式以及设置监视类型。在运行时,通过菜单命令"视图"|"监视窗口",弹出"监视"窗口,按 F8 键(逐句调试)每经过一个断点处,就在"监视"窗口中显示所监视的变量情况。如图 9.30 所示为"监视"窗口。

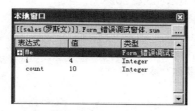

图 9.29　"本地"窗口

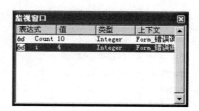

图 9.30　"监视"窗口

9.6.3 VBA 程序运行错误处理

无论怎样为程序代码做彻底地测试与排错,程序错误仍可能出现。VBA 中提供 On Error GoTo 语句来控制当有错误发生时的程序处理。

1. On Error GoTo 语句的一般格式如下:

① On Error GoTo 标号。

② On Error Resume Next。

③ On Error GoTo 0。

2. 说明

(1)"On Error GoTo 标号"语句在遇到错误发生时程序转移到标号所指位置代码执行。一般标号之后都是安排错误处理程序,见以下错误处理过程 ErrorPro 调用位置。

```
Private Sub Command3_Click()
    ⋮
    On Error GoTo ErrHandler        '发生错误,跳转至 ErrHandler 位置执行
    ⋮
ErrHanler:                          '标号 ErrHandler 位置
    Call ErrorProc                  '调用错误处理过程 ErrorProc
    ⋮
End Sub
```

(2)On Error Resume Next 语句在遇到错误发生时不会考虑错误,并继续执行下一条语句。

(3)On Error GoTo 0 语句用于关闭错误处理。

如果没有 On Error GoTo 语句捕捉错误,或者没有用 On Error GoTo 0 关闭错误处理,则在错误发生后出现一个对话框,显示出相应的出错信息。

VBA 除了使用"On Error …"语句来处理错误外,还提供了一个对象(Err)、一个函数(Error $ ())和一个语句(Error)来帮助了解错误信息。其中,Err 对象的 number 属性返回错误代码;而 Error $ ()函数则可以根据错误代码返回错误名称;Error 语句的作用是模拟产生错误,以检查错误处理语句的正确性。

例 9.16 错误处理应用。

```
Private Sub Command0_Click()
    On Error GoTo ErrHandler        '监控错误,如果出现错误,转至 ErrHandler 位置
    Error 11                        '模拟产生代码(11)的错误
    MsgBox "no error"               '没有错误,显示"no error"
    Exit Sub                        '结束过程
ErrHandler:                         '标号 ErrHandler
    MsgBox Err.Number               '显示错误代码(11)
    MsgBox Error$ (Err.Number)      '显示错误名称("除数为零")
End Sub
```

9.7 VBA 程序实例

9.7.1 主页窗体

例 9.17 设计一个"关于"窗体,功能是引导数据库应用系统的登录窗体,窗体运行结果如图 9.31 所示。当"关于"窗体启动 10s 后,自动关闭"关于"窗体并启动"登录"窗体。

图 9.31 "关于"窗体

表 9.22 列出了"关于"窗体及控件属性。

表 9.22 "主页"窗体及控件属性

对象	对象名	属性	对象	对象名	属性
窗体	关于	标题:关于	标签	Label0	标题:Sales 数据库管理系统
		弹出方式:是			字体:宋体
		滚动条:两者均无			字号:24
		记录选择器:否			文本对齐:居中
		导航按钮:否			字体粗细:加粗
		自动居中:是			前景色:蓝色
		边框样式:对话框边框	图片	Image0	图片:INFOSPBZ.BMP
		事件:Load 和 Timer			

实现代码如下:

```
Private Sub Form_Load()
    Me.TimerInterval=1000
End Sub
Private Sub Form_Timer()
    Static i As Integer
    i=i+1
    If i=10 Then
        DoCmd.close acForm, "关于"
        DoCmd.OpenForm "登录"
    End If
End Sub
```

9.7.2 登录窗体

例 9.18 设计一个如图 9.32 所示的"登录"窗体。要求输入的用户名任意,密码等于"123456",整个登录过程要在 30s 完成,如果超出 30s 还没有完成正确的登录操作,则程序给出提示自动终止整个登录过程。

图 9.32 "登录"对话框

表 9.23 列出了"登录"窗体及控件属性。

表 9.23 "登录"窗体及控件属性

对象	对象名	属　　性	对象	对象名	属　　性
窗体	登录	标题:登录	标签	Label1	标题:用户名:
		弹出方式:是		Label2	标题:密码:
		滚动条:两者均无		Label3	标题:计时
		记录选择器:否		Label4	标题:欢迎使用本系统!
		导航按钮:否			字号:14
		分隔线:否			前景色:红色
		最大化、最小化按钮:无	命令按钮	CmdOK	标题:确定
文本框	txtUserName	名称:txtUserName			事件:单击
	txtUserPwd	名称:txtUserPwd		CmdCancel	标题:退出
		输入掩码:密码			事件:单击

实现代码如下:

```
Dim lcount As Integer                '定义计时变量
Private Sub Form_Load()
    Form.TimerInterval=1000
    lcount=0
End Sub
Private Sub CmdOK_Click()
    If IsNull(Me.TxtUserName) Then    '判断用户名是否正确
        MsgBox "请输入您的用户名!", vbCritical
        Exit Sub
    Else
```

```
            Me!TxtUserPwd.SetFocus
        End If
          If IsNull(Me!TxtUserPwd) Then
            MsgBox "请输入用户密码!", vbCritical
            Me!TxtUserPwd.SetFocus
          ElseIf Me!TxtUserPwd="123456" Then
            MsgBox "成功!"
            Form.TimerInterval=0           '登录成功,终止 Timer 事件
            lcount=0                       '登录成功,计数器清零
            DoCmd.close
            DoCmd.OpenForm "主控窗体", acNormal
          Else
            MsgBox "您输入密码不正确,如果忘记,请与管理员联系!", vbCritical
            Exit Sub
        End If
    End Sub
    Private Sub CmdCancel_Click()
        DoCmd.Quit acQuitSaveNone
    End Sub
    Private Sub Form_Timer()
        If lcount >=30 Then
            MsgBox "请在 30s 内登录!", vbCritical, "警告"
            Form.TimerInterval=0           '超过 30s 登录未成功,终止 Timer 事件
            DoCmd.CloseDatabase
        Else
            Me!Label3.Caption=lcount+1
        End If
        lcount=lcount+1
    End Sub
```

9.7.3 主控窗体

例 9.19 设计如图 9.33 所示的"主控窗体"。在"主控窗体"的文本框中输入要打开的窗体名或报表名,然后选择视图方式,单击"打开"按钮,就可以打开指定的窗体或报表。

图 9.33 主控窗体

表 9.24 列出了"主控窗体"及控件属性。

表 9.24　"主控窗体"及控件属性

对象	对象名	属　性	对象	对象名	属　性
窗体	主控窗体	标题:主控窗体	文本框	Label1	标题:窗体名
		弹出方式:是		txtFormName	
		滚动条:两者均无		Label3	标题:报表名
		记录选择器:否		txtReportName	
		导航按钮:否	组合框	Label2	标题:窗体视图
		自动居中:是		CombFormView	自行输入值:正常、设计、预览
		边框样式:可调边框			
命令按钮	CmdOpenForm	标题:打开窗体		Label4	标题:报表视图
	CmdOpenReport	标题:打开报表		CombReportView	自行键入值:打印、设计、预览
	CmdClose	标题:关闭			

"打开窗体"按钮实现代码如下:

```
Private Sub CmdOpenForm_Click()
    Dim strFromName As String
    strFormName=Me.TxtFormName
    Me.CombFormView.SetFocus
    Select Case Me.CombFormView.SelText
        Case "正常"
            DoCmd.OpenForm strFormName, acNormal
        Case "设计"
            DoCmd.OpenForm strFormName, acDesign
        Case "预览"
            DoCmd.OpenForm strFormName, acPreview
    End Select
End Sub
Private Sub CmdClose_Click()
    DoCmd.close acForm, "主控窗体"
End Sub
```

"打开报表"按钮实现代码可参考上面的代码。

9.7.4　查询窗体

例 9.20　设计一个"雇员查询"窗体,能够进行雇员信息查询,功能是可按雇员部门或雇员职务查询雇员的相关信息。窗体运行结果如图 9.34 所示。表 9.25 列出了"雇员查询"窗体及控件属性。

图 9.34 "雇员查询"窗体

表 9.25 "雇员查询"窗体及控件属性

对象	对象名	属 性	对象	对象名	属 性
窗体	雇员查询	标题:雇员查询	文本框	LblDepart	标题:部门
		弹出方式:是		txtDepart	
		滚动条:两者均无	组合框	LblJob	标题:职务
		记录选择器:否		CombJob	自行输入值
		导航按钮:是	命令按钮	CmdFind	标题:查询
		分隔线:是		CmdAll	标题:全部
		边框样式:可调边框		CmdClose	标题:关闭

实现代码如下:

```
Private Sub Form_Load()
    Me.CmdFind.Enabled=False
    Me.CombJob.Enabled=True
End Sub
Private Sub TxtDepart_GotFocus()
    CmdFind.Enabled=True
End Sub
Private Sub CmdFind_Click()
    Dim strSQL As String
    If TxtDepart <>"" Then
        strSQL="Select * From 雇员 Where 部门='"+TxtDepart+"'"
    Else
        MsgBox "请输入部门!"
        strSQL="select * from 雇员 "
    End If
    Me.RecordSource=strSQL
```

```
        End Sub
        Private Sub CmdAll_Click()
            Dim strSQL As String
            CmdFind.Enabled=False
            strSQL="select * from 雇员 "
            Me.RecordSource=strSQL
        End Sub
        Private Sub CombJob_Click()
            Dim strSQL As String
            CmdFind.Enabled=False
            If CombJob <>"" Then
                strSQL="Select * From 雇员 Where 职务='"+CombJob+"'"
            End If
            Me.RecordSource=strSQL
        End Sub
        Private Sub CmdClose_Click()
            DoCmd.close
        End Sub
```

9.8 习　　题

9.8.1　选择题

1. VBA 中定义符号常量可以用关键字_____。
    A. Const   B. Dim   C. Public   D. Static

2. Sub 过程和 Function 过程最根本的区别是_____。
    A. Sub 过程的过程名不能返回值,而 Function 过程能通过过程名返回值
    B. Sub 过程可以使用 Call 语句或直接使用过程名,而 Function 过程不能
    C. 两种过程参数的传递方式不同
    D. Function 过程可以有参数,Sub 过程不能有参数

3. 关于 InputBox 函数和 MsgBox 函数,说法错误的是_____。
    A. InputBox 函数返回的是用户输入的内容,返回数值类型是一个字符串
    B. MsgBox 函数的返回值是一个整数,这个整数与所选择的按钮有关
    C. InputBox 函数和 MsgBox 函数都有一个必选项 Prompt,而且都是字符型
    D. InputBox 函数弹出的对话框是非模态的,MsgBox 函数弹出的对话框是模态的

4. 执行下面的程序代码,显示结果是_____。

```
Private Sub Form_Click ()
    Dim a%, k%
    a=6
    For k=1 To 0
        a=a+k
    Next k
```

```
        Print k; a
End Sub
```

　　A. —1　6　　　　　B. —1　16　　　　C. 1　6　　　　　　D. 11　21

5.
```
Private Sub Form_Click ()
    Dim i%, sum%
    i=5: sum=0
    While i >1
      sum=sum+i
      i=i -1
    Wend
    Print sum
End Sub
```

执行上面的程序代码之后,屏幕上的显示结果是_____。

　　A. 无显示　　　　　B. 10　　　　　　C. 14　　　　　　D. 15

6. 下列 Case 语句中正确的是_____。

```
    A. Select Case OP                 B. Select Case  OP
          Case  "+"                          Case  OP>=1  And  OP<=10
              T=x+ y                               T=x+ y
          Case  "-"                          Case  Is>10
              T=x- y                               T=x- y
       End Select                         End Select
    C. Select Case  OP                 D. Select Case  OP
          Case  1 to 3 ,5                    Case  1 to 5
              T=x+ y                               T=x+ y
          Case  OP>10                        Case  OP>10
              T=x- y                               T=x- y
       End Select                         End Select
```

7.
```
i=5
    Do
     i=i -1
  Loop While i >=0
```

执行上面的程序段,Do…Loop 循环体被执行的次数是_____。

　　A. 一次也不执行　　B. 6 次　　　　　C. 5 次　　　　　D. 无限次

8. 定义了二维数组 A(2 To 5,5),则该数组的元素个数为_____。

　　A. 25　　　　　　　B. 36　　　　　　C. 20　　　　　　D. 24

9. 以下内容不属于 VBA 验证函数的是_____。

　　A. IsText　　　　　B. IsDate　　　　　C. IsNumeric　　　　D. IsNull

10. 在有参数过程设计中,要实现某个参数的双向传递,就应当说明该形参是"传址"调用形式。其设置选项是_____。

　　A. ByVal　　　　　B. ByRef　　　　　C. Optional　　　　D. ParamArray

11. VBA 的逻辑值进行算数运算时，True 值被当作_____。

    A. 0   B. －1   C. 1   D. 任意值

12. VBA 中用实参 a 和 b 调用有参过程 Area(m,n)的正确形式是_____。

    A. Area(m,n)   B. Area(a,b)

    C. Call Area(m,n)   D. Call Area m,n

13. VBA 计时操作中，需要设置窗体的"计时器间隔（TimerInterval）"属性值。其计量单位是_____。

    A. 微妙   B. 毫秒   C. 秒   D. 分钟

14. 在 MsgBox（Prompt［，Buttons］［，Title］）函数形式中，必须提供的参数是_____。

    A. Prompt   B. Buttons   C. Title   D. 所有

15. 在窗体上画一命令按钮 Command1，然后编写如下代码，程序运行后，单击命令按钮，在窗体上显示的是_____。

```
Private Sub Command1_Click ()
    Dim i As Integer, k As Integer
    k=0
    For i=1 To 5
        k=k+fun(i)
    Next i
    Print k
End Sub
Public Function fun(ByVal m As Integer)
    If m Mod 2=0 Then
        fun=2
    Else
        fun=1
    End If
End Function
```

    A. 5   B. 7   C. 8   D. 10

16. 在窗体上画一命令按钮，然后编写如下事件过程：

```
Private Sub Command1_Click ()
    Dim m As Integer, n As Integer, p As Integer
    m=3: n=5: p=0
    Call Y(m, n, p)
    Print Str(p)
End Sub
Private Sub Y(ByVal a As Integer, ByVal b As Integer, k As Integer)
    k=a+b
End Sub
```

程序运行后，单击命令按钮，则在窗体上显示的内容是_____。

    A. 0   B. 8   C. 10   D. 12

17. 下面程序段的执行结果是_____。

```
x=Int (Rnd+4)
    Select Case x
        Case 5
            Print "good"
        Case 4
            Print "pass"
        Case 3
            Print "fail"
    End Select
```

    A. 无显示　　　　B. fail　　　　　　C. pass　　　　　　D. good

18. 在窗体中添加一个名称为 Command1 的命令按钮,然后编写如下事件代码:

```
Private Sub Command1_Click()
    a=75
    If a >60 Then
        k=1
    ElseIf a >70 Then
        k=2
    ElseIf a >80 Then
        k=3
    ElseIf a >90 Then
        k=4
    End If
    MsgBox k
End Sub
```

窗体打开运行后,单击命令按钮,则消息框的输出结果是_____。

    A. 1　　　　　　　B. 2　　　　　　　C. 3　　　　　　　D. 4

19. 设有如下窗体单击事件过程:

```
Private Sub Form_Click()
    a=1
    For i=1 To 3
        Select Case i
            Case 1, 3
                a=a+1
            Case 2, 4
                a=a+2
        End Select
    Next i
    MsgBox a
End Sub
```

打开窗体运行后,单击窗体,则消息框的输出的结果是_____。

A. 3　　　　　　B. 4　　　　　　C. 5　　　　　　D. 6

20. VBA 中不能进行错误处理的语句结构是_____。

　　A. On Error GoTo 标号　　　　　　B. On Error Resume Next

　　C. On Error GoTo 0　　　　　　　　D. On Error Then 标号

21. 表达式 Fix(−3.25)和 Fix(3.75)的结果分别是_____。

　　A. −3,3　　　　B. −4,3　　　　C. −3,4　　　　D. −4,4

22. 从字符串 s 中的第 2 个字符开始获得 4 个字符的子字符串函数是_____。

　　A. Mid $ (s,2,4)　　　　　　　　B. Left $ (s,2,4)

　　C. Right $ (s,2,4)　　　　　　　D. Left $ (s,,4)

9.8.2　填空题

1. VBA 中变量作用域分为 3 个层次,这 3 个层次分别是_____、_____和_____。

2. 执行 MsgBox 函数,返回值的数据类型是_____型,用户通过返回值,决定程序执行的流程。该值与用户单击了对话框中的_____有关。

3. VBA 的 3 种流程控制结构是顺序结构、_____结构和_____结构。

4. On Error GoTo 0 语句的含义是_____。

5. 如果执行 InputBox 函数,在弹出的对话框的文本框内输入"123",则函数返回值的数据类型是_____型,如果要转换为数值型,通常使用_____函数。

6. 判断 x 是不是 5 的倍数,若是 5 的倍数,则显示出来,用行 If 语句实现为_____。

7. 判断变量 x 是否大于 0。若大于 0,则累加到变量 S1 中,否则,累加到变量 S2 中,使用块 If 语句实现为_____。

8. 判断字符串变量 ch 是不是小写字母,若是则输出"yes",否则输出"no"。使用行 If 语句实现为_____。

9. 执行下面的程序段后,num 的值为_____。

```
Dim num%
While num <=2
    num=num+1
Wend
Debug.Print num
```

10. 执行下面的程序段后,如果在显示的输入对话框中输入 23,则 y 的值为_____。

```
Dim x%, y%
x=Val (InputBox ("Enter x:"))
y=IIf (x >0, 1, 0)
Debug.Print y
```

11. X=1
```
    Do
        X=X+2 :Print X
    Loop Until _____
```

程序运行后,要求执行 3 次循环体,请填写正确的条件表达式。

12. 执行下面的程序段后,单击命令按钮,输出结果是 _____。

```
Private Sub Form_Click ()
    Dim i%, j%, a%
    a=0
    For i=1 To 2
        For j=1 To 4
            If j Mod 2 <>0 Then
                a=a+1
            End If
            a=a+1
        Next j
    Next i
    Debug.Print a
End Sub
```

13. 以下程序的功能是从键盘上输入若干个学生的考试分数,统计并输出最高分数和最低分数,当输入负数时结束输入,输出结果。请填空。

```
Private Sub Form_Click ()
    Dim x!, Max!, Min!
    x=InputBox ("Enter a scroe :")
    Max=x: Min=x
    Do While _____ (x >=0)
        If x >Max Then Max=x
        If _____    Then Min=x
        x=InputBox ("Enter a score :")
    Loop
    Debug
Debug.Print "max="; Max, "min="; Min
End Sub
```

14. 执行下面的程序段后,K 的值为_____。

```
Dim K%
Do While K <=10
    K =K+1
Loop
Debug.Print K
```

15. 执行下面的程序段后,Sum 的值为_____,该程序段的功能是_____。

```
Private Sub Form_Click ()
    Dim Sum%, i%
    Sum=0
    For i=1 To 10
        If i / 3=i \ 3 Then Sum=Sum+i
```

```
    Next i
    Debug.Print Sum
End Sub
```

16. 如下程序段定义了学生成绩的记录类型,由学号、姓名和三门课程成绩(百分制)组成。

```
Type  Stud
    No  As  Integer
    Name  As  String
Score(1 to 3)  As  Single
End Type
```

若某个学生的 No 为"1001",Name 为"舒意",三门课程的成绩分别是 78、88、96。要为该同学的各个数据项进行赋值,正确的语句书写格式为_____。

第二篇

实验部分

第10章 实验及操作

10.1 【实验1】认识 Access 环境,创建数据库及数据表

10.1.1 实验目的

(1) 认识 Access 环境,认识 Access 数据库对象。
(2) 掌握创建数据库的方法。
(3) 掌握创建数据表的方法。
(4) 掌握向表中输入各种类型数据的方法。

10.1.2 操作要求

1. (1) 认识 Access 2010 的环境,熟悉各个选项卡里包含的按钮,掌握视图方式的切换。
(2) 在 D:\下创建一个名称为 MyDB.accdb 的数据库。
(3) 在 MyDB.accdb 数据库中建立"学生"表,表结构如表 10.1 所示。

表 10.1 "学生"表结构

字段名	字段类型	字段长度	索引类型	备 注
学生编号	文本	8	主索引,无重复	主键(PrimaryKey)
姓名	文本	10		
性别	文本	1		默认值:男
出生日期	日期/时间(短日期)			
入学成绩	数字	单精度,小数1位		
班级 ID	文本	2	索引有重复	外键,不能为空串
团员否	是/否			
籍贯	文本	20		
简历	备注			
照片	OLE 对象			

(4) 向"学生"表中输入表 10.2 的数据。

表 10.2 "学生"表数据

学生编号	姓名	性别	出生日期	入学成绩	班级 ID	团员否	籍贯	简历	照片
20120104	孙雅莉	女	1988-1-30	79	01	是	山东	略	位图图像
20120105	李先志	男	1991-2-14	88	01	否	辽宁	略	位图图像

续表

学生编号	姓名	性别	出生日期	入学成绩	班级 ID	团员否	籍贯	简历	照片
20120201	王小雅	女	1989-10-31	89.7	02	是	山东	略	位图图像
20120202	曹海涛	男	1990-12-1	78	02	否	北京	略	位图图像
20120306	张大虎	男	1991-3-23	91.8	03	是	江苏	略	位图图像

提示：输入照片时，在"数据表视图"方式下，在某条记录的"照片"字段网格内右击，选择快捷菜单命令"插入对象"，插入"数据库"文件夹下扩展名为 bmp 的图像文件，或者自己在本机上搜索 bmp 文件插入。

2. 在 MyDB.accdb 数据库中建立"选课成绩"表，表结构如表 10.3 所示。然后向"选课成绩"表中输入表 10.4 所示的数据。

表 10.3 "选课成绩"表结构

字段名	字段类型	字段长度	索引类型	备 注
ID	自动编号	长整型	主索引，无重复	主键
学生编号	文本	10	索引有重复	外键，不能为空串
课程编号	文本	2	索引有重复	外键，不能为空串
期末成绩	数字	整型（小数 0 位）		
平时成绩	数字	整型（小数 0 位）		

表 10.4 "选课成绩"表数据

ID	学生编号	课程编号	期末成绩	平时成绩	ID	学生编号	课程编号	期末成绩	平时成绩
1	20120104	01	67	70	4	20120202	03	70	75
2	20120105	01	89	85	5	20120306	02	56	65
3	20120201	01	78	80	6	20120104	03	92	88

3. 在 MyDB.accdb 数据库中建立"班级"表，表结构如表 10.5 所示。然后向"班级"表中输入表 10.6 所示的数据。

表 10.5 "班级"表结构

字段名	字段类型	字段长度	索引类型	备 注
班级 ID	文本	2	主索引，无重复	主键，不能为空串
班级名称	文本	10		

表 10.6 "班级"表数据

班级 ID	班级名称	班级 ID	班级名称
01	国际贸易	03	会计
02	经济管理		

10.2 【实验2】创建表及表的基本操作

10.2.1 实验目的

（1）掌握建立表结构的5大要素。

（2）掌握字段属性的设置。

（3）掌握向表中输入各种类型数据的方法。

（4）掌握建立表间关系、编辑关系、删除关系等操作方法。

10.2.2 操作要求

1. （1）在 D:\下创建一个名称为"教学管理.accdb"的数据库。

（2）在"教学管理.accdb"数据库中创建一个名为 Teacher 的新表,表结构如表 10.7 所示。

表 10.7 Teacher 表结构

字段名	字段类型	字段长度	备　　注
教师编号	文本	5	必填,不允许空字符串
姓名	文本	8	
工作时间	时间/日期		常规日期
职称	文本	5	

（3）判断并设置表 Teacher 的主键,设置主键为必填字段（"必需"为"是"）,并给主键设置主索引。

（4）在"工作时间"字段的后面添加"联系电话"字段,字段的数据类型为"文本",字段大小为7,有效性规则为"不能为空值"。

提示：有效性规则为"不能为空值"的设置方法：Is Not Null。

（5）设置"联系电话"字段的输入掩码为"0535-*******"的形式。其中"0535-"部分自动输出,后面7位只能输入7位数字。

提示：输入掩码："(0535-)"0000000。

（6）设置"联系电话"的索引为"唯一索引"。设置"姓名"字段的索引为"普通索引"。

提示："唯一索引"：有（无重复）。"普通索引"：有（有重复）。

（7）将 Teacher 表中"职称"字段的默认值属性设置为"副教授"。

（8）设置"教师编号"字段的输入掩码为只能输入5位数字或字符。

提示：输入掩码为 AAAAA。

（9）在"姓名"字段后添加"民族 ID"字段,字段的数据类型为"文本",字段大小为3。

（10）保存表结构。

（11）向 Teacher 表中输入3条记录,记录内容自定。

2. （1）在"教学管理.accdb"数据库中建立表 Teacher_Salary,表结构如表 10.8 所示。

表 10.8 Teacher_Salary 表结构

字段名	字段类型	字段长度	索引类型	备 注
教师编号	文本	5	主索引,无重复	主键(PrimaryKey),不允许空字符串
姓名	文本	10	普通索引	
时间	时间/日期	1		常规日期
应发工资	单精度			小数2位
扣款	单精度			小数2位
税款	单精度			小数2位
实发工资	单精度			小数2位

（2）设置"税款"字段的有效性规则为"＞0 and ＜＝400"；有效性文本为"税款超出范围,请重新输入!"。

（3）设置"教师编号"字段的输入掩码为只能输入5位数字或字母形式。

（4）将 Teacher_Salary 表的"时间"字段的默认值设置为下一年度的9月1日（规定本年度的年号必须用函数获取）。

提示：默认值：DateSerial(Year(Date())＋1,9,1)。

（5）在"教师编号"字段后添加"系别"字段,字段的数据类型为"文本",字段大小为3。

（6）设置"系别"字段的输入掩码为只能输入3位数字形式。

（7）删除"扣款"字段。

（8）把"税款"字段移到"应发工资"的前面。

3.（1）打开数据库文件夹里的"教学管理（无关系）.accdb"数据库。

（2）建立"教师"和"教师工资"的表间关系,并实施参照完整性。结果如图10.1所示。

图 10.1 "教师"表和"教师工资"表间关系

提示：必须先关闭相关表,才能够建立表间关系。

（3）保存上面建立的关系,然后关闭关系。

（4）打开关系,建立"学生"表、"班级"表和"选课成绩"表的表间关系,并实施参照完整性。结果如图10.2所示。

（5）编辑并增加"学生"表与"选课成绩"表关系："级联更新相关字段"。

（6）编辑并增加"教师"表与"教师工资"表关系："级联更新相关字段"、"级联删除相关记录"。

（7）删除"学生"表与"班级"表间的关系,然后保存关系。

图 10.2 "学生"表、"班级"表和"选课成绩"表间关系

10.3 【实验3】表的基本操作

10.3.1 实验目的

(1) 巩固字段属性的设置、巩固向表中输入各种类型数据的操作。

(2) 掌握获取外部数据的操作。

(3) 掌握修改表结构的操作。

(4) 掌握数据记录的增、删、改、查等操作方法。

(5) 掌握设置数据表外观的方法。

(6) 掌握记录的排序、高级筛选等操作方法。

10.3.2 操作要求

1. 打开数据库文件夹,将"教学管理(无关系).accdb"数据库备份到 D 盘,打开 D 盘备份的"教学管理(无关系).accdb"数据库,完成下列操作。

(1) 将"学生"表的"团员否"字段的默认值设置为真值。"团员否"字段的后面插入"邮箱密码"字段,数据类型为"文本",长度为 6 位,设置输入掩码,使输入的密码显示为 6 位星号(＊,密码)。

(2) 设置"学生"表的"班级 ID"的数据类型为"查阅向导",并设置为用"班级"表查阅。

(3) 设置"简历"字段的设计说明为"自上大学起的简历信息"。

提示:在"设计视图"方式,在"简历"字段的"说明"列中输入"自上大学起的简历信息"。

(4) 将"学生"表的"入校日期"和"班级 ID"隐藏(反之,将隐藏的字段重新显示出来)。

(5) 将"学生编号"为 20120305 的学生照片字段值设置为数据库文件夹里的"小雅.bmp"图像文件(要求使用"由文件创建"方式)。

提示:在"数据表视图"方式下,先查找 20120305 的学生记录,然后在该记录的"照片"字段上右击,在快捷菜单里选择"插入对象",利用向导完成图像的插入。

(6) 筛选出"学生"表中所有 1981 年出生、性别为"男"的学生,结果如图 10.3 所示。

提示:高级筛选条件:出生日期为"Year([出生日期])＝1981",性别为"男"。

(7) 使用"高级筛选",删除"学生"表中姓"李"的学生记录。

提示:高级筛选的条件为"Like "李＊""。筛选出符合条件的有 5 条记录。

(8) 使用"高级筛选",删除"出生日期"是"11 月 19 日"的学生。

提示:高级筛选的条件为"Month([出生日期])＝11 and Day([出生日期])＝19"。筛选出符合条件的 3 条记录。

学生编号	姓名	性别	出生日期
20120201	解自通	男	1981-11-19
20120221	贾峰	男	1981-11-19
20120101	曹海涛	男	1981-11-19
20120114	张成伟	男	1981-5-21
20120216	李冬	男	1981-9-19
20120218	王海明	男	1981-1-18

图 10.3　筛选 1981 年出生、性别为“男”的学生的结果

(9) 删除 1988 年出生的学生记录。

(10) 将“学生”表中姓“王”的学生改成姓“汪”。

(11) 对“学生”表中的“出生日期”按升序排列。

(12) 对“学生”表中的“民族 ID”升序排列，如果“民族 ID”相同，按“籍贯”降序排列。

提示：使用 升序 降序 对单字段或多个连续字段的排序，排序方式只能同为升序排列或者同为降序排列；多个连续或者不连续的字段的升降排序，要用“高级筛选”完成。

(13) 冻结“学生”表中的“姓名”和“学生编号”字段列。

(14) 设置“学生”表的显示格式，使表的背景颜色为“水绿色”、网格线为“白色”、文字字号为“12 号”。行高为 18、列宽为 12。效果部分截图如图 10.4 所示。

学生编号	姓名	性别	出生日期	入校日期
20120310	孙海茉	女	1986-11-21	2012-9-3
20120117	汪兴海	男	1989-1-23	2012-9-3
20120207	宋明伟	男	1987-5-15	2012-9-3
20120122	刘晓丽	女	1989-12-9	2012-9-3
20120214	姜研婷	男	1983-2-1	2012-9-3

图 10.4　设置“学生”表格式后效果图

(15) 在“学生”表中，查找没有“照片”的记录。

提示：若用“高级筛选”查找，其“条件”内容为“Is Null”；若用“查找”按钮，其查找内容为 null。

(16) 把“班级 ID”字段和“出生日期”字段的位置互换，要求只改变字段显示次序，不改变表结构字段的次序。

2. 打开数据库文件夹里的“教学管理(无关系).accdb”数据库，完成下列操作。

(1) 设置“教师”表中“工作时间”字段的有效性规则：只能输入上一年度 5 月 1 日以前(含)的日期(规定：本年度年号必须用函数获取)。

(2) 将“教师”表的“职称”字段值的输入设置为“讲师”、“副教授”、“教师”列表选择。

提示：分别用查阅向导的“自行输入所需的值”和“查阅”选项卡完成。

(3) 将“教师”表中的“职称”和“学历”设置成名称为 ZX 的普通索引。

提示：掌握单字段索引和多字段索引的设置方法；掌握并区别索引的 3 种类型：普通索引、主索引和唯一索引。

(4) 在“教师”表的“性别”字段后面插入“年龄”字段，数据类型为“整型”，“年龄”的取值范围设在 15～18 之间，有效性文本设置为“请输入 15～18 之间的数据!”。

(5) 将“年龄”和“性别”2 个字段设置为索引名称为 AgeAndSex 的普通索引。

（6）在"教师"表的最后增加一个"个人信息"字段，数据类型为"附件"，将数据库文件夹里的"个人简介.doc."以及 ee. bmp 添加到第一条记录的"个人信息"字段中。

提示： 先在"设计视图"下添加"个人信息"字段；然后在"数据表视图"下，双击第一条记录的"个人信息"单元格，添加。

（7）将"教师"表中的数据导出到 D 盘下，以文本文件形式保存，命名为 teacher. txt。要求第一行包含字段名称，各数据项之间以分号分隔。

（8）将数据库文件夹里的"授课.xls"文件导入到当前数据库中，要求数据中的第一行作为字段名。导入的表命名为"授课"。然后将"授课"表中的空记录删除，设置"授课 ID"为主键，数据类型为"文本"，字段大小为 4，索引为"有（无重复）"。

（9）将数据库文件夹里的"授课.xls"文件链接到当前数据库中，要求数据中的第一行作为字段名，链接表对象命名为"授课（链接）"。

提示： 比较导入 Excel 文档与链接 Excel 文档的操作的不同。

（10）将"学生"表导出到 D 盘，文件名为"学生. xlsx"。

（11）将数据库文件夹里的"课程信息. txt"文档中的数据导入追加到"课程"表中，第一行包含标题行。

（12）建立"教师"表和"授课"表间的关系，实施参照完整性。

提示： 必须先关闭相关表，才能够建立表间关系。

（13）隐藏"年龄"字段列；冻结"姓名"字段列。

（14）设置"选课成绩"表的数据表格式如下：单元格效果为"凸起"，替代背景色为"水绿色"，网格线颜色为"红色"，字体为"楷体"，字号为 12，行高为 16，列宽为 10。

10.4 【实验4】选择查询

10.4.1 实验目的

（1）掌握使用查询向导创建查询。

（2）掌握使用设计视图创建查询。

（3）掌握在查询中进行计算。

（4）掌握在查询中添加计算字段。

10.4.2 操作要求

1. 打开数据库文件夹，将"教学管理. accdb"数据库备份到 D 盘，打开 D 盘备份的"教学管理. accdb"数据库。使用查询向导，完成下列操作。

（1）查询每个学生的学生编号、姓名、性别、出生日期、籍贯。将查询命名为 qT1。

（2）以"学生"表和"选课成绩"表为源表，查询每个学生的学生编号、姓名、课程名称、期末成绩。将查询命名为 qT2。

（3）查询"学生"表中重名的学生的姓名、班级、性别、出生日期。将查询命名为 qT3，结果如图 10.5 所示。

（4）查询在"学生"表而没在"选课成绩"表中的学生编号、姓名、班级、性别。将查询命名为 qT4，结果如图 10.6 所示。

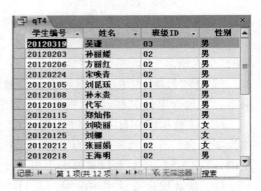

qT3

姓名	班级ID	性别	出生日期
曹海涛	01	男	1981-11-19
曹海涛	02	男	1989-1-11
曹海涛	03	男	1986-6-30
刘娜	02	男	1982-5-5
刘娜	01	女	1989-7-18
刘娜	01	女	1989-11-6
王玲	02	男	1983-7-25
王玲	03	女	1987-4-19

图 10.5　重名的学生信息

qT4

学生编号	姓名	班级ID	性别
20120319	吴谦	03	男
20120203	孙丽媛	02	男
20120206	方丽红	02	男
20120224	宋唤青	02	男
20120105	刘昆珏	01	男
20120108	孙永贵	01	男
20120109	代军	01	男
20120115	郑灿伟	01	男
20120122	刘晓丽	01	女
20120125	刘娜	01	女
20120212	张丽娟	02	女
20120218	王海明	02	男

记录：第 1 项(共 12 项　无筛选器　搜索

图 10.6　qT4 没有选课的学生信息

2. 打开数据库文件夹，将“教学管理.accdb”数据库备份到 D 盘，打开 D 盘备份的“教学管理.accdb”数据库，使用“设计视图”完成下列操作。

(1) 创建一个查询，查找并显示教师的“姓名”、“性别”、“职称”、“系别”。将查询命名为 Q1。

(2) 创建一个查询，查找并显示姓“王”的学生的姓名、性别、籍贯。将查询命名为 Q2。结果如图 10.7 所示。

(3) 在“学生”表中查找“入学成绩”在 530～570 分之间并且籍贯是“山东烟台”或“北京市”的学生姓名、班级、籍贯。将查询命名为 Q3，结果如图 10.8 所示。

提示：查询条件：入学成绩——Between 530 And 570

籍贯：In ("山东烟台","北京市")

入学成绩：不显示

Q2

姓名	性别	籍贯
王培红	女	辽宁丹东
王晓霞	女	山东烟台
王玲	女	湖南长沙
王兴海	男	云南昆明
王玲	男	江苏南京
王海明	男	上海市

图 10.7　Q2 姓“王”的学生信息

Q3

姓名	班级ID	籍贯
方丽红	02	山东烟台
弋海静	01	山东烟台
代军	01	北京市
郑灿伟	01	山东烟台
刘晓丽	01	山东烟台

图 10.8　Q3 查询信息

(4) 查找 1983 年参加工作的男教师，并显示“姓名”、“性别”、“学历”、“职称”。将查询命名为 Q4，结果如图 10.9 所示。

Q4

姓名	性别	学历	职称	工作时间
张乐	女	大学本科	教授	1983-11-10
少林	男	研究生	副教授	1983-11-10
李斯特	男	研究生	教授	1983-9-18

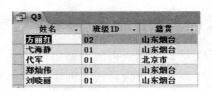

图 10.9　Q4 表信息

提示：对日期型数据的条件表达式举一反三。

① 1983 年以前参加工作。

② 20 天之内参加工作。

③ 1983—1984 年参加工作。

④ 1983 年 7 月 1 日至 1983 年 12 月 31 日参加工作。

⑤ 今天参加工作。

（5）创建一个查询，查找所有期末成绩不及格的学生姓名、班级、课程名称、期末成绩。将查询命名为 Q5。查询结果部分视图如图 10.10 所示。

姓名	班级ID	课程名称	期末成绩
闫旭芳	03	计算机网络工程	59
崔美荣	03	计算机网络工程	56
王玲	03	计算机网络工程	45
陆春慧	03	计算机网络工程	56
李创军	03	计算机网络工程	57
李忠合	03	计算机网络工程	53

图 10.10　Q5 查询信息

（6）计算"选课成绩"表中的"总评成绩"，计算公式为总评成绩＝平时成绩×30％＋期末成绩×70％。将查询命名为 Q6。结果部分视图如图 10.11 所示。

ID	学生编号	课程编号	期末成绩	平时成绩	总评成绩
1	20120301	01	59	65	60.8
2	20120302	01	64	60	62.8
3	20120303	01	89	80	86.3
4	20120304	01	90	85	88.5
5	20120305	01	87	85	86.4

图 10.11　Q6 查询信息

（7）创建一个查询，以上面的 Q6 查询以及"学生"表和"课程"表为数据源，查找"总评成绩"在 85～100 分之间且"课程名称"为"数据结构"的学生编号、姓名、班级、总评成绩、课程名称。将查询命名为 Q7，查询结果部分视图如图 10.12 所示。

学生编号	姓名	班级ID	总评成绩	课程名称
20120301	闫旭芳	03	87.8	数据结构
20120309	崔美荣	03	86.4	数据结构
20120314	王玲	03	86.4	数据结构
20120316	曹海涛	03	86.3	数据结构
20120317	高树全	03	88.5	数据结构
20120318	陆春慧	03	86.4	数据结构
20120324	李创军	03	89.4	数据结构

图 10.12　Q7 查询信息

（8）查询所有非团员的男学生的学生编号、姓名、班级 ID。将查询命名为 Q8，查询结果如图 10.13 所示。

（9）统计各民族的学生人数。将查询结果命名为 Q9，查询结果如图 10.14 所示。

提示：如何实现只统计民族是"汉族"的学生人数？

（10）计算女教师的工龄，显示女教师的姓名、性别、工龄 3 个字段。将查询命名为 Q10，查询结果如图 10.15 所示。

学生编号	姓名	班级ID
20120301	闫旭芳	03
20120315	魏强	03
20120317	高树全	03
20120319	吴谦	03
20120321	李小宝	03
20120323	周向	03
20120204	张翔宇	02
20120221	贾峰	02
20120223	姜冬梅	02
20120224	宋唤青	02
20120225	许鹏举	02
20120109	代军	01
20120113	息东升	01
20120119	林平	01

图 10.13　Q8 查询信息

Q9	
民族	人数
白族	5
藏族	3
汉族	42
回族	6
满族	13
维吾尔族	6

图 10.14 Q9 查询信息

Q10		
姓名	性别	工龄
张乐	女	30
赵习明	女	31
李燕	女	24
晋金服	女	40
郭新	女	24
王小丫	女	25

图 10.15 Q10 查询信息

提示：这是一个添加计算字段的查询，考虑 3 个要素：显示标题是什么。"工龄"的计算公式是什么。"工龄"的计算公式写在什么地方。

依此类推，如何计算每个学生的年龄。

10.5 【实验 5】交叉表查询、参数查询及操作查询

10.5.1 实验目的

(1) 掌握选择查询。

(2) 掌握交叉表查询。

(3) 掌握参数查询。

(4) 掌握操作查询。

10.5.2 操作要求

打开数据库文件夹，将"教学管理.accdb"数据库备份到 D 盘，打开 D 盘备份的"教学管理.accdb"数据库，完成下列操作要求。

(1) 以"学生"表和"民族"表为数据源，创建一个查询，统计各班级各民族的人数。将查询命名为 jcQ1。查询结果如图 10.16 所示。

jcQ1						
班级ID	白族	藏族	汉族	回族	满族	维吾尔族
01	1	1	15	2	4	2
02	2		13	2	6	2
03	2	2	14	2	3	2

图 10.16 jcQ1 查询信息

(2) 创建一个查询，查找入学成绩大于平均入学成绩的学生，并显示其"姓名"和"入学成绩"，将查询命名为 jcQ2。查询设计视图如图 10.17 所示。

字段:	姓名	入学成绩
表:	学生	学生
排序:		
显示:	☑	☑
条件:		>(select avg([入学成绩]) from [学生])

图 10.17 jcQ2 查询设计视图

(3) 创建一个查询，按照学生姓名查看某学生的成绩，并显示"学生编号"、"姓名"、"总评成绩"3 个字段的内容。当运行该查询时，应显示参数提示信息"请输入姓名："，将查询

命名为 jcQ3。查询设计视图如图 10.18 所示。

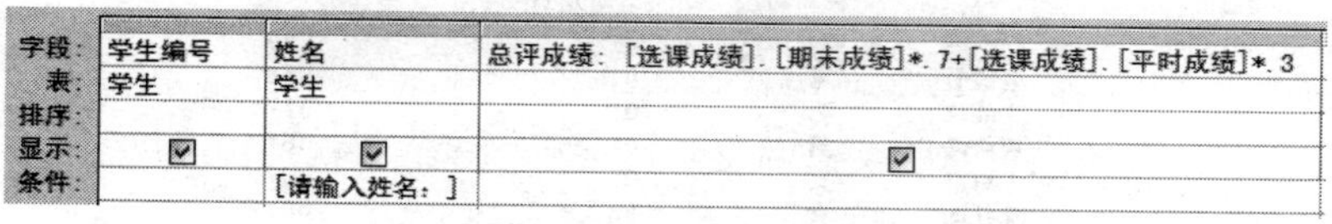

字段:	学生编号	姓名	总评成绩: [选课成绩].[期末成绩]*.7+[选课成绩].[平时成绩]*.3
表:	学生	学生	
排序:			
显示:	☑	☑	☑
条件:		[请输入姓名:]	

图 10.18   jcQ3 查询设计视图

（4）创建一个参数查询，按照教师的"职称"和"系别"查找并显示教师的"姓名"和"电话号码"2 个字段的内容。当运行该查询时，应显示参数提示信息"请输入职称："、"请输入系名称："，参数提示框如图 10.19 所示。将查询命名为 jcQ4。

图 10.19   参数提示框

（5）以"教师"表为源表生成"党员"表，表中含有教师编号、姓名、系别、电话号码。将查询命名为 jcQ5。

提示：生成表查询、追加查询、删除查询、更新查询这 4 种查询前，最好先切换到"数据表视图"查看一下查询的数据正确与否，然后再执行"运行"命令，因为这 4 种查询不可逆，一旦查询错误，数据记录不可恢复。

（6）以"教师"表为源表创建一个查询，将"团员"的教师添加到"党员"表中。将查询命名为 jcQ6。

（7）以"学生"表为源表，按民族统计学生人数，并显示民族人数不少于 5 人的记录，按民族降序排序。将查询命名为 jcQ7。

（8）将"学生"表中有照片的记录生成一个名称为"学生有照片"表，表中含有"学生编号"、"姓名"、"性别"、"班级 ID"和"照片"5 个字段。将该查询命名为 jcQ8。

提示：照片字段的条件：is not null。

（9）将"教师"表中学历为"研究生"的更改为"硕士"，将查询命名为 jcQ9。

（10）修改"教师"表、"教师工资"表、"授课"表和"课程"表的关系，增加"级联删除相关记录"选项。保存关系，然后删除"教师"表中"电话号码"后 2 位是 88 的记录。将查询命名为 jcQ10。

思考：为什么要将 4 个表之间的关系增加"级联删除相关记录"选项？

提示：条件：Right([电话号码],2)="88"。

（11）创建一个查询，显示"学生"表中"入学成绩"最高的前 10 名学生的姓名、性别、班级、入学成绩 4 个字段的内容，将查询命名为 jcQ11。查询结果如图 10.20 所示。

提示：这是一个选择查询，需要对"入学成绩"降序排序，然后在"属性表"中设置"上限值"，入学成绩允许有重复值。

（12）将"教师"表中已到退休年限的记录删除（假如退休年限为工龄超过 30 年）。将查

jcQ11

姓名	性别	班级ID	入学成绩
孟芳东	女	01	589
殷锋哲	男	01	578
张成伟	男	01	577
曹海涛	男	01	567
弋海静	女	01	567
陈红雨	女	03	567
关秀萍	女	01	550
刘仕华	女	01	547
祁丽红	男	02	546
刘昆珏	女	01	545

图 10.20　jcQ11 查询结果

询命名为 jcQ15。

提示：条件：Year(Date())-Year([工作时间])>=30。

10.6　【实验 6】SQL 查询

10.6.1　实验目的

掌握各种查询，掌握 SQL 语句。

10.6.2　操作要求

1. 将数据库文件夹里的“教学管理.accdb”备份到 D 盘，打开 D 盘的“教学管理.accdb”数据库，要求使用“SQL 视图”输入下面的 SQL 语句，完成下列操作要求。具体操作步骤如下。

① 单击“创建”选项卡里的“查询设计”按钮。

② 关闭“显示表”。在“查询 1”上方窗格内右击，选择快捷菜单里的“SQL 视图”命令。

③ 输入下面的一条 SQL 语句。

④ 单击“运行”按钮，查看结果。

(1) 创建“雇员”表。

```
Create Table 雇员(雇员编号 char(4), 姓名 char(6) Not Null,性别 char(1),出生日期 Date,
照片 General ,民族 char(10), Primary Key(雇员编号))
```

(2) 为“雇员”表中的“雇员编号”创建索引。

```
Create Unique Index 雇员编号 On  雇员(雇员编号)
```

(3) 给“雇员”表增加一列。

```
Alter Table 商品 Add 备注 Memo;
```

(4) 向“雇员”表插入一条记录。

```
Insert Into 雇员(雇员编号,姓名,性别,出生日期,民族)
Values("0502", "吴哥", "男",#1978-3-23#, "汉族")
```

(5) 将“雇员”表中“吴哥”的出生日期更改为“1960-1-11”。

```
Update 雇员 Set 出生日期=#1960-1-11#
Where 姓名="吴哥"
```

（6）删除"雇员"表。

```
Drop   Table 雇员
```

（7）删除"学生"表中"民族"是"满族"的记录。

```
Delete From 学生
Where 民族="满族"
```

（8）查找并显示"教师"表中"职称"为"教授"或"副教授"的"教师编号"、"姓名"、"性别"和"职称"：

```
Select   教师编号,姓名,性别,职称
From   教师
Where 职称 In("教授","副教授")
```

（9）检索"学生"表中"入学成绩"最高的前 5 位学生的"姓名"和"入学成绩"：

```
Select Top 5 姓名,入学成绩
From 学生
Order By 入学成绩 Desc;
```

（10）计算"教师"表中教师的"工龄"，显示每位教师的"姓名"和"工龄"。

```
Select   姓名,Year(Date())-Year([工作时间])   As 工龄
From 教师;
```

（11）计算每位学生的平均期末成绩，并显示平均期末成绩大于 75 分的"学生编号"和"平均成绩"。

```
Select 学生编号,Avg(期末成绩)   As 平均成绩
From   选课成绩
Group   By   学生编号
Having Avg(选课成绩.期末成绩)>75
```

（12）查找并显示"课程编号"是"数据结构"的这门课程的"期末成绩"、"学生编号"和"课程编号"：

```
Select   学生编号,课程编号,期末成绩
From   选课成绩
Where   课程编号=
    (Select   课程编号   From   课程   Where   课程名称="数据结构")
```

（13）查找并显示"年龄"超过所有学生平均年龄的学生信息。

```
Select *
From 学生
Where 年龄>(Select Avg(年龄) From 学生)
```

(14) 统计各类职称的教师人数,并显示"职称"和"人数"。

```
Select  职称,  Count(教师编号) As 人数
From  教师
Group  By 职称
```

(15) 查找并显示"学分"等于 3 学分课程的学生期末成绩,显示字段为"学生编号"、"课程编号"和"期末成绩"。

```
Select 学生编号, 课程编号, 期末成绩
From  选课成绩
Where 课程编号  In
    (Select  课程编号  From  课程  Where  学分=3);
```

2. 将数据库文件夹里的"教学管理.accdb"备份到 D 盘,打开 D 盘的"教学管理.accdb"数据库,完成下列操作要求,并查看系统自动生成的 SQL 语句。

(1) 创建一个查询,计算并生成教师的"实发工资"表,计算公式:实发工资＝应发工资－税款－扣款。表中含有"教师编号"、"姓名"、"系别"、"应发工资"、"税款"、"扣款"、"实发工资"。将查询命名为 aQ1。

(2) 以"实发工资"为源表,统计教师"实发工资"的总和、最高工资与最低工资,显示标题为"总计"、"最高"、"最低"。将查询命名为 aQ2。

(3) 查找具有高级职称(教授或副教授)的教师,并显示教师"姓名"、"系别"、"职称"。将查询命名为 aQ3。

(4) 创建一个查询,查找实发工资最高的前 5 位老师的"姓名"、"实发工资"。将查询命名为 aQ4。

(5) 计算并显示人数超过 5 个人的籍贯及人数。将查询命名为 aQ5。

(6) 计算每名学生的期末平均成绩,并按降序显示期末平均成绩超过 80 分的学生"学生编号"和"平均成绩"。将查询命名为 aQ6。

(7) 更改与"学生"表关联的表关系,增加"级联删除相关记录"选项。将学生表中"入学成绩"低于 515 分的记录删除。将查询命名为 aQ7。

(8) 创建一个查询,生成名称为"总评成绩"的表,计算学生的总评成绩(总评成绩＝期末成绩×70%＋平时成绩×30%),表内包含"学生编号"、"课程编号"和"总评成绩"3 个字段。将查询命名为 aQ8。

(9) 将"选课成绩"表中"总评成绩"低于 60 分的学生的"补考标志"设为 True。将查询命名为 aQ9。

(10) 创建一个查询,查找并显示工龄小于 35、职称为教授或副教授的"姓名"、"工龄"和"职称"。将查询命名为 aQ10。

(11) 创建一个查询,查找并显示非团员的男同学的"姓名"和"班级名称"。将查询命名为 aQ11。

10.7 【实验7】创建窗体及窗体设计

10.7.1 实验目的

(1) 掌握各种创建窗体的方法。

(2) 掌握窗体的6种视图,特别要掌握窗体视图、设计视图和布局视图。

(3) 掌握常用控件的使用。

(4) 掌握窗体和控件属性的设置。

10.7.2 操作要求

1. 打开数据库文件夹里的"教学管理.accdb"数据库,使用"创建"选项卡里"窗体"组中的各个按钮,创建各种类型的窗体。具体操作要求如下。

(1) ①使用"窗体"按钮创建"教师工资"窗体。将窗体命名为"F11教师工资",结果如图10.21所示。

提示:使用"窗体"按钮创建的窗体是"纵栏式窗体",即一个窗体显示一条记录;如果源表是一个父表,则在窗体的下方自动创建其子表的窗体,即子窗体。

② 使用窗体记录导航按钮浏览记录、编辑记录、修改记录、删除记录、对记录排序、筛选,在窗体视图、布局视图和设计视图之间实现切换。

教师工资
教师编号
95010
姓名
张乐
时间
2013-8-9
应发工资
2900
扣款
50
税款
100
实发工资
记录:
第1项(共16项

图10.21 F11教师工资结果图

(2) 使用"多个项目"工具,创建"教师"窗体。将窗体命名为"F12教师",结果如图10.22所示。

提示:使用"多个项目"工具创建的窗体是"表格式窗体",即一个窗体显示多条记录。

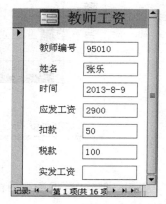

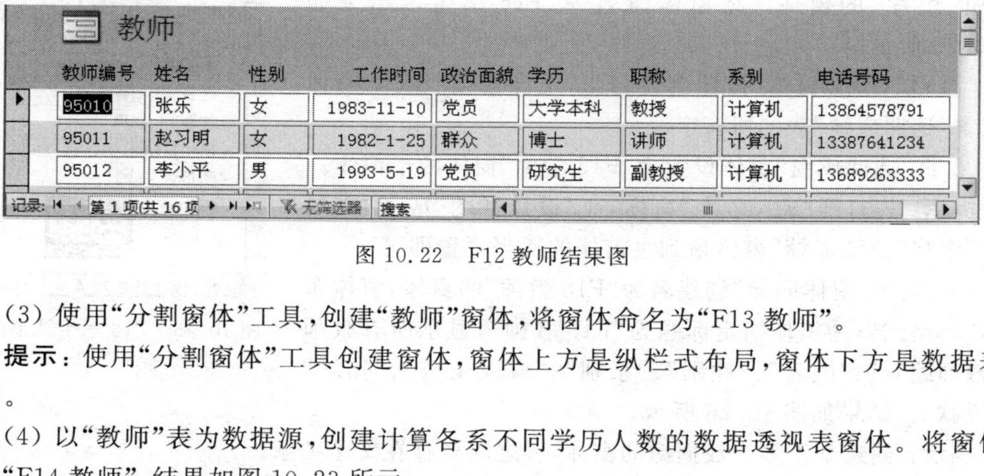

教师
教师编号 姓名 性别 工作时间 政治面貌 学历 职称 系别 电话号码
95010 张乐 女 1983-11-10 党员 大学本科 教授 计算机 13864578791
95011 赵习明 女 1982-1-25 群众 博士 讲师 计算机 13387641234
95012 李小平 男 1993-5-19 党员 研究生 副教授 计算机 13689263333
记录:
第1项(共16项
无筛选器
搜索

图10.22 F12教师结果图

(3) 使用"分割窗体"工具,创建"教师"窗体,将窗体命名为"F13教师"。

提示:使用"分割窗体"工具创建窗体,窗体上方是纵栏式布局,窗体下方是数据表式布局。

(4) 以"教师"表为数据源,创建计算各系不同学历人数的数据透视表窗体。将窗体命名为"F14教师",结果如图10.23所示。

提示:创建"数据透视表窗体"时,要分清楚"行字段"、"列字段"、"数据区域字段"以及"筛选字段"。

F14教师

将筛选字段拖至此处

系别	学历：博士 教师编号 的计数	大学本科 教师编号 的计数	研究生 教师编号 的计数	总计 教师编号 的计数
计算机	1	4	2	7
经管	2	1	2	5
人文		1	3	4
总计	3	6	7	16

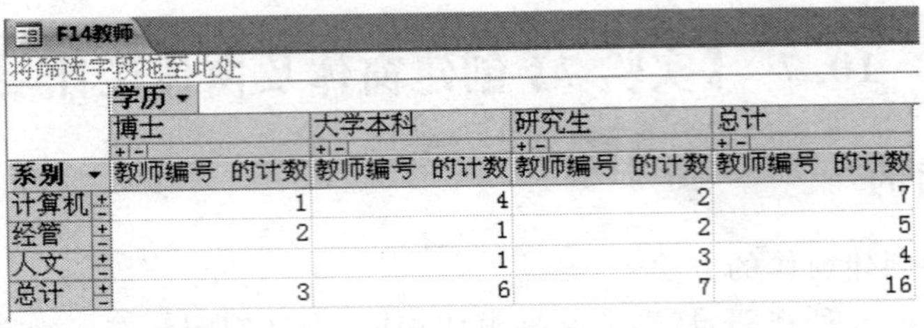

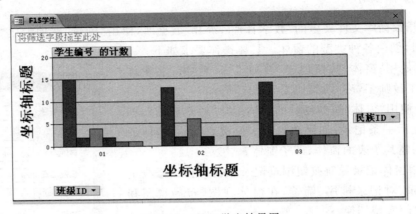

图 10.23　F14 结果图

(5) 以“学生”表为数据源，创建数据透视图窗体，统计并显示各班不同民族的人数。将窗体命名为“F15 学生”，结果如图 10.24 所示。

图 10.24　F15 学生结果图

提示：创建“数据透视图窗体”时，要分清楚“分类字段”、“系列字段”、“数据区域字段”以及“筛选字段”。

(6) 使用“空白窗体”按钮，创建显示“学生编号”、“姓名”、“性别”、“出生日期”、“团员否”和“照片”的窗体。将窗体命名为“F16 学生”，结果如图 10.25 所示。

图 10.25　F16 学生结果图

(7) ① 使用“窗体”按钮创建名为“选课成绩”窗体，窗体中包含“选课成绩”表的所有字段。

② 将“选课成绩”窗体设置为“F16 学生”窗体的子窗体。

提示：先打开“F16 学生”窗体，在“设计视图”或者“布局视图”中将“选课成绩”窗体拖到主窗体的适当位置即可。

(8) 使用“窗体向导”创建名为“F18 教师”的窗体，窗体布局为“表格式”，为窗体指定标题为“F18 教师”，显示所有教师的“教师编号”、“姓名”、“性别”、“系别”、“应发工资”、“扣款”和“税款”。结果如图 10.26 所示。

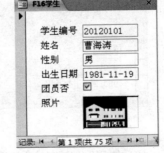

提示：创建基于多个数据源的窗体，表之间要存在父子关系。

2. 打开数据库文件夹里的“教学管理.accdb”数据库。使用“创建”选项卡里的“窗体设计”按钮设计窗体，完成下列操作要求。

图 10.26　F18 教师窗体结果图

（1）使用"窗体设计"按钮，创建显示"学生编号"、"姓名"、"性别"、"出生日期"和"照片"的窗体。将窗体命名为"F21 学生"。然后对"F21 学生"窗体完成下列操作。

① 调整窗体上控件的布局，如图 10.27 所示。

图 10.27　F21 学生基本信息

② 为窗体添加"窗体页眉/页脚"，在窗体页眉区添加一个标签控件，名称为 sTitle，窗体页眉内容为"制作人：白云"，字体为"黑体"，字号为 24，窗体页眉高度为 1.5cm。

③ 在窗体页脚区添加一个文本框，文本框内输入"＝Date()"，显示内容为系统当前日期。设置文本框的宽度为 5cm，高度为 1cm。

④ 将窗体页脚区的文本框字体设置为字号 20、黑体，前景色为红色，窗体页脚高度为 1.2cm。

⑤ 设置"出生日期"的"输入掩码"为"长日期（中文）"。设置"性别"字段的有效性规则为""男" or "女""；设置"性别"字段的有效性文本为"只能输入男和女"。

⑥ 将窗体边框改为"对话框边框"样式，取消窗体中的水平和垂直滚动条、取消记录选定器、取消导航按钮，有分隔线，窗体弹出方式"是"。

最终效果图如图 10.27 所示。

（2）使用"窗体向导"创建名为"F22 学生"的窗体，要求窗体布局为"纵栏表"，窗体显示"学生"表的"学生编号"、"姓名"、"性别"、"出生日期"和"团员否"5 个字段。将窗体标题命名为"F22 学生"，然后对"F22 学生"窗体完成下列操作。

① 在窗体主体区右侧空白处添加一个选项组，名称为 opt；为每个选项指定标签名称：是、否；默认选项：是；标签名称"是"对应的值是－1，标签名称"否"对应的值是 0；在"团员否"字段里保存该值；选项组中控件类型为"选项按钮"；为选项组指定标题"团员否"。

② 在选项组内的两个单选按钮的名称分别为 opt1、opt2，调整两个单选按钮的布局如图 10.28 所示。

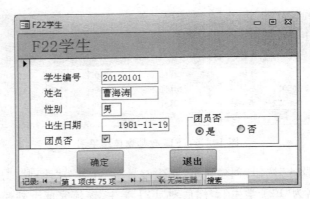

图 10.28　F22 两个单选按钮的布局

③ 在窗体页脚区添加两个命令按钮,分别命名为 bOK 和 bQuit,按钮标题分别为"确定"和"退出";当单击"退出"按钮后,能够关闭窗体。

④ "确定"按钮的宽度为 2cm,高度为 1cm,距离窗体左边为 2cm;"退出"按钮的大小与"确定"按钮相同,距离"确定"按钮 2cm;"退出"按钮上文字颜色为"深红",字体为"加粗"。

⑤ 窗体显示"分隔线"。浏览窗体数据时,不允许添加、不允许删除,窗体弹出方式"是"。

选项组内部是两个单选按钮的效果图如图 10.28 所示。

⑥ 按照①的要求,将选项组中控件类型分别用复选框、切换按钮,查看显示"团员否"的值的区别。

（3）使用"窗体设计"创建名为"F23 教师"的窗体,要求窗体显示"教师"表的全部字段。将窗体命名为"F23 教师",然后对"F23 教师"窗体完成下列操作。

① 调整窗体上控件的位置,如图 10.29 所示。

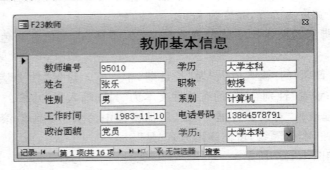

图 10.29　F23 控件布局效果图

② 在窗体的页眉区添加一个标签控件,距窗体左边距离为 3cm;宽度为 7.2cm;高度为 0.81cm;上边距为 0.099cm;名称为 bTitle,标题为"教师基本信息";字体名称为"黑体";字号为 18;前景色为"黑色文本";文本对齐方式为"居中";窗体页眉高度为 1cm。

③ 取消窗体的"最大化"和"最小化"按钮,将窗体的"主体"背景色设置为"黄色",查看运行效果。

④ 在窗体主体区右侧下方空白位置添加一个组合框,"自行输入所需的值"为大学本

科、研究生、博士、博士后；将该组合框与"学历"字段绑定；为组合框指定标签——学历；组合框名称为 cmbA。

⑤ 切换到"窗体视图"，查看组合框 cmbA 与"学历"文本框的内容是否同步。

添加组合框的效果图如图 10.29 所示。

⑥ 切换到"窗体设计视图"，按照④的步骤添加一个列表框与"学历"字段绑定，并查看列表框与"学历"文本框是否同步。

（4）打开"F23 教师"窗体，设置窗体属性使其记录导航按钮不可见，在窗体页脚上添加"前一条记录"、"下一条记录"、"查找记录"、"删除记录"、"关闭窗体"5 个命令按钮，实现记录的导航，并查看"查找记录"、"删除记录"、"关闭窗体"的效果。

10.8 【实验 8】窗体设计及控件的使用

10.8.1 实验目的

（1）掌握窗体视图、设计视图和布局视图。

（2）掌握各种创建窗体的方法。

（3）掌握窗体控件的使用。

（4）掌握各个控件属性的设置。

10.8.2 操作要求

打开数据库文件夹里的"教学管理.accdb"数据库。使用"创建"选项卡里的"窗体"组各个按钮，完成下列操作要求。

1. 使用"窗体设计"创建名为"F31 教师"的窗体，要求窗体显示"教师编号"、"姓名"、"系别"和课程名称"4 个字段。

提示：本题要点是需要在窗体主体区添加"授课 ID"，才能够添加"课程名称"，然后把"授课 ID"对应的控件删除即可。

然后对"F31 教师"窗体完成下列操作。

（1）在窗体的页眉区添加一个标签控件，名称为 bTitle，标题为"教师授课信息"，字体名称为"黑体"，字号 18，前景色为"红色"，以"特殊效果：阴影"显示，标签高度为 5.6cm，宽度为 1cm，上边距为 0.1cm，左为 1.5cm。

（2）窗体页眉高度为 1.3cm，窗体页脚高度为 0cm，窗体有"分隔线"。

（3）将主体内所有的标签字体设置为"黑体"、"加粗"，前景色设置为"深蓝色"，所有的文本框设置为"黑体"、"加粗"。

（4）将数据库文件夹里的"圣诞.gif"图片作为窗体的背景图片，设置图片的相关属性：图片类型为"嵌入式"，图片缩放模式为"拉伸"，图片对齐方式为"中心"，图片平铺"是"。切换到窗体视图查看窗体图片效果，更改图片的其他属性，查看图片的变化。

效果图如图 10.30 所示。

2. 用"窗体设计"或者"空白窗体"，创建名为"F32 成绩和课程"的窗体，用选项卡分组显示"选课成绩"和"课程"的信息。

(1) 选项卡控件的宽度为 13cm,高度为 5cm。

(2) 第一页标题为"成绩",名称为 page1;第二页标题为"课程",名称为 page2。

(3) 在 page1 里添加一个列表框,列表框显示"选课成绩"表全部信息,隐藏 ID 列,为列表框指定标签为"选课成绩",显示列标题。列表框的宽度为 10cm,高度为 3cm。

(4) 在 page2 里添加一个列表框,列表框显示"课程"表的全部信息,不隐藏"课程代码"列,为列表框指定标签为"课程信息",显示列标题。列表框的宽度为 10cm,高度为 3cm。

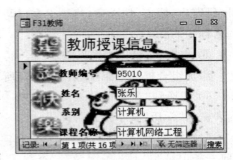

图 10.30 F31 效果图

(5) 在窗体页眉区添加"成绩和课程信息"标签,字号12,黑体,字体颜色为黑色,文字居中显示。窗体显示"分隔线",效果如图 10.31 所示。

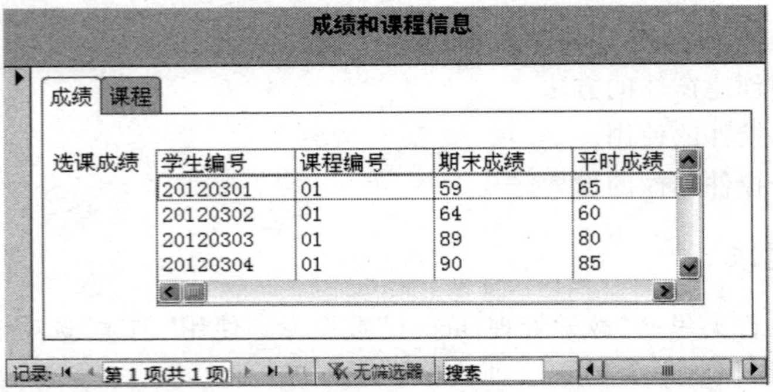

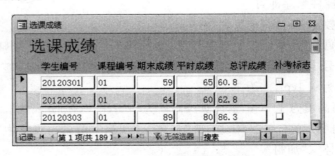

图 10.31 F32"成绩和课程信息"窗体

3. (1)使用"窗体向导"创建如图 10.32 所示的"选课成绩"窗体;窗体布局为"表格式";窗体标题为"选课成绩"。

图 10.32 "选课成绩"窗体

(2) 在窗体设计视图,修改"总评成绩"的控件来源:=[平时成绩]×0.3+[期末成绩]×0.7。

(3) 设置窗体页眉区所有标签的前景色:黑色文本。

(4) 设置主体内所有文本框的特殊效果:凸起。

提示:窗体中 3 种类型的控件:"绑定型控件"、"非绑定型控件"和"计算型控件",请注意它们"控件来源"属性设置的不同之处。

4. 使用"窗体向导"创建"班级"窗体;然后将第3题创建的"选课成绩"窗体作为"班级"的子窗体拖到主体区。效果图参照图10.33。

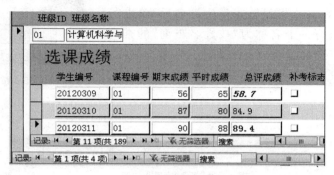

图10.33 效果图

5. (1) 在图10.33所示的"选课成绩"子窗体中,将主体内的"总评成绩"应用条件格式,使子窗体中"总评成绩"60分以下(不含60分)的成绩用深蓝色粗斜体显示,85分以上(含85分)用红色粗体显示。

(2) 将此数据库"主题"应用为Office。效果图如图10.33所示。

6. (1) 使用"窗体向导"创建如图10.34所示的"学生年龄"窗体。窗体布局为"表格式",为窗体指定标题为"学生年龄"。

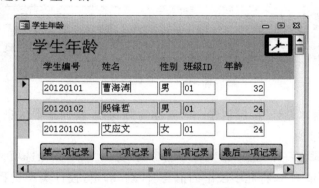

图10.34 "学生年龄"窗体

(2) 在窗体页眉区"班级ID"标签的右侧添加一个标签,标题为"年龄",在对应的窗体主体区下方添加一个文本框,标题为"年龄"。

(3) 修改主体区"年龄"的控件来源:＝Year(Date())-Year([出生日期])。

(4) 设置窗体页眉所有文本框的前景色:黑色文本。在窗体页眉区的右上角添加一幅图片,图片来自数据库文件夹里的CLOCK05.ICO。

(5) 取消窗体的记录导航按钮;在窗体页脚区添加"第一项记录"、"下一项记录"、"前一项记录"、"最后一项记录"4个命令按钮,实现记录的导航;使用"排列"选项卡里的按钮排列对齐4个命令按钮;4个按钮的边框颜色为黑色。

(6) 查看4个按钮的导航功能,效果如图10.34所示。

7. (1) 创建一个名称为"按姓名查询"的查询。查询包括"学生编号"、"姓名"、"班级名称"、"课程编号"和"期末成绩"5个字段。

（2）使用"空白窗体"按钮，创建一个名称为"按姓名查询窗体"的窗体，窗体如图10.35所示，其中文本框的名称为Name。当在文本框里输入学生姓名后，单击"运行查询"按钮，则运行一个名称为"按姓名查询"的查询；当单击"关闭窗体"按钮后，则关闭按姓名查询窗体。

（3）根据（2）的相关要求，修改（1）的查询条件，使之满足题目要求。

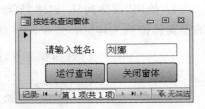

图10.35　按姓名查询窗体

运行结果之一如图10.36所示。

学生编号	姓名	班级名称	课程编号	期末成绩
20120121	刘娜	计算机科学与应用	01	64
20120121	刘娜	计算机科学与应用	02	78
20120121	刘娜	计算机科学与应用	03	56
20120215	刘娜	软件工程	01	67
20120215	刘娜	软件工程	02	77
20120215	刘娜	软件工程	03	56

图10.36　按姓名查询

提示：查询条件如图10.37所示。

请注意引用窗体控件的属性值的方法：[Forms]![窗体名称]![控件名称]。

字段:	学生编号	姓名		班级名称	课程编号	期末成绩
表:	学生	学生		班级	选课成绩	选课成绩
排序:			✔			
显示:	☑	☑		☑	☑	☑
条件:		[forms]![按姓名查询窗体]![name]				

图10.37　查询条件

8.（1）使用"窗体设计"按钮创建一个名称为"F输入教师基本信息"的窗体，窗体上含有"教师"表的全部字段。

（2）在窗体上添加一个"选项组"，标签名称为"男"、"女"；默认选项是"男"；设置"男"选项值为0，"女"选项值为1；将此字段中的值与"性别"绑定；控件类型选择"复选框"；为选项值指定标题为"性别"。

（3）把"姓名"下方的"性别"文本框删除，将选项组位置调整到"姓名"下方，如图10.38所示。

（4）在窗体上添加一个组合框，自行输入值为"讲师"、"副教授"、"教授"；将该数值保存在"职称"字段里；为组合框指定标签为"职称"。

（5）删除窗体上"职称"文本框，将组合框调整到"系别"文本框的下方。

（6）在窗体上添加一个列表框，自行输入值为"大学本科"、"硕士"、"博士"、"博士后"；将该数值保存在"学历"字段里；为列表框指定标签为"学历"。

（7）删除窗体上"学历"文本框，将列表框调整到"职称"组合框的下方。

（8）在"电话号码"文本框的下方添加一个文本框，用来显示教师的工龄。

（9）按照图10.38调整主体区控件的布局。

图 10.38　"F 输入教师基本信息"窗体

（10）在窗体页眉区添加标题，标题内容为"输入教师基本信息"，18 号、黑体、居中。

（11）在窗体页眉区默认位置添加日期（不包含时间）。

（12）在窗体页脚最左侧添加一个图像，宽度为 1cm，高度为 1.5cm，图片文件来自数据库文件夹里的 FACE05. ICO 文件。

（13）在距离图像 3cm 的地方添加一个命令按钮，命令按钮标题为"关闭窗体"，当单击"关闭窗体"按钮后，能够关闭当前窗体。

（14）窗体有"分隔线"，显示"记录导航按钮"，只允许数据输入。

提示：输入窗体的特点是所有文本框自动清空，只允许添加数据。

10.9　【实验 9】创建报表及设计报表

10.9.1　实验目的

（1）掌握报表的各种创建方法。

（2）掌握报表的设计和报表的 4 种视图。

（3）掌握编辑报表的几种方法。

（4）掌握报表的分组及排序。

（5）掌握报表的统计计算。

10.9.2　操作要求

打开数据库文件夹里的"教学管理. accdb"数据库。使用"创建"选项卡里的"报表"组各个按钮，完成下列操作要求。

1.（1）使用"报表"按钮，创建名称为"R1 选课成绩"的报表。

（2）切换到"报表设计"视图，查看"报表页眉/页脚"、"页眉/页脚"和主体的构成情况。

（3）设置报表"R1 选课成绩"按照"期末成绩"降序排列。

（4）在"报表页脚"区距左边 3cm 的地方添加一个图像控件，图像文件来自数据库文件夹里的 CLOCK05. ICO，图像高度为 1cm，宽度为 1cm。

2. (1) 使用"报表设计"按钮,以"学生"表为数据源设计如图 10.39 所示的报表,报表中含有"学生编号"、"姓名"、"性别"、"出生日期"、"年龄"和"班级 ID"。

(2) 将报表命名为"R2 学生基本信息"。

(3) 在"报表页眉"区内添加一个标签,其名称为 tTitle,标题显示为"学生基本信息",字体名称为"黑体",字号为 22,并将其安排在距上边 0.5cm,距左侧 2cm 的位置。

(4) 按照"出生日期"字段升序显示,"出生日期"的显示格式为"短日期"格式。

(5) 在报表的"页面页脚"区添加一个计算控件,显示系统日期,将计算控件放置在距上边 0.3cm,距左边 10.5cm 的位置,并命名为 tDa。

(6) 在报表"页面页眉"区最上方添加一条水平线,长度为报表页面页眉的宽度;在主体区的最下方添加一条水平线,长度为报表主体区的宽度。

图 10.39　R2 学生基本信息

3. (1) 使用"空报表"按钮,创建包含"教师编号"、"姓名"、"性别"、"系别"、"应发工资"、"扣款"、"税款"和"实发工资"的报表。

(2) 切换到"报表设计"视图。将主体区的"实发工资"文本框改为计算控件,计算公式为"=［应发工资］－［税款］－［扣款］"。

(3) 在"报表页眉"区添加一个标签,标签名称为 tTitle,标题显示"各系教师实发工资情况",字体名称为"黑体",字号为 20,文本对齐方式为"居中",字体特殊效果为"阴影"。

(4) 按照"系别"分组,计算每组应发工资的平均值,并将统计结果显示在组页脚区。

(5) 将主体区内的"系别"文本框移到(剪切|粘贴)"系别页眉"区,将"页面页眉"区的"系别"标签删除。调整控件的布局。

(6) 将报表命名为"R 各系教师实发工资"保存。结果的部分视图如图 10.40 所示。

4. (1) 使用"空报表"按钮,创建包含"学生编号"、"姓名"、"性别"、"班级 ID"、"课程名称"、"期末成绩款"和"平时成绩"的报表。

(2) 切换到"报表设计"视图。在"页面页眉"区最右侧添加一个标签,标题为"总评成绩";在主体区添加一个计算控件文本框,文本框的"控件来源"计算公式为"=［期末成绩］×0.7＋［平时成绩］×0.3"。

(3) 按照"课程名称"分组,计算每组记录期末成绩的平均值,并将统计结果显示在组页脚区。

(4) 将主体区内的"课程名称"文本框移到"课程名称页眉"区,将"页面页眉"区的"课程名称"标签删除。调整控件的布局。

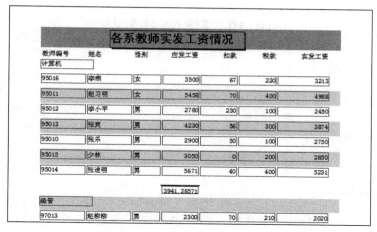

图 10.40　各系教师实发工资情况

（5）将报表命名为"R 学生成绩"保存。

5.（1）打开"R 各系教师实发工资"报表。

（2）调整报表中控件的布局，设置报表的宽度为 17cm。

（3）在"报表页眉"区最右侧添加一个文本框，用来显示系统日期。

（4）在"系别页脚"区"应发工资"文本框的左侧添加一个文本框，用来统计各系教师的人数，文本框控件来源公式为"＝Count(［教师编号］)"。文本框对应的标签标题为"总人数"。

（5）在"系别页脚"区"总人数"标签的下方添加一个分页符，目的是在打印报表时，每个系的教师工资信息都是在新的一页上。

（6）在"页面页脚"区插入"页码"（要求单击"页码"按钮插入），页码显示格式为"第 N 页/共 M 页"，"居中"显示。

打印预览效果图的上半部分如图 10.41 所示。

図 10.41　打印预览效果图

10.10 【实验10】宏

10.10.1 实验目的

(1) 掌握创建宏和宏组的方法。

(2) 掌握如何设置宏的操作参数。

(3) 掌握宏常用的操作命令。

(4) 掌握如何通过事件触发宏和宏组。

10.10.2 操作要求

打开数据库文件夹里的"教学管理.accdb"数据库。使用"创建"选项卡里的"宏"按钮，完成下列操作要求。

1. (1) 创建一个名为macro1的宏，使其能打开"学生"表，并允许编辑记录。

(2) 使用"窗体"按钮创建一个名为"教师"的窗体。

(3) 创建一个名为 macro2 的宏组，宏组包含两个宏操作 macro2-1 和 macro2-2，macro2-1 能够关闭"学生"表，macro2-2 能够打开一个只读的"教师"窗体。

(4) 创建一个有两个命令按钮(名称为 cmd1 和 cmd2)的窗体，命令按钮的标题分别为"运行宏1"和"运行宏2"。单击 cmd1 能够调用 macro1，单击 cmd2 能够调用 macro2。

2. (1) 创建一个名为 macro3 的宏，使其能打开"学生"表，允许编辑，并找到"姓名"是"刘娜"的第一条记录。

(2) 创建一个名为 macro4 的宏，使其能关闭打开的"学生"表。

(3) 创建一个有两个命令按钮(名称为 cmd1 和 cmd2)的窗体，命令按钮的标题分别为"打开"和"关闭"，窗体无导航按钮。单击"打开"按钮，能够运行 macro3；单击"关闭"按钮，能够运行 macro4。要求用"属性表"窗格"事件"选项卡里的单击事件属性设置宏。

提示：查找记录使用的操作命令是 FindRecord，其参数设置如图 10.42 所示。

3. (1) 使用"窗体"按钮创建一个名为"教师工资"的窗体。在窗体页脚区添加一个命令按钮，单击该命令按钮，能够关闭"教师工资"窗体。

(2) 使用"报表"按钮创建名为"教师工资"的报表。

(3) 创建一个名为"打开窗体"的宏，能够以"编辑"模式打开"教师工资"窗体。

(4) 创建一个名为"预览报表"的宏，能够打开"教师工资"报表，视图方式为"打印预览"。

(5) 创建一个名为"退出"的宏，能够退出当前数据库。

(6) 创建如图 10.43 所示的窗体，3 个命令按钮名称分别为 cmd1(标题"打开窗体")、cmd2(标题为"预览报表")和 cmd3(标题为"退出")。单击"打开窗体"则运行"打开窗体"宏，单击"预览报表"按钮则运行"预览报表"宏，单击"退出"按钮则运行"退出"宏。要求用"属性表"窗格"事件"选项卡里的单击事件属性设置宏。

4. (1) 创建一个名为"条件宏"的宏，宏参数的设置如图 10.44 所示。

(2) 创建一个名为"条件宏窗体"的窗体，如图 10.45 所示。

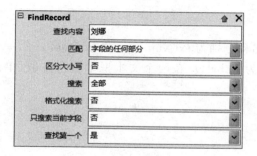

图 10.42 参数设置

图 10.43 宏操作窗体

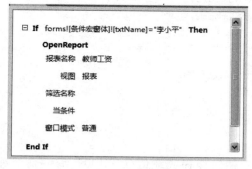

图 10.44 设置宏参数

图 10.45 条件宏窗体

如果在图 10.45 窗体的文本框中输入教师的姓名是"李小平",单击"运行条件宏"按钮,能够运行"条件宏";如果在图 10.45 窗体的文本框中输入其他教师的姓名,单击"运行条件宏"按钮,则不能运行"条件宏"。

要求用"属性表"窗格"事件"选项卡里的单击事件属性设置宏。

10.11 【实验 11】VBA 编程基础之顺序和分支结构

10.11.1 实验目的

(1) 掌握 VBA 编辑器的使用。

(2) 掌握 VB 代码的输入和调试。

(3) 掌握各个分支语句(If 语句)。

(4) 掌握窗体和窗体上控件的基本属性的设置。

10.11.2 设计程序操作步骤

(1) 根据题目的需求设计一个窗体,向窗体中添加控件,并根据代码修改控件的名称。

(2) 保存窗体。

(3) 切换到 VBA 编辑器视图,确定是窗体的哪个控件的哪个事件,编写代码。

注意:事件代码的第一行和最后一行由系统自行产生,无须自己输入。

(4) 切换到"窗体视图",运行调试。

10.11.3 编写程序实验要求

1. 创建一个窗体,窗体上有两个文本框,名称分别为 txtNumber1 和 txtNumber2,一个命令按钮,名称为 Command1,一个标签,名称为 Label1。在两个文本框中输入数值,单击按钮判断最大值,并在标签上显示最大值。

提示代码:

```
Private Sub Command1_Click()
    Dim X As Integer, Y As Integer
    Dim tMax  As Integer
    txtNumber1.setFocuse:   X=Val(Me!txtNumber1)
    txtNumber2.setFocuse:   Y=Val(Me!txtNumber2)
    If X >Y Then
        tMax=X
    Else
        tMax=Y
    End If
    Label1.Caption=tMax
End Sub
```

2. 在窗体中有一文本框(txtNumber)接受某门课程成绩值(0~100),有一命令按钮 Command1。下面的代码能够接受文本框的成绩数值,并给出该成绩对应的等级。请将下面的代码用 Select Case 实现。

```
Private Sub Command1_Click()
    Dim k As String
    If  Me!txtNumber <60  Then
        K="不及格"
    ElseIf  Me!txtNumber >=60  And  Me!txtNumber<=69  Then
        k="及格"
    ElseIf  Me!txtNumber >=70  And  Me!txtNumber <=79 Then
        k="中等"
    ElseIf  Me!txtNumber >=80  And  Me!txtNumber <=89 Then
        k="良好""
    ElseIf  Me!txtNumber >=90 Then
        k="优秀"
    End If
    MsgBox   k
End Sub
```

3. 创建如图 10.46 所示的"学生成绩"窗体,在窗体上添加一个名称为 Command1 的命令按钮,标题为"成绩判断"。单击该命令按钮,能够判断当前记录成绩的等级。

代码参照第 2 题,不允许修改窗体上控件的属性,只允许修改第 2 题的代码。

4. 在第 3 题窗体上添加一个"检验学生编号"按钮。当添加新数据时,如果"学生编号"为空,单击"检验学生编号"按钮后,能够弹出"学生编号不能为空"的提示框。要求不允许修

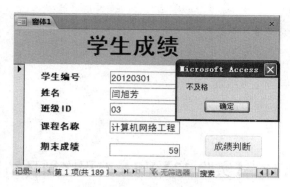

图 10.46 "学生成绩"窗体

改窗体及其控件的属性。

提示代码：

```
Private Sub Command2_Click()
    If IsNull(Me![学生编号]) Then
        MsgBox "学生编号不能为空"
    End If
End Sub
```

5. 有一个 VBA 计算程序，该程序用户界面由 4 个文本框和 3 个按钮组成，如图 10.47 所示。4 个文本框的名称分别为 Text1、Text2、Text3 和 Text4。3 个按钮分别为"清除"（名称为 Command1）、"计算"（名称为 Command2）和"退出"（名称为 Command3）。窗体打开运行后，单击"清除"按钮，则清除所有文本框中显示的内容；单击"计算"按钮，则计算 Text1、Text2 和 Text3 文本框中的 3 个成绩的平均值，并将结果存放在 Text4 文本框中；单击"退出"按钮，则退出程序。请将下列程序填空补充完整。

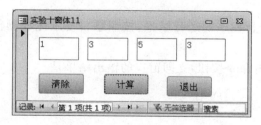

图 10.47 程序用户界面

```
Private Sub Command1_Click()
    Text1.SetFocus: Me!Text1.Text=""
    Text2.SetFocus: Me!Text2.Text=""
    Text3.SetFocus: Me!Text3.Text=""
    Text4.SetFocus: Me!Text4.Text=""
End Sub
Private Sub Command2_Click()
    If Me!Text1 <> "" And Not IsNull(Me!Text2) And Not IsNull(Me!Text3) Then
        Me!Text4=(_____+Val(Me!Text2)+Val(Me!Text3)) / 3
```

```
    Else
        MsgBox ("成绩输入不全")
    End If
End Sub
Private Sub Command3_Click()
    DoCmd.Close
End Sub
```

10.12 【实验 12】VBA 编程之循环结构

10.12.1 实验目的

(1) 掌握 For…Next 语句。
(2) 掌握 Do…Loop 语句。
(3) 掌握 While…Wend 语句。

10.12.2 在 VBA 编辑器中调试验证的操作步骤

(1) 根据代码的需要设计一个窗体,向窗体中添加控件,并根据代码修改控件的名称。
(2) 保存窗体。
(3) 切换到 VBA 编辑器视图,确定是窗体的哪个控件的哪个事件,编写代码。
注意:事件代码的第一行和最后一行由系统自行产生,无须自己输入。
(4) 切换到"窗体视图",运行调试。有 Debug. Print 语句的,请在 VBA 编辑器的立即窗口查看结果。

10.12.3 操作要求

阅读下面的程序,分析程序的运行结果,按照题目要求完成操作,然后在 VBA 编辑器中调试验证。

1. 程序运行后,单击命令按钮,立即窗口的输出结果是_____。

```
Private Sub Command1_Click ()
    Dim i%, sum%
    sum=0
    For i=2 To 10
        If (i Mod 2) <>0 And (i Mod 3)=0 Then
            sum=sum+i
        End If
    Next i
    Debug.Print sum
End Sub
```

    A. 12   B. 18   C. 24   D. 30

2. 单击命令按钮,立即窗口的显示结果是_____。

```
Private Sub Command1_Click ()
    Dim i%, sum%
    i=5: sum=0
    While i >1
        sum=sum+i
        i=i-1
    Wend
    Debug.Print sum
End Sub
```

   A. 无显示   B. 10   C. 14   D. 15

3. 下列程序段的执行结果是_____。

```
Private Sub Command1_Click ()
    Dim i%, x%
    i=4: x=5
    Do
        i=i+1: x=x+2
    Loop Until i >=7
    Debug.Print "i="; i
    Debug.Print "x="; x
End Sub
```

   A. i=4   B. i=7   C. i=6   D. i=7
      x=5   x=15   x=8   x=11

4. 执行下面的程序段,单击命令按钮,在立即窗口输出的结果是_____。

```
Private Sub Command1_Click ()
    Dim i%, j%, a%
    a=0
    For i=1 To 2
        For j=1 To 4
            If j Mod 2 <>0 Then
                a=a+1
            End If
            a=a+1
        Next j
    Next i
    Debug.Print a
End Sub
```

5. 以下程序的功能是从键盘上输入若干个学生的考试分数,统计并输出最高分数和最低分数,当输入负数时结束输入,输出结果。请填空。

```
Private Sub Command1_Click ()
    Dim x!, Max!, Min!
    x=InputBox ("Enter a scroe:")
```

```
    Max=x: Min=x
    Do While _____
        If  x >Max Then Max=x
        If _____ Then Min=x
        x=InputBox ("Enier a score:")
    Loop
    Debug.Print "max="; Max, "min="; Min
End Sub
```

6. 执行下面的程序段后,Sum 的值为_____,该程序段的功能是_____。

```
Private Sub Command1_Click ()
    Dim Sum%, i%
    Sum=0
    For i=1 To 10
        If i / 3=i \ 3 Then Sum=Sum+i
    Next i
    Debug.Print Sum
End Sub
```

7. 在窗体上有一个名称为 Command1 的命令按钮,编写如下事件过程,该事件过程的功能是计算 $s=1+1/2!+1/3!+\cdots+1/n!$ 的值。请填空。

```
Private Sub Command1_Click()
    N=5:F=1:S=0
    For i=1 to n
        F=_____
        S=S+F
    Next
    Debug.Print S
End Sub
```

8. 以下是一个竞赛评分程序,假设有 8 个评委,去掉一个最高分和一个最低分,选手的最后得分是计算剩余 6 个评委给分的平均分(设满分为 10 分)。请填空补充完整。

```
Private Sub Command1_Click()
    Dim Max As Integer, Min As Integer
    Dim I As Integer, X As Integer, S As Integer
    Dim P As Single
    Max=0: Min=10
    For i=1 To 8
        X=Val(InputBox("请输入分数: "))
        If _____ Then  Max=X
        If _____ Then  Min=X
        S=S+X
    Next i
    S=_____
    P=S/6
```

```
    MsgBox   "最后得分:" & P
End Sub
```

10.13 【实验13】VBA 编程基础之函数和过程

10.13.1 实验目的

（1）掌握用户自定义的 Sub 过程。
（2）掌握 Sub 过程的调用。
（3）掌握用户自定义的 Function 过程。
（4）掌握 Function 函数的调用。

10.13.2 操作要求

阅读下面的程序,弄清程序执行的流程,然后根据题目要求做题。

1. 下面程序运行后的输出结果为_____。

```
Private Sub Command0_Click()
    Dim x, y, z As Integer
    x=5: y=7: z=0
    Call P1(x, y, z)
    MsgBox z
End Sub
Private Sub P1(ByVal a As Integer, ByVal b As Integer, c As Integer)
    c=a+b
End Sub
```

2. 在窗体中添加一个名称为 Cmd1 的命令按钮,然后编写如下程序,运行窗体后,单击命令按钮,则消息框的输出结果是_____。

```
Public x As Integer
Private Sub Cmd1_Click()
    x=10
    Call s1
    Call s2
    MsgBox x
End Sub
Private Sub s1()
    x=x+20
End Sub
Private Sub s2()
    Dim x As Integer
    x=x+20
End Sub
```

3. 打开窗体运行后,单击命令按钮,消息框的两行输出内容分别为_____。

```
Private Sub Cmd1_Click()
    Dim a As Single, b As Single
    a=5: b=4
    sfun a, b
    MsgBox a & Chr(10)+Chr(13) & b
End Sub
Private Sub sfun(x As Single, ByVal y As Single)
    t=x: x=t / y: y=t Mod y
End Sub
```

4. 窗体中有一名为 Command0 的命令按钮,单击命令按钮后,信息框显示的值是_____。

```
Private Sub Command0_Click()
    Dim j As Integer
    j=5
    Call GetData(j)
    MsgBox j
End Sub
Private Sub GetData(ByRef f As Integer)
    f=f+2
End Sub
```

5. 窗体上有一个名为 Text1 的文本框,一个名为 Label1 的标签,一个名为 Connamd1 的命令按钮。在文本框中输入一个正整数,单击 Command1,能够实现从 1 到该数的和。并将和显示在标签上。请填空完成程序。

```
Private Sub Command1_Click()
    Dim a As Integer
    a=Me.Text1
    Call _____
End Sub
Public Sub myTotal(n As Integer)
    Dim sum As Integer
    sum=0
    For i=1 To n
        _____
    Next i
    Me.Label1.Caption=sum
End Sub
```

6. 窗体上有名称为"圆半径"和"圆面积"的两个文本框。在"圆半径"文本框中输入圆半径,单击 Command1 按钮,将计算圆的面积显示在"圆面积"文本框中。请填空使程序完整,要求用自定义函数实现。

```
Private Sub Command1_Click()
    Dim r As Single
```

```
        r=Val(Me.圆半径)
        圆面积.SetFocus
        Me.圆面积.Text =_____
    End Sub
    Public Function Area(r As Single) As Single
        If r <= 0 Then
            Area=0
        Else
            Area=r * r * 3.14
        End If
    End Function
```

10.14 【实验14】VBA 编程基础之综合应用

10.14.1 实验目的

（1）掌握使用 VB 代码设置窗体控件属性。

（2）掌握 MsgBox 的使用。

（3）掌握 DoCmd 对象的使用。

10.14.2 操作要求

打开数据库文件夹下的"教学管理"数据库，完成下列操作。

1.（1）创建一个名为"课程表"的窗体，窗体上包含"课程"表的所有字段。

（2）添加窗体的标题为"课程信息"，文字颜色改为"红色"、"加粗"。

（3）将窗体边框改为"对话框"样式，取消窗体中的水平滚动条和垂直滚动条、记录选定器和分隔线。

（4）将窗体中的"退出"按钮（名称为 cmdQuit）上的文字颜色改为"深红"，字体粗细改为"加粗"，并给文字加上下划线。

（5）窗体上的"输出"命令按钮，名称为 CmdOut。

（6）窗体上的"修改"和"保存"两个命令按钮，名称分别为 CmdEdit 和 CmdSave，其中"保存"命令按钮在初始状态下为不可用，当单击"修改"按钮后，应使"保存"按钮变为可用，请用 VB 代码实现。

装载窗体后的效果图如图 10.48 所示。

提示代码：

```
Private Sub Form_Load()
    CmdSave.Enabled=False
End Sub
Private Sub CmdEdit_Click()
    CmdSave.Enabled=True
End Sub
```

2. 在第 1 题的窗体中，当加载窗体时，使窗体标题显示为系统当前日期。请用 VB 代

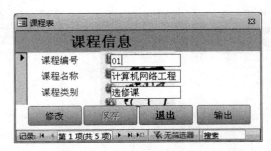

图 10.48　装载窗体后的效果图

码实现,程序代码只允许在"＊＊＊＊＊ADD＊＊＊＊"与"＊＊＊＊＊ADD＊＊＊＊"之间补充一行语句,不能增删改其他位置上已经存在的语句。

提示代码:

```
Private Sub Form_Load()
    CmdSave.Enabled=False
    '*****ADD****
    Form.Caption=Date
'****ADD****
End Sub
```

3. 在第 1 题的窗体中添加新记录,如果窗体中的"课程编号"不是 01、02 或 03,单击"保存"按钮后,屏幕上应弹出图 10.49 所示的提示框。现已编写部分 VB 代码,请按照要求将代码补充完整。

提示代码:

图 10.49　提示框

```
Private Sub CmdSave_Click()
    Dim bh As Control
    Set bh=Me![课程编号]
    If bh="01" Or bh="02" Or bh="03" Then
        MsgBox "保存成功!"
    Else
        '*************
        MsgBox "课程编号有误,请修改!", vbOKOnly
        '* * * * * * * * * * * * *
    End If
End Sub
```

4. 在第 1 题的窗体中,要求加载窗体时将数据库文件夹下的图片文件"圣诞. gif"设置为窗体的背景。窗体加载事件的部分代码已经给出,请补充完整。要求背景图片文件当前路径必须用 CurrentProject. Path 获得。

提示代码:

```
Private Sub Form_Load()
    CmdSave.Enabled=False
Form.Caption=Date
```

```
'*************
     Form.Picture=CurrentProject.Path+"\圣诞.gif"
     '*************
End Sub
```

5. 在第 1 题的窗体中，当单击"输出"按钮后，弹出一个输入对话框，其提示文本为"请输入大于 0 的整数值"。

输入 1 时，相关代码关闭窗体。

输入 2 时，相关代码实现预览输出报表对象 rStudent。

输入＞3 时，相关代码调用宏对象 mStudent，以打开"学生"数据表。

程序代码只允许在＊＊＊＊＊＊和＊＊＊＊＊＊之间补充一行语句，完成设计，不允许增删改其他语句。

提示代码：

```
Private Sub CmdOut_Click()
     Dim n As String
     '*************
     n=InputBox("请输入大于0的整数值")
     '*************
     If  n="" Then Exit Sub
     Select Case Val(n)
          '*************
          Case Is >=3
          '*************
               DoCmd.RunMacro "mStudent"
          Case 2
               '*************
               DoCmd.OpenReport "rStudent"
               '*************
          Case 1
               DoCmd.Close
     End Select
End Sub
```

6. 以"课程"表为数据源创建如图 10.50 所示的"筛选课程"窗体。窗体上有一个名称为 txtLB 的文本框，有"筛选"（名称为"筛选"）命令按钮和"全部"（名称为"全部"）命令按钮。单击"筛选"按钮后，能够按照在文本框中输入课程类别，筛选显示课程记录；单击"全部"按钮后，应实现将"课程"表中的记录全部显示出来的功能。现已编写了部分 VBA 代码，请按照 VBA 代码中的指示将代码补充完整。

```
Private Sub 筛选_Click()
     lb=Me!txtLB
     If IsNull(Me!txtLB) Or Me!txtLB="" Then
          MsgBox "请输入查询课程类别"
     Else
```

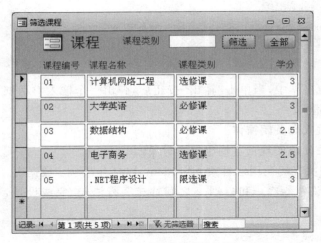

图 10.50 "筛选课程"窗体

```
        Form.RecordSource="Select * From 课程 Where 课程类别='"+lb+"'"
    End If
End Sub
Private Sub 全部_Click()
    ******ADD******
    Form.RecordSource="Select * From 课程"
    ******ADD******
End Sub
```

7. 在名为"窗体 2"的窗体上添加一个按钮,单击该按钮,则弹出当前学生的年龄,如图 10.51 所示。

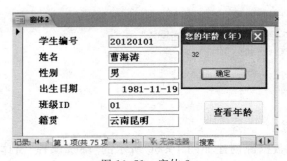

图 10.51 窗体 2

提示代码:

```
Private Sub Command1_Click()
    MsgBox Year(Date)-Year(Forms![窗体 2]![出生日期]),,"您的年龄(年)"
End Sub
```

8. 设计一个计时的 Access 应用程序。该窗体界面如图 10.52 所示,由一个文本框(名称为 Text1)、一个标签及两个命令按钮(一个标题为 Start,名称为 Cmd1;另一个标题为 Stop,名称为 Cmd2)组成。程序的功能是打开窗体运行后,单击 Start 按钮,则开始计时,文

本框中显示秒数；单击 Stop 按钮，则计时停止；双击
Stop 按钮，则退出。请补充完整。

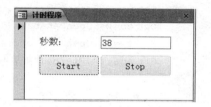

图 10.52　计时窗体界面

```
Dim i
Private Sub Cmd1_Click()
    i=0
    Me.TimerInterval=1000
End Sub
Private Sub Cmd2_Click()
    _____
End Sub
Private Sub Cmd2_DblClick(Cancel As Integer)
    DoCmd._____
End Sub
Private Sub Form_Load()
    Me.TimerInterval=0
    Me.Text1=0
End Sub
Private Sub Form_Timer()
    i=i+1
    Me.Text1 = _____
End Sub
```

10.15　【实验 15】VBA 数据库编程

10.15.1　实验目的

（1）掌握 DAO 和 ADO 数据访问对象。
（2）掌握使用 DAO 对象访问数据库的步骤。
（3）掌握使用 ADO 对象访问数据库的步骤。

10.15.2　操作要求

1.（1）打开数据库文件夹里的"教学管理.accdb"数据库。根据"学生"的"出生日期"创建一个"年龄"表。

（2）分别使用 DAO 和 ADO 完成对"年龄"表中年龄都加 1 的操作。

（3）假设"教学管理.accdb"数据库放在 E 盘根目录下。使用 DAO 对象的子过程代码如下：

```
Public Sub DAOScoreAdd()
    Dim ws As DAO.Workspace                '定义对象变量
    Dim db As DAO.Database
    Dim rs As DAO.Recordset
    Dim age As DAO.Field
```

```
        Set ws=DBEngine.Workspaces(0)                    '打开默认工作区
        Set db=ws.OpenDatabase("E:\教学管理.accdb")        '打开数据库文件
        Set rs=db.OpenRecordset("年龄")                   '打开数据记录集
        Set age=rs.Fields("年龄")

        Do While Not rs.EOF                               '遍历整个记录集直至末尾
            rs.Edit                                       '设置为编辑状态
            age =age+1                                     '年龄加1
            rs.Update                                     '更新记录集,保存年龄
            rs.MoveNext                                   '记录指针移至下一条
        Loop
        rs.close                                          '关闭记录集
        db.close                                          '关闭数据库
        Set rs=Nothing                                    '回收记录集对象变量的内存占有
        Set db=Nothing                                    '回收数据库对象变量的内存占有
    End Sub
```

2. 以第1题的"年龄"表为数据源,创建一个表格式窗体,并在窗体页脚区添加两个命令按钮,标题分别是"记录删除"(名称为 CmdDel)和"退出"(名称为 CmdClose),如图 10.53 所示。请按照以下功能要求补充设计。

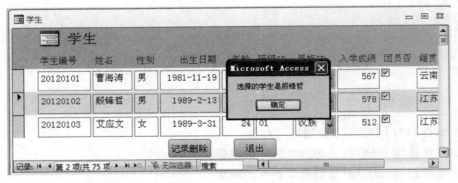

图 10.53 "学生"窗体

(1) 改变窗体当前记录时,弹出信息提示"选择的学生是 XXX"。

(2) 单击"记录删除"按钮,直接删除窗体当前记录。

(3) 输入新记录时,如果没有"学生编号",则给出"学生编号不能为空,请输入!"的提示信息。

(4) 单击"退出"按钮,关闭窗体。

实现代码如下:

```
Private Sub Form_Current()
    MsgBox "选择的学生是" & Me!姓名
End Sub
Private Sub CmdDel_Click()
    Me.Recordset.Delete
```

```
End Sub
Private Sub 学生编号_LostFocus()
    If IsNull([学生编号]) Then
        MsgBox "学生编号不能为空,请输入!"
        Me!学生编号.SetFocus
    End If
End Sub
Private Sub CmdClose_Click()
    DoCmd.Close
End Sub
```

参 考 文 献

[1]　李雁翎.数据库技术及应用——Access[M].北京：高等教育出版社,2011.

[2]　沈祥玖,尹涛,等.数据库原理及应用——Access(第 2 版)[M].北京：高等教育出版社,2011.

[3]　刘健南,等.Access 2003 系统开发实务[M].北京：人民邮电出版社,2000.

[4]　陈雷,陈朔鹰,等.全国计算机等级考试二级教程——Access 数据库程序设计(2013 年版)[M].北京：
　　　高等教育出版社,2013.